风洞材料

叶益聪　冈敦殿　陈兴宇　刘希月　堵永国　编著

国防工业出版社
·北京·

内容简介

本书介绍风洞设计、建造和服役过程中所涉及关键材料的相关知识。全书共5章：第1章绪论简要介绍了各类风洞的基本原理、结构、风洞试验测试技术及其对材料的基本需求，阐明了风洞材料的定义和内涵，分析了风洞本体材料和风洞试验材料的特点。第2章重点讨论了用于常规风洞的钢结构洞体材料与混凝土洞体材料，简要介绍了用于超高速类风洞与声学风洞这两类特种风洞洞体的材料。第3章围绕风洞动力材料展开，主要介绍了低速风洞风机叶片材料，超声速、高超声速风洞涉及的压力容器材料，以及高超声速风洞的加热器材料。第4章重点讨论了风洞试验模型材料，介绍了常用于风洞中考核的先进飞行器关键防隔热材料。第5章较全面地介绍了常见的风洞传感测试技术及相关关键材料。

本书涉及的知识面宽、信息量大、基础性强，有助于读者全面了解风洞工程的选材及应用，主要面向材料科学与工程专业本科生，也可供研究生及从事风洞工程建设的专业人员参考。

图书在版编目（CIP）数据

风洞材料 / 叶益聪等编著. -- 北京：国防工业出版社, 2025. 1. -- ISBN 978-7-118-13466-7

Ⅰ. V211.74

中国国家版本馆 CIP 数据核字第 2024D37D28 号

※

国防工业出版社 出版发行

（北京市海淀区紫竹院南路23号　邮政编码100048）
雅迪云印（天津）科技有限公司印刷
新华书店经售

*

开本 710×1000　1/16　印张 16¾　字数 284 千字
2025 年 1 月第 1 版第 1 次印刷　印数 1—1800 册　定价 168.00 元

（本书如有印装错误，我社负责调换）

国防书店：(010) 88540777　　书店传真：(010) 88540776
发行业务：(010) 88540717　　发行传真：(010) 88540762

前言

　　风洞试验是飞行器研制工作中一个不可缺少的组成部分。它不仅对航空和航天工程的研究和发展有重要作用，随着工业空气动力学的发展，其在交通运输、房屋建筑、风能利用等领域的应用也是不可或缺的，而风洞功能的实现有赖于材料性能的保证。风洞材料指风洞和风洞试验所用的材料，包括风洞本体材料和风洞试验材料两大类，风洞本体材料细分为洞体材料和动力材料，风洞试验材料包括模型和支撑材料以及测试传感材料等。在国内外均无同类教材或专著的情况下，急需编著一部高水平教材，以支撑其课程建设与专业发展。本书对风洞基本结构与原理、风洞本体与试验关键材料应用情况进行了介绍，旨在为风洞关键材料的选用、检测、维护、维修提供指导。

　　本书的第 1 章绪论对风洞、风洞试验及风洞材料的相关概念、内涵、分类和历史发展等进行了简明论述，分析了风洞本体材料和风洞试验材料的特点，继而分别对风洞洞体关键材料（第 2 章）、风洞动力产生关键材料（第 3 章）、风洞试验模型材料（第 4 章）、风洞传感测试材料（第 5 章）展开介绍。其中，第 2 章介绍了各类风洞洞体的选材用材问题，重点讨论了用于常规风洞的钢结构洞体材料与混凝土洞体材料，以及用于超高速风洞与声学风洞这两类特种风洞洞体的材料。第 3 章围绕风洞动力材料展开，即向风洞中气流注入能量的装置的材料，主要介绍了低速风洞风机叶片材料，超声速、高超声速风洞涉及的压力容器，以及高超声速风洞的加热器材料，重点介绍了碳纤维和玻璃纤维材料在叶片中的应用，高强度钢材在压力容器中的应用。第 4 章首先重点讨论了风洞试验模型材料，包括模型本体材料和模型支撑材料，讨论了选材的基本原则，列举了常见的模型材料，并介绍了模型制造的新工艺（3D 打印技术）和材料的新发展。然后，简要介绍了常借助特种风洞考核的先进飞行器关键防隔热材料，包括高温防热材料、高温隔热材料和高温透波材料。第 5 章介绍了常见的风洞传感测试技术及相关材料。针对接触测量技术，首先介绍了风洞气动力测量与材料，包括天平弹性梁及材料，电阻应变片及材料；然后介绍了风洞压力测试技术与材料，包括压阻式压力传感器和压电式压力传感器的工作原理、常用材料、特点和应用，以及压力传感器的选型；最后介绍了风洞温度测试与材料，包括热电偶、热电阻和热敏电阻的工作原理、常用材料、特点和应用。针对非接触测量技术，重点讨论了压敏漆和温敏漆的测量原理、组成和应用。

  本书较全面地涵盖了风洞工程设计与建设中涉及的关键材料。书中内容涉及材料科学与工程、土木工程、航空宇航科学与技术、力学等学科领域的知识。在内容安排上，把分散在不同专业、不同课程中有关风洞选材用材的内容，进行了综合优化、系统介绍。本书内容全面丰富，学科综合性较强，有助于相关专业本科生、研究生及从事风洞工程建设的读者全面了解掌握风洞工程的选材及应用。

  全书由叶益聪统筹，第 1、3 章由冈敦殿撰写，第 2 章由刘希月撰写，第 4 章由叶益聪撰写，第 5 章由陈兴宇撰写。堵永国教授全程参与指导与讨论，并提出了多轮修改意见。同时，衷心感谢中国空气动力研究与发展中心马东平高级工程师、国防科技大学空天科学学院赵玉新教授等专家学者为本书编写提出了宝贵意见。在编写过程中，还参考了一些国内外相关教材、著作及论文，列于参考文献，在此向有关作者致以深切的谢意。

  由于教材涉及的知识广泛，而编者水平有限，书中存在疏漏和欠妥之处，敬请同行和读者批评指正。

编著者

2024 年 2 月

目 录

第1章 绪论 ··· 1

1.1 风洞和风洞试验概述 ·· 1
1.2 风洞的分类 ·· 2
1.3 风洞的发展历史 ·· 3
1.4 各类型风洞的运行原理 ··· 4
    1.4.1 低速风洞 ··· 4
    1.4.2 超声速风洞 ·· 8
    1.4.3 跨声速风洞 ·· 10
    1.4.4 高超声速风洞和超高速风洞 ································· 15
1.5 特种试验设备 ··· 16
    1.5.1 声学风洞 ·· 17
    1.5.2 推进风洞 ·· 18
    1.5.3 电弧风洞 ·· 20
    1.5.4 弹道靶 ··· 20
1.6 风洞的品质 ·· 21
    1.6.1 风洞的流场品质 ··· 22
    1.6.2 风洞的服役性能 ··· 22
1.7 风洞试验测试技术 ··· 23
    1.7.1 气动力测量 ··· 23
    1.7.2 压力测量 ·· 24
    1.7.3 温度测量 ·· 26
    1.7.4 粒子图像速度场技术 ··· 27
1.8 风洞材料 ··· 28
    1.8.1 风洞材料的内涵 ··· 28
    1.8.2 风洞本体材料的性能特点 ····································· 29

1.8.3　风洞试验材料的性能特点 …………………………………… 30
本章小结 ……………………………………………………………………… 30
思考题 ………………………………………………………………………… 30
参考文献 ……………………………………………………………………… 31

第2章　风洞洞体材料 …………………………………………………… 32

2.1　风洞洞体材料的选择 ………………………………………………… 32
　　　2.1.1　洞体的功能 …………………………………………………… 32
　　　2.1.2　洞体材料的基本要求 ………………………………………… 33
　　　2.1.3　各类洞体材料的选择 ………………………………………… 33
2.2　钢结构洞体材料 ……………………………………………………… 35
　　　2.2.1　钢结构洞体钢材种类 ………………………………………… 36
　　　2.2.2　钢结构洞体钢材规格 ………………………………………… 41
　　　2.2.3　钢结构梁设计 ………………………………………………… 45
　　　2.2.4　钢结构柱设计 ………………………………………………… 51
2.3　混凝土洞体材料 ……………………………………………………… 54
　　　2.3.1　概述 …………………………………………………………… 55
　　　2.3.2　混凝土组成材料 ……………………………………………… 56
　　　2.3.3　混凝土拌合物的性能 ………………………………………… 67
　　　2.3.4　干硬后混凝土的力学性能 …………………………………… 70
　　　2.3.5　钢筋混凝土的力学性能 ……………………………………… 79
　　　2.3.6　其他种类混凝土及其新进展 ………………………………… 83
2.4　其它风洞洞体材料 …………………………………………………… 86
　　　2.4.1　超高速类风洞洞体材料 ……………………………………… 86
　　　2.4.2　声学风洞洞体材料 …………………………………………… 91
本章小结 ……………………………………………………………………… 95
思考题 ………………………………………………………………………… 95
参考文献 ……………………………………………………………………… 96

第3章　风洞动力材料 …………………………………………………… 97

3.1　低速风洞风机叶片材料 ……………………………………………… 97
　　　3.1.1　风机叶片概述 ………………………………………………… 97
　　　3.1.2　风机叶片的性能要求 ………………………………………… 98

3.1.3　叶片材料的选择 ·················· 99
　　　3.1.4　叶片构件的材料设计 ············· 102
　3.2　压力容器材料 ···························· 102
　　　3.2.1　压力容器用钢 ····················· 104
　　　3.2.2　压力容器钢材的焊接 ············· 105
　3.3　风洞加热器材料 ························ 105
　　　3.3.1　电热材料 ··························· 106
　　　3.3.2　风洞加热器蓄热材料 ············· 111
　　　3.3.3　加热器隔热材料 ··················· 116
本章小结 ·· 119
思考题 ··· 119
参考文献 ·· 120

第4章　风洞试验模型材料 ············· 121

　4.1　风洞试验模型材料 ······················ 121
　　　4.1.1　风洞试验模型及其选材概述 ····· 121
　　　4.1.2　风洞模型本体材料 ················ 127
　　　4.1.3　风洞模型3D打印成型技术及材料 ··· 148
　　　4.1.4　模型支撑材料 ····················· 152
　4.2　热防护模型材料 ························ 156
　　　4.2.1　气动热 ······························ 157
　　　4.2.2　高温防热材料 ····················· 158
　　　4.2.3　高温隔热材料 ····················· 160
　　　4.2.4　高温透波材料 ····················· 164
本章小结 ·· 166
思考题 ··· 167
参考文献 ·· 167

第5章　风洞传感测试材料 ·············· 168

　5.1　风洞测试技术 ···························· 168
　5.2　气动力测量及材料 ······················ 170
　　　5.2.1　气动力的测量 ····················· 170
　　　5.2.2　弹性梁及材料 ····················· 172

5.2.3 电阻应变片及材料 ·· 175
　5.3 风洞压力测试与材料 ·· 183
　　　5.3.1 风洞的压力测量 ·· 183
　　　5.3.2 压阻式压力传感器 ·· 184
　　　5.3.3 压电式压力传感器 ·· 195
　　　5.3.4 压力传感器的选型 ·· 207
　5.4 温度测试材料 ·· 209
　　　5.4.1 风洞的温度测量 ·· 209
　　　5.4.2 热电偶 ·· 211
　　　5.4.3 金属热电阻 ·· 224
　　　5.4.4 热敏电阻 ·· 229
　5.5 压敏漆与温敏漆 ·· 233
　　　5.5.1 压敏漆 ·· 233
　　　5.5.2 温敏漆 ·· 238
本章小结 ·· 245
思考题 ·· 245
参考文献 ·· 246

附录 ·· 247

　附录A　常见高强度合金钢材料 ·· 247
　附录B　压力容器常用钢材料性能 ·· 251
　附表C　变形铝合金的主要牌号、成分、力学性能及用途
　　　　（摘自 GB/T 3190—2020） ·· 252
　附表D　常用调质钢的牌号、化学成分、热处理、力学性能和用途
　　　　（摘自 GB/T 3007—2017） ·· 254
　附表E　部分工业纯钛和钛合金的牌号、化学成分、力学性能及用途
　　　　（摘自 GB/T 3620.1—2016、GB/T 2965—2023） ·············· 257
　附表F　常用不锈钢的牌号、化学成分、热处理、力学性能和用途
　　　　（摘自 GB/T 1220—2007） ·· 258

第 1 章 绪 论

风洞试验、理论研究、科学计算、模型和实物飞行试验是空气动力学研究的主要手段。由于气体流动现象以及物体（如飞机）几何外形的复杂性，空气动力学研究和飞行器气动设计中的许多问题都不可能单纯依靠理论或解析方法解决，必须借助大量试验。风洞试验从过去到如今一直是发现和确认流动现象，探索和揭示流动机理，以及为飞行器设计提供空气动力学数据的主要手段；在今后相当长的时期内，这种状况不会改变，且将与其他手段更好地相互结合、相互补充、相互促进。

1.1 风洞和风洞试验概述

风洞（wind tunnel）是以人工的方式产生并且控制气流，用来模拟飞行器或模型周围气体的流动情况，并可量度气流对模型的作用效果以及观察物理现象的一种管道状试验设备，如图 1.1 所示，它是进行空气动力试验最常用、最有效的工具之一。风洞主要由洞体、驱动系统和测量控制系统组成，各部分的形式因风洞类型不同而存在一定差异。风洞的产生和发展与航空航

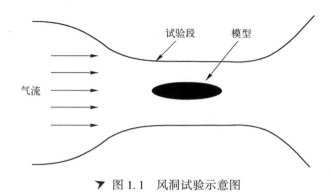

▶ 图 1.1 风洞试验示意图

天科学的进步紧密相关,风洞试验的用途之一是研究空气动力学的基本规律、验证和发展有关理论;另一重要用途是确定飞行器的气动布局和评估其气动性能,直接为各种飞行器的设计研制服务。

开展风洞试验是将飞行器的模型或实物固定在人为制造的气流中,模拟实际飞行中各种飞行状态,根据运动的相对性和相似性原理进行各种空气动力试验,同时由测量控制系统进行控制和测量,从而研究流体流动及其与模型的相互作用。

风洞试验在航空和航天工程的研究和发展中起着重要作用,俄国科学家儒科夫斯基的螺旋桨理论、德国科学家普朗特的附面层理论,都是在风洞进行试验并经过大量观测和测量后才提出来的,并且这些理论的应用之后得到了风洞试验的验证。在飞行器的研制中,风洞的作用更突出,例如20世纪50年代美国B-52型轰炸机的研制,曾进行了约一万小时的风洞试验,而20世纪80年代第一架航天飞机的研制则进行了约十万小时的风洞试验,如图1.2所示为各个年代典型飞行器风洞试验小时数。随着工业空气动力学的发展,风洞在交通运输、房屋建筑、风能利用等领域的重要性也愈发凸显。

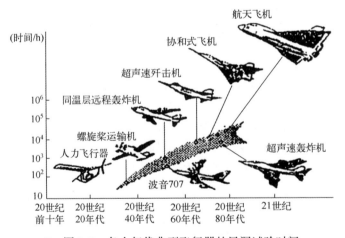

▶ 图1.2 各个年代典型飞行器的风洞试验时间

1.2 风洞的分类

风洞种类多样,且有多种分类方法,外观形式和用途也各有不同,国内外比较常用的风洞分类依据有按试验段流动速度和按运行时长两种。

按照气流速度范围可分为低速风洞（$Ma<0.3$）、亚声速风洞（$Ma=0.3\sim0.8$）、跨声速风洞（$Ma=0.8\sim1.4$）、超声速风洞（$Ma=1.4\sim5$）和高超声速风洞（$Ma\geqslant5$）。

按照风洞的运行时间，可分为连续风洞（可长时间运行）、暂冲风洞（数秒至数分钟量级）和脉冲风洞。一般而言，随着风洞试验段气流速度的增大，单位试验段截面积所需的驱动功率也显著增大，因此试验段尺寸越来越小、运行时间越来越短。如中国科学院力学研究所的 JF12 激波风洞运行时间在 100ms 左右，可被归为脉冲风洞。

也有其他的风洞分类方式，如低速风洞试验段的"开/闭口"、直流或回流以及超声速风洞的"下吹""吹吸""引射"等驱动形式。也有按照风洞用途来进行分类的，如汽车风洞、建筑风洞和桥梁风洞，这类风洞经常需要模拟大气边界层的影响。目前最常用的是按照气流速度大小进行分类。

1.3 风洞的发展历史

世界上公认的第一座风洞是由英国人韦纳姆于 1869—1871 年建成，并且测量了物体与空气相对运动时受到的阻力。它是一个两端开口的木箱，截面 45.7cm×45.7cm，长 3.05m。美国的莱特兄弟在成功地进行世界上第一次动力飞行之前，于 1900 年建造了一座风洞，试验段截面 40.6cm×40.6cm，长 1.8m，气流速度 40~56.3km/h。1917 年，普朗特将风洞洞体管道改为变截面型式，接近现代单回路风洞的形状，显著提升了风洞的能量利用率。第一次世界大战后，1925—1933 年低速风洞向大型和高速两个方向发展：一些较大型的风洞可以进行全尺寸的螺旋桨实验，以改进螺旋桨的叶片几何形状等；1933 年美国制造了第一座全尺寸风洞，可以将全尺寸的飞行器模型安装在风洞试验段。

早在 1932 年，为了解决炮弹的气动力问题及研究超声速流动的一般规律，瑞士建造了一座连续式的超声速风洞，试验段马赫数为 2。在这种风洞中进行的实验研究工作为以后设计超声速飞行器打下了一定的基础。在 20 世纪 40 年代后期，由于出现了大推力的喷气发动机，超声速飞行成为可能；后续超声速飞机被大量地研制和生产，又促使超声速风洞迅速发展。50 年代是大型超声速风洞的大发展时期，美国于 1958 年建造了当时世界最大的超声速风洞，试验段直径达到 4.88m。

跨声速风洞的出现是在超声速风洞之后，1942 年，美国兰利研究中心基于试验段洞壁开槽的方法，成功研制了世界上第一座跨声速风洞。正是根据这个风洞所取得的数据，1945 年飞机第一次突破了"声障"。为了研究导弹或火箭的空气动力问题，1949 年出现了第一座高超声速风洞。

20 世纪 60 年代以来，随着第三代战斗机和大型客机的出现，飞机流场越来越复杂，雷诺数（Re）效应成为一大难题，从而促进了高 Re 风洞的发展，包括低温风洞和增压风洞。前者的典型例子是美国国家跨声速设备（NTF）和欧洲跨声速风洞（ETW），后者的典型例子是法国 ONERA 的 F1 风洞和英国 RAE 的 5m 增压风洞。

中国为测试飞行器研制的生产型低速和跨、超声速风洞都是在 1949 年之后建造的。20 世纪 50 年代末至 60 年代初期，出现了 3m 量级低速风洞和 0.6m 量级跨、超声速风洞的建设高潮。在此期间建造的低速风洞有北京大学直径 2.25m 的低速风洞，中国航空工业空气动力研究院的 3.5m×2.5m 低速风洞（FL-8）等；跨超声速风洞有中国航空工业空气动力研究院的 0.6m×0.6m 跨超声速风洞（FL-1），中国航天空气动力研究院的 0.76m×0.53m 亚跨声速风洞（FD-08）等。从 20 世纪 60 年代末开始，随着中国空气动力研究与发展中心的建立和发展，中国第二个建造风洞的高潮形成。

近年来，为推进高超声速相关研究，中国建设了多型激波风洞和推进风洞，有力推动了高超声速技术的研究和发展。

1.4 各类型风洞的运行原理

1.4.1 低速风洞

低速风洞指试验段气流马赫数小于 0.3，空气的压缩性可以忽略不计的风洞。在这类风洞中驱动气流的装置多为一级轴流式风扇。在同等试验段尺寸的风洞中，低速风洞的驱动功率最小，构造也比较简单。在各类风洞中，低速风洞是出现最早，发展最完备，种类和数量最多的一种风洞。就其试验段尺寸（一般指试验段横截面积对应的当量直径）来说，有几十毫米的微型低速风洞、1~1.5m 的主要用于教学的小型低速风洞、2~4m 的中型低速风洞、8m 以上的大型低速风洞。大型低速风洞中有一种可将真实飞机或全尺寸模型

第1章 绪论

放入试验段进行试验的风洞,称为全尺寸风洞。

除航空航天外的领域,如舰船和车辆等的风阻研究,建筑物的风载、风振研究,风能开发研究,质量迁移(如大气污染)研究以及寒暑、雨雪、光照、沙尘暴、风暴等方面的研究,也大量在低速风洞中进行试验。低速风洞的基本形式有直流式和回流式两种,按照试验段的结构不同又有闭口式和开口式之别。世界上大多数生产型低速风洞是回流式的,能量利用率高,它与直流式风洞的差别在于多了回流管道,使风洞中的气流基本上不受外界大气的干扰,温度可得到控制,并可减少噪声污染。

回流式低速风洞主要结构包括稳定段、收缩段、试验段、扩压段、导流片、动力段等,如图1.3所示。试验段为风洞中模拟原型流场进行模型空气动力实验的地方;扩压段是一种沿气流方向扩张的管道,又称扩散段,其作用在于使气流减速,使动能转变为压力能,以减少风洞中气流的能量损失;稳定段是一段横截面不变的足够长的管道,其特点是横截面面积足够大,气流速度较低。在稳定段内一般都装有整流装置,将来自上游的紊乱、不均匀的气流稳定下来,使旋涡衰减。低速风洞一般由一级轴流风扇驱动。

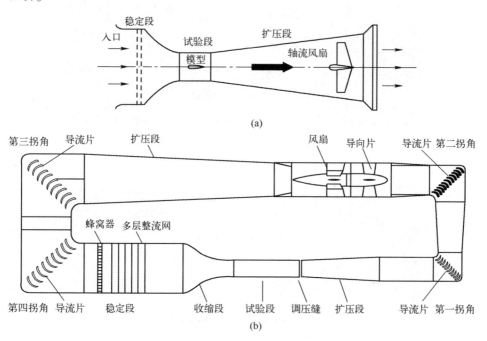

▶ 图1.3 直流低速风洞(a图)和回流低速风洞(b图)示意图

DNW LLF 是德国和荷兰 1980 年共同投资建造的，如图 1.4 和图 1.5 所示，该风洞具有三个闭口试验段，是欧洲最大的低湍流度、低噪声风洞，也是世界上为数不多的具备航空声学试验研究能力的风洞之一，主要用于飞机空气动力特性试验和航空声学试验等。它有三个可互换的试验段，试验段截面尺寸分别为 9.5m×9.5m、8m×6m、6m×6m，对应的试验段最大风速为 62m/s、116m/s 和 152m/s；还有一个开口试验段，口径为 8m×6m，最大风速为 80m/s。风洞由风洞洞体、测控系统、动力系统、模型支撑系统和升降系统等组成。利用这座大型气动声学风洞，空客公司完成了 A320、A340、A380 等大型客机的航空气动声学风洞试验。

▶ 图 1.4 DNW LLF 大型气动声学低速风洞照片

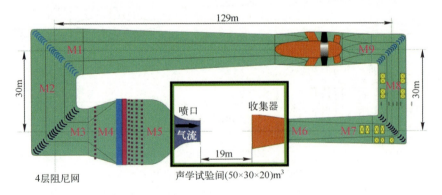

▶ 图 1.5 DNW LLF 大型气动声学低速风洞结构示意图

第1章 绪论

迄今世界上最大的低速风洞位于美国国家航空航天局 Ames 研究中心,其试验段尺寸为 12.2m×24.4m,如图 1.6 和图 1.7 所示。这个风洞建成后经过升级改造,增加了 24.4m×36.6m 的新试验段,可以放下很多飞行器的 1:1 模型,风洞动力段由 6 台电机和风扇构成,通过升级,风扇电机功率也由原来 25MW 提高到 100MW。

▼ 图 1.6 Ames 研究中心全尺寸低速风洞照片

▼ 图 1.7 全尺寸风洞动力段照片

低速风洞结构设计的主要问题是保证风洞有气动设计所要求的管道形状，有足够的强度和刚度，不致变形或破坏，如图1.8所示为典型低速风洞照片。在结构形式方面，风洞洞体多数用半硬壳或硬壳式。由于洞体比较长，因此一般将洞身分成若干段，并在段与段间设置膨胀缝。风洞洞体常用的材料有木材、薄钢板及其他钢材、混凝土和塑料等。小型风洞一般采用木材，而中型风洞和压力风洞采用钢板及型钢；大型风洞采用混凝土或钢板。

▶ 图1.8 典型回流式低速风洞照片

木材容易施工及修形，但容易变形或引起火灾。用木材建造的风洞必须放在室内，若置于露天，则会受自然环境的影响而发生变形和毁坏。钢材加工比较困难，尤其是大型板件，很难保证精确的曲面形状。但成形后很少变形，即使放在露天也无妨。由于冬夏温度变化很大，风洞段与段之间必须有伸缩缝。大型风洞采用混凝土，主要是为了降低造价，但混凝土只用于试验段和动力段以外的各部件。混凝土表面容易起灰尘而污染气流，所以一般需采用水磨石工艺，这在洞体下半部分应用相对容易，在上半部分特别是顶部比较困难。近年来出现的声学风洞，需要严格控制试验段的噪声水平，因此在风洞洞体、拐角段、试验段消声室都布置了大量消声材料，并采用多种措施降低风扇噪声。

1.4.2 超声速风洞

超声速风洞指试验段气流马赫数范围为1.4~5.0的风洞。与低速风洞不同，要获得超声速气流必须满足两个基本条件：有收缩-扩张型喷管，要改变试验马赫数就要改变喉部截面与喷管出口截面的面积比;喷管收缩段入口与喷管出口的压力之比要足够大,且随实验马赫数增大而增大。

根据提供超声速风洞压力比方式和运行时间的不同,可以将超声速风洞分成各种类型。大体上可分为连续式和暂冲式,暂冲式又称间歇式。连续式风洞可以连续工作;而暂冲式风洞一次只能工作较短的时间,一般在30s至数分钟的范围内。由于工作时间长短不同,两者的附属设备也有很大的差别。

对于连续式风洞,需要用很大的功率才能长时间地维持高压力比,一般采用多级轴流压气机驱动。中国目前的超声速风洞以暂冲式为主,暂冲式风洞要求有很大的高压储气罐或大的真空罐,图1.9为典型暂冲下吹式超声速风洞结构示意图。

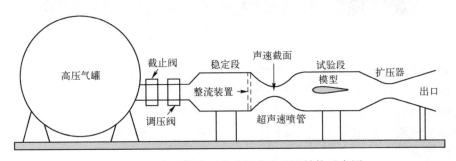

▶ 图1.9 典型暂冲下吹式超声速风洞结构示意图

超声速风洞主要由以下分系统组成:气源系统、稳定段、收缩段、喷管段、试验段、超声速扩压段等。气源的作用是向风洞提供实验所需的气体,气源包括压缩机、储气罐、高压阀门等。气源满足一定要求,主要是指提供的气流要有足够大的压力和流量,具有适当的温度,含水量和含尘量要足够低。稳定段的作用、构造与低速风洞稳定段基本相同,并同样安装有蜂窝器、整流网等。超声速气流的马赫数大小取决于喷管出口横截面积与喉道横截面积之比。要获得不同的马赫数,就要用面积比不同的喷管,为保证喷管出口的超声速气流平直均匀,从喉道到出口的喷管型线要按照特征线方法精心设计。图1.10所示为超声速柔壁喷管,通过控制装置改变喷管的型线和面积比实现不同的马赫数。超声速风洞试验段的功能是安装模型进行试验,流场品质也应满足一定的要求。超声速扩压段和亚声速扩压段的主要作用是降低压力损失。

位于中国四川绵阳的试验段截面尺寸2m×2m的FL-28超声速风洞是一

▶ 图1.10　超声速柔壁喷管照片

座典型超声速风洞,如图1.11和图1.12所示。该风洞与2.4m引射式跨声速风洞一起形成了中国2m量级跨超声速试验能力,在中国超声速飞行武器研制中具有十分重要的地位和作用。该风洞为下吹-引射式暂冲超声速增压风洞,试验段截面尺寸为2m×2m,长为72m。风洞试验段马赫数范围为1.5~4.0。

超声速风洞气动设计和结构上的难点,主要是风洞运行的压力比带来的洞体和管路阀门系统结构强度的问题,以及部分风洞特定实验状态需要对气流进行加热。总的来说,超声速风洞相比于低速风洞,需要承受的压力载荷更大,试验段之前压力往往可以达到数个大气压(即总压一般为数个大气压),而试验段之后洞体内部的压力则接近真空;气流可能需要加热,带来的洞体保温、加热器设计等需要考虑的问题。此外,由于超声速风洞存在启动过程对模型的冲击载荷问题,试验段中模型的支撑机构应当具有较好的强度和刚度特性。

1.4.3　跨声速风洞

跨声速风洞是指试验段气流马赫数范围为0.8~1.4的风洞。从外轮廓上看,这类风洞有的类似于低速风洞,也有的类似于间歇式超声速风洞。跨声速风洞有一个突出特点,即试验段采用通气壁,通气壁的外面是驻室,驻室的外面是与大气相隔的壁面,驻室内的压力是可调节的。

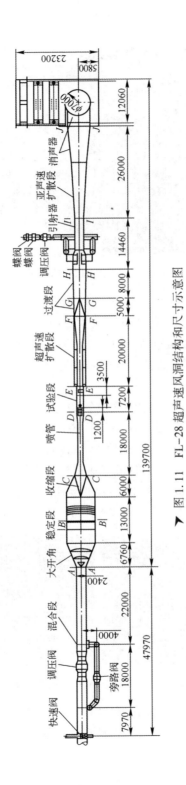

图1.11 FL-28超声速风洞结构和尺寸示意图

风洞材料

▼ 图 1.12 FL-28 超声速风洞照片

从结构上讲，跨声速风洞和超声速风洞主要区别在两方面：一是超声速风洞的试验段为实壁，跨声速风洞为通气壁；二是超声速风洞采用收缩扩张的喷管，跨声速风洞试验段前面是单纯收缩的管道。跨声速风洞不同的马赫数是通过调节驻室和试验段的压力比实现的。跨声速风洞和风洞试验所涉及的材料可参考超声速风洞。

FL-26 跨声速风洞位于绵阳中国空气动力学研究与发展中心，于 1999 年投入运行。该风洞为引射驱动、半回流、暂冲型，如图 1.13 和图 1.14 所示。试验段截面尺寸为 2m（宽）×2.4m（高）×7m（长），马赫数范围为 0.3～1.15，最高雷诺数为 1.4×10^8。该风洞既可完成全模、半模和部件的常规测力、测压试验，也可进行抖振、颤振等特种试验，目前主要承担 C919 大型客机、ARJ21-700 支线客机等的高速风洞试验任务。

▼ 图 1.13 空气动力研究与发展中心 FL-26 跨声速风洞洞体和通气壁试验段

20 世纪 70 年代出现了一种新型风洞——低温风洞。随着温度降低，风洞中气流黏性系数和声速减小，气流密度增大，雷诺数 Re 提高。

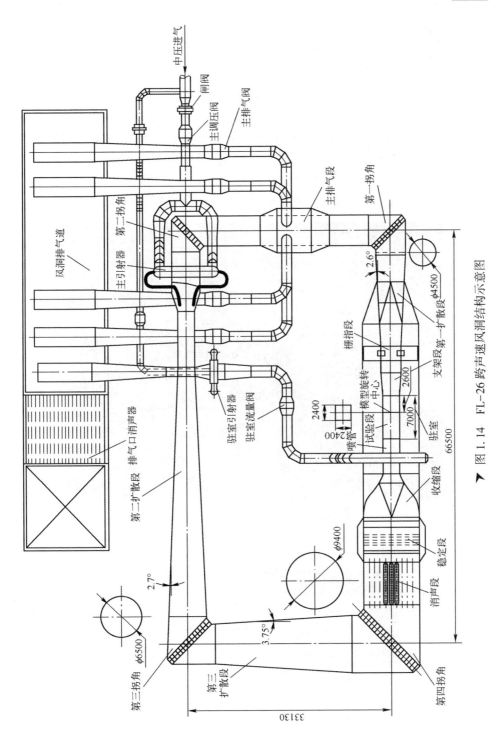

▶ 图 1.14 FL-26 跨声速风洞结构示意图

欧洲跨声速风洞 ETW 是 1993 年建成的一座由轴流压缩机驱动、单回路、连续式、低温增压风洞，马赫数范围为 0.15~1.35，试验段尺寸为宽 2.4m、高 2.0m、长 9m，图 1.15 和图 1.16 分别为 ETW 风洞照片及其结构示意图。该风洞可以独立控制试验段总温、总压、风扇转速等参数，以便分别研究 Ma（压缩性）、Re（黏性）和气动弹性（动压）效应。为了防止跨声速流动气流堵塞，试验段顶部和底部各有 6 条槽。风洞液氮喷射装置可使风洞在总温 110K 下运行，试验段总温范围为 110~313K，试验段总压为 115~450kPa。动力系统位于风洞第二拐角段下游，压缩机直径 4.5m。压缩机采用双级，动叶 32 片，风机采用碳纤维复合材料桨叶，压缩机转速范围为 60~830r/min。

▼ 图 1.15 欧洲 ETW 低温风洞照片

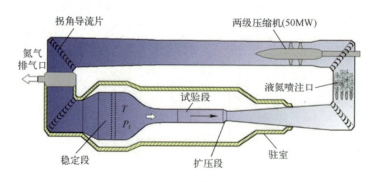

▼ 图 1.16 欧洲 ETW 低温风洞结构示意图

1.4.4 高超声速风洞和超高速风洞

高超声速风洞指试验段气流马赫数大于5的风洞，主要包括常规高超声速风洞、激波风洞等类型。常规高超声速风洞与吹吸式超声速风洞结构上接近，它的特点是在稳定段的前方设置加热器，以提高气流总温，防止急速膨胀的气流在高超声速喷管内发生冷凝。还有一类风洞，不仅模拟的马赫数能达到5以上，且能模拟飞行时气流所达到的很高的总温，称为超高速风洞。高超声速风洞中气流总温高，可能会使喷管喉部过热；高超声速喷管的曲壁形状变化剧烈，喉部窄小，且高温下易变形，故通常采用轴对称型喷管。图1.17和图1.18为常规高超声速风洞结构示意图和照片。

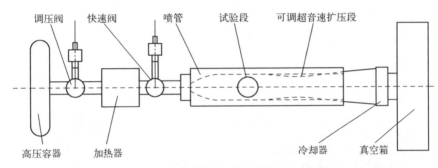

▼ 图1.17 常规高超声速风洞结构示意图

▼ 图1.18 常规高超声速风洞照片

激波风洞指的是先利用运动激波加温加压实验气体，进而通过喷管膨胀加速产生高超声速气流的风洞。激波风洞包含相连的驱动段和被驱动段，如图 1.19 所示，驱动段存储高压气体，被驱动段则存储低压的试验气体，试验前二者被膜片隔开。试验时，膜片破裂，驱动段气体进入被驱动段，这时在被驱动段产生一道运动激波，为了提高运动激波马赫数进而提高气流焓值，驱动段气体可以充入分子量小的气体如氢气和氦气。激波扫过后气体温度、压力升高，该气体通过喷管膨胀加速至所需要的试验状态。高超声速激波风洞要达到更高的总压，对结构的承压能力有较高要求。图 1.20 为国防科技大学高超声速激波风洞照片。

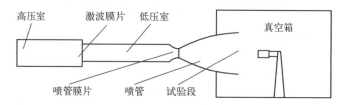

▶ 图 1.19　高超声速激波风洞结构示意图

▶ 图 1.20　国防科技大学高超声速激波风洞照片

1.5　特种试验设备

风洞种类很多、用途各异。有一部分设备广义上属于风洞，但是又不能简单将其归入低速或者跨声速风洞的类型。考虑本书章节结构和内容完整性，将这部分内容单列。

1.5.1 声学风洞

声学风洞就是开展声学试验的风洞设备，声学风洞气流速度一般不超过100m/s，图1.21所示为典型声学风洞结构示意图。声学试验的目的是精确测定出气动噪声源产生的区域，并测得声频谱和声强度（如声压级等）的空间分布，为噪声控制和降噪处理提供支持。声学风洞的重要特征是风洞背景噪声很低，以保证对声源的噪声进行精确地测量。为此，在风洞设计中，除了使风洞各部件的气动外形（如收缩比、扩散段的扩散角、收缩段的收缩曲线、拐角导流片等）按常规气动试验风洞满足最佳设计参数的要求，使风洞的流场品质达到国军标先进指标之外，试验段布局、试验大厅安排和风洞降噪处理等方面更显示出声学风洞的特点。

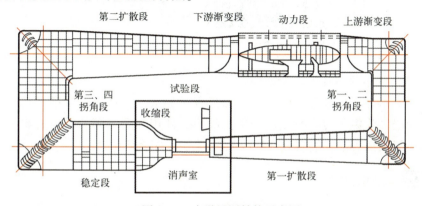

图1.21 声学风洞结构示意图

试验段背景噪声就其性质而言主要是宽频带噪声，但也包含某些离散的噪声，如宽频带背景噪声主要来源于宽频带风扇噪声、气流通过风洞回路中的部件产生的噪声、高速气流在开口试验段中沿试验段地板或壁面产生的边界层噪声、剪切层湍流或剪切层碰撞在收集器上产生的噪声等。

声学风洞的声学处理极其严格，需采用大量吸声材料和结构，一般采取如下措施。

（1）低噪声风扇设计。采用低转速风扇电机（250r/min左右）并直接驱动风扇，避免齿轮传动引起的噪声；降低风扇叶尖速度，使其最大马赫数不超过0.5；合理地匹配风扇叶片和止旋片奇偶数目，使绕叶片的流动均为附着流；风扇整流罩和风扇段壁面覆盖声学衬套。

（2）对开口试验大厅的所有壁面和天花板做声学处理。一般采用多层板使之在宽频带，特别是低频范围直到100Hz，产生优良的吸声效果。多层板由多孔泡沫或羊毛状的多层矿棉组成，并由打孔的金属薄片覆盖，以避免纤维移动，如图 1.22 所示。

▼ 图 1.22 声学风洞试验段

（3）拐角导流片做声学处理。

（4）收集器边缘做声学处理，以确保试验大厅无回声的试验环境，并减少剪切层与收集器边缘的碰撞产生的噪声。使用多层坚固的吸声材料覆盖收集器边缘及内表面，能有效地吸收收集器产生的噪声。

1.5.2 推进风洞

推进风洞可归为高超声速风洞一类，工作气体的加热能量来源为燃烧释放的化学能，工作气体是燃烧产物。燃烧加热方式具有建设和运行成本低廉、形式灵活、易调节试验状态参数等优点，并适用于大尺度风洞；但试验气体中含有污染组分，必须审慎对待燃烧加热风洞的试验结果外推至飞行条件。这种类型的设备可以运行较长的时间，主要限制是设备材料的耐高温性以及高压气罐储气能力。

推进风洞驱动系统的主要作用是产生高温高压气体，然后通过设备喷管膨胀获得推进试验需要的模拟气流，气流经过试验对象后通过排气系统排出。图 1.23 是推进风洞结构示意图。推进风洞燃烧室工作在高温高压环境，高超声速喷管喉部小曲率区域热流大。

燃烧加热在马赫数小于 8 的高超声速试验中应用广泛。推进风洞将空气、氧气和燃料（氢或碳氢燃料等）混合燃烧的高温产物作为试验气体，模拟飞行条件的总温、总压、马赫数和氧摩尔分数。

第1章　绪论

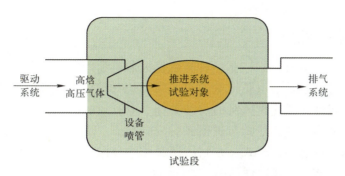

▼ 图1.23　推进风洞结构示意图

通常，加热器中燃烧组织、冷却结构和安全性是这类风洞的设计关键。美国APTU风洞为典型燃烧加热风洞，如图1.24和图1.25所示。

▼ 图1.24　美国APTU推进风洞照片

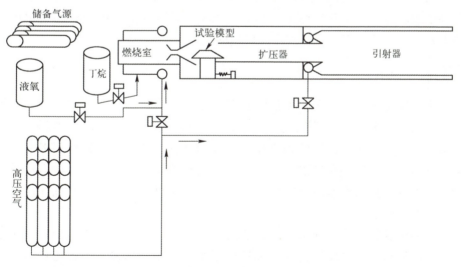

▼ 图1.25　美国APTU推进风洞结构示意图

19

1.5.3 电弧风洞

电弧风洞（arc tunnel）是一种高焓值风洞，利用电弧放电所释放的能量对驻室气体进行加热。电弧风洞通过电弧燃烧加热试验气体，稳弧、维持弧室热结构稳定性等是这类风洞的设计关键。电弧风洞的稳弧方式通常分为驻涡稳弧、磁稳弧和驻涡稳弧与磁稳弧的混合稳弧。现代高性能分段式电弧加热器一般采用混合稳弧方式，并利用模块化的分段驻室高效地产生相对纯净的高焓试验气体，工作原理如图 1.26 所示。

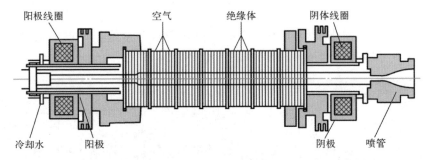

▶ 图 1.26　分段式电弧风洞（连续式运行）原理示意图

电弧加热方式的优点是试验气体总焓高，并且电弧风洞可提供其他加热方式难以达到的长达几十分钟的试验时间。缺点是电弧驻室内试验气体参数通常随时间发生变化，并且难以克服试验气体的离解、电极污染及温度不均匀等难题，特别是试验气体中含相当的 NO_x，并且气流品质主要和稳定电弧的方式有关，因此很难对气流品质做出评价。

1.5.4 弹道靶

弹道靶是一种实现气动实验模型在静止气体中自由飞行的空气动力学地面实验设备，由靶室、模型发射器和测试仪器等组成，如图 1.27 所示。风洞基本原理为相对运动，即模型静止，空气运动，而弹道靶是将模型以一定的速度发射出去，周围空气静止。靶室是一密封系统，可加压进行高雷诺数实验；也可抽真空以模拟高空的地球大气环境；还可控制靶室内的气体成分以模拟其他星球的环境。

模型由发射器加速到所需的速度后进入靶室，在惯性和空气动力作用下飞行，沿模型飞行方向设置照相和计时系统，以测定模型飞经各测量站的空间坐标、所对应的时间以及流动参数，图 1.28 为中国空气动力研究与发展中心弹道靶照片。

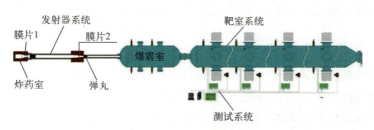

▼ 图1.27　弹道靶结构示意图

▼ 图1.28　空气动力研究与发展中心弹道靶

弹道靶的主要原理是将炸药的化学能转化成弹丸（模型）的动能。如图1.27所示，在膜片1之后放置重活塞，炸药爆炸后迫使膜片1破裂，高温高压的气体推动活塞运动，不断压缩管道内的气体，并且在压力达到一定数值后迫使膜片2破裂，气体推动弹丸以很高的加速度向下游靶室运动。至此，弹丸（模型）发射过程结束，在靶室系统内观察弹丸运动或者撞击过程。

弹道靶的发射器系统和炸药室工作在极高的压力环境下，管内压力达到数百兆帕，对材料和结构的承压能力提出很高要求。

1.6　风洞的品质

风洞的品质包括风洞的流场品质和风洞的服役性能等。流场品质即试验段的流场性质，流场性质由风洞所采用的气动设计及洞体、驱动系统和测量控制系统等制造水平决定；风洞的服役性能指洞体结构、驱动系统重要零部件的耐久性、可维护性等，主要与风洞的结构和所选用的材料及其工艺有关。

1.6.1 风洞的流场品质

衡量风洞品质最重要的指标是风洞试验段的流场品质指标，包括气流速度分布均匀度、平均气流方向偏离风洞轴线的大小、沿风洞轴线方向的压力梯度、截面温度分布的均匀度、气流的湍流度和噪声级等，这些指标必须符合一定的标准，并定期对其进行检查测定。流场品质的标准有 GJB 1179—91《高速风洞和低速风洞流场品质规范》、GJB 3477—1998《激波风洞流场品质要求》等。

1.6.2 风洞的服役性能

风洞是由洞体、驱动系统和测量控制系统等组成的大型复杂系统，风洞试验的过程是，驱动系统在风洞（管道）中产生设定品质的流场，作用于飞行器模型，通过测量控制系统获得可量度气流对模型的作用效果以及观察物理现象。广义上讲，风洞是由若干零部件（元件）等组成的复杂系统，风洞的服役性能取决于零部件的服役性能，零部件具有良好使用效能是指在设定的时间、服役条件及环境下不发生影响其功能实现的畸变（零件形状变化）、断裂（断开，完全失去功能）、磨损（零件尺寸变化）、腐蚀（零件材料成分与尺寸等变化）、老化（外观、物理及力学性质随时间缓慢变化）等各种失效的能力。

风洞是管道状实验设备，其中洞体结构可以看成是长管道状压力容器，在服役寿命期内存在两种状态：一是非试验状态，管道内部为常压自然状态（1atm）；二是试验状态，管道内部按流场性质的不同，不同工段承受不同特性的压力，从试验全流程看，有不同振幅、不同频率的交变压力频谱。洞体对不同压力频谱作用的响应主要是振动，对于钢结构的破坏形式主要有变形、疲劳断裂等；对混凝土结构而言，洞体内、外围护则容易产生剥落、开裂等破坏。

连续式风洞中的驱动系统由可控电机组及其带动的风扇或轴流式压缩机组成。风扇旋转或压缩机转子转动使气流压力增高来维持管道内稳定的气体流动。风扇叶片和轴流式压缩机转子叶片等在高速转动过程中承受着复杂的气动载荷（力与力矩），这些载荷长时间作用于叶片可能导致叶片变形，严重时出现断裂。国内某大型风洞就曾出现过风扇叶片断裂事故，导致风洞在很长时间内处于瘫痪状态。此外，风洞驱动电机的振动直接影响风洞的使用寿命，为了降低电机在运行过程中的振动，在电机支座设计时可采取双层钢板

第1章 绪论

中间夹橡胶垫的方法。另外为了解电机运行状态，可以在电机基座水平和竖直两个方向分别安装加速度传感器，用来监控电机的振动情况；在风洞测控系统中设置振动加速度的限值，一旦超过这一限值，就自动停车并提示检查，这样就能提前防范事故风险，从而提高风洞的使用寿命。

影响风洞服役性能主要有三个因素：一是结构设计，是否在满足风洞气动设计前提下充分考虑了耐久性和极端状况下的冲击震动；二是重要零部件的选材，是否考虑了长时间服役下的疲劳损伤和腐蚀，如选用廉价钢材且防腐蚀处理不到位，使风洞的使用寿命缩短且维护困难；三是是否安装了必要的监测装置，监测风洞的整个运行状态，并预留了相应的检查维修空间。

1.7 风洞试验测试技术

风洞试验中关注模型的气动力特性、模型表面的压力温度分布等，必须采用一定的方法测量相关参数。试验中还会采用一定的非接触方法，如采用纹影和阴影等获取流场的流动显示图像；采用粒子图像速度场技术，获取流场空间的速度分布；采用激光诱导荧光技术获得流场的某种组分的浓度参数等。

1.7.1 气动力测量

气动力测量（简称测力）是风洞试验中最基本的项目，风洞天平是测量气流作用在模型上的力和力矩的设备，对于六分量天平，它能将力和力矩沿3个相互垂直的坐标轴分解并进行精确测量。试验中按要求将天平和飞行器模型连接固定，气流作用于模型表面的力及力矩传递至天平。

在使用天平前，必须通过校准标定确定各分量的天平读数与所测分量的关系，得到天平校准公式。使用天平时，测出天平读数，通过天平校准公式，求得所测分量的大小。目前最常使用的气动力天平为应变式天平，如图1.29所示。应变天平是一种通过贴在弹性元件上的应变片，在气动力作用下弹性元件发生变形，进而产生输出信号来测量力和力矩的仪器。

▶ 图1.29 典型六分量应变式天平照片

应变式天平的测量元件主要由弹性元件、电阻应变片和测量电路等组成。弹性元件中的应变梁产生与所测分量有一定关系的形变。弹性元件通常也是模型支撑系统的一部分，在天平中起传递力和力矩的作用。粘贴在应变梁表面上的电阻应变片，将应变梁表面的应变转变为电阻应变片电阻的变化。测量电路则将电阻应变片电阻的变化转变为电压的变化，作为天平的读数。应变式天平中力和力矩的分解，主要依靠弹性元件的结构形状及电阻应变片在测量电路中的合理布置来实现。

天平对弹性元件的材料提出了较高要求，一方面是要具备合适的弹性模量；另一方面由于天平本体需要精密加工，要求天平材料具备良好的加工特性和热处理特性。

1.7.2 压力测量

在流体力学中，压力是描述流体状态及其运动的主要参数之一。压力可以用不同的基准来表示和计量，如以绝对真空（零大气压）为基准计量的压力称为绝对压力，是流体的真实压力；以当地大气压为基准计量的压力称为表压力。

压力测量一般指的是总压测量和静压测量。在流体力学中给出了沿流线上压力与当地马赫数的变化关系是式（1.1），当马赫数小于 0.3 时，该式可以变换为总压等于静压和动压之和式（1.2）。

$$\frac{p}{p_0}=\left(1+\frac{\gamma-1}{2}M^2\right)^{-\frac{\gamma}{\gamma-1}} \tag{1.1}$$

$$p_0=p+\frac{1}{2}\rho V^2 \tag{1.2}$$

静压测量，通常是在气流管道的壁面或模型的表面沿法线方向开小孔感受当地的静压，如图 1.30（a）所示。

需要测量流场中某一点的总压时，可在该点放置一根总压管（皮托管）。最简单的总压管是正对着气流方向开口的圆管。管的开口端面垂直于气流方向，另一端用导管与压力计相连通，如图 1.30（b）所示。图 1.31 为测量翼型表面静压的静压孔。

无论是静压还是总压测量，均需要使用压力传感器。传感器起着直接接收被测量的作用，并按一定规律将被测量转换成同种或别种量值输出的器件。空气动力实验中用的压力传感器，直接承受压力作用，并通常将压力转换成

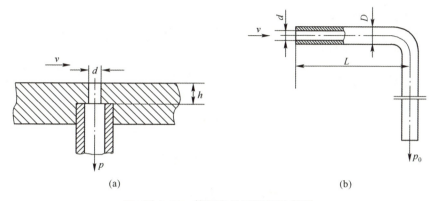

(a)　　　　　　　　　　　(b)

▼ 图 1.30　静压和总压测量示意图

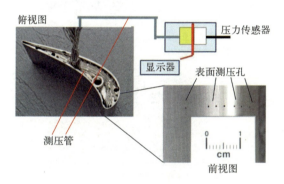

▼ 图 1.31　测量翼型表面静压的静压孔

电信号输出。电信号更便于传输、测量、显示、记录和储存处理。可根据校准曲线，由电信号确定被测的压力值。目前主要使用的是压电式压力传感器和压阻式压力传感器。

压阻式压力传感器是指利用单晶硅材料的压阻效应和集成电路技术制成的传感器。单晶硅材料在受到力的作用后，电阻率发生变化，通过测量电路就可得到正比于力变化的电信号输出。

压电式压力传感器是基于压电效应的压力传感器。压电效应是指当晶体受到某固定方向外力的作用时，内部产生电极化现象，同时在某两个表面上产生符号相反的电荷，如图 1.32 所示；当外力撤去后，晶体又恢复不带电的状态；当外力作用方向改变时，电荷的极性也随之改变。受力后产生压电效应的材料，称为压电材料。图 1.33 为某型压电传感器照片。

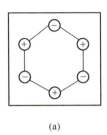 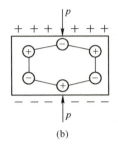 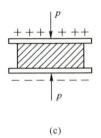

(a)　　　　　　　　　(b)　　　　　　　　　(c)

▼ 图 1.32　压电效应

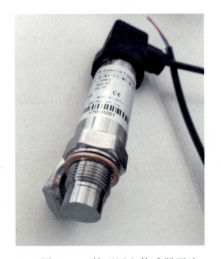

▼ 图 1.33　某型压电传感器照片

1.7.3　温度测量

温度是表征物体状态的特征参数之一，温度测量在空气动力实验中被广泛应用。确定空气的密度、黏性系数和流动速度等，通常都需要测量温度。空气动力天平测得的数据要计及温度的影响，也需要温度测量的结果。在无加热器的超声速风洞中某些情况下需监测气流温度以防水汽发生凝结，在有加热器的高超声速风洞中，需要监测温度，以防冷却器失灵时造成洞体某些部位过热。有些实验通过测量模型表面的温度分布，可确定气流在模型表面上的流动状态。

气体温度测量比液体复杂，因为气流与传感器间换热系数小，辐射换热比例大会引起误差。气体的温度有静温和总温之别，测量时需要明确是总温还是静温。

测温物质的物理参数通常随温度变化且便于测量，作为判断物体温度的理想测温属性应是连续地单值地随温度变化，且被其他因素影响。根据这一原则，所选择的常用测温方法有：

（1）利用物体热胀冷缩的物理性质测温，如双金属片温度计；利用玻璃管水银温度计；利用气体热胀冷缩现象而制成的压力表式温度计。

（2）利用物体的热电效应测温，如热电偶等。

（3）利用物体的导电率随温度而变的物理性质测量，如各种热敏电阻温度计。

（4）利用物体辐射强度、波长随温度变化的特性测量温度，如光电高温计、比色高温计和辐射高温计等。

气体的温度测量可分为接触式测量和非接触式测量两大类。接触式测量是基于热平衡原理，测温敏感元件必须与被测气体接触达到热平衡状态，即两者的温度相同，例如应用热电偶和热电阻的测温方法。非接触式测温方法是基于热辐射原理，测温敏感元件不必与被测物体接触，例如红外测温方法。

1.7.4 粒子图像速度场技术

由于空气、水流等流体是透明的，为研究这些流体的运动，一种比较行之有效的方法是向流体中加入示踪粒子，通过观察示踪粒子的运动实现流动的可视化。粒子图像速度场技术（particle image velocimetry，PIV）是指在流动中添加示踪粒子，让示踪粒子跟随流体一起运动，然后记录流场中可见的示踪粒子的图像，通过示踪粒子的运动获取流场的速度信息。

PIV 系统由双脉冲激光光源、片光光学系统、照相记录系统和同步控制系统等组成，此外还有粒子播撒系统，如图 1.34 所示。在流场中形成片光照明（片光厚度约 1mm），使流场中的微粒可视化，在片光平面的垂直方向上用照相机对流场中粒子进行拍摄。利用图像自相关或互相关原理，获得流场平面内的速度分布。

PIV 方法是用粒子的速度表示气流的速度，因此粒子必须能很好地跟随气流运动，即粒子须随气流同步移动，没有速度滞后。粒子在气流中应均匀分布，在测量区内粒子应具有适中的浓度分布。若粒子浓度太低，则测量点太少；若粒子浓度太高，太多的粒子会互相重叠而不能被识别。粒子可选用固体微粒或液滴，固态粒子在高速气流中容易发生聚集而不能均匀分布，液滴则容易蒸发。粒子还应符合人体健康要求和环保要求。事实上，示踪粒子材料的类型、相对密度、尺寸等的选取也是 PIV 技术研究的重要内容。

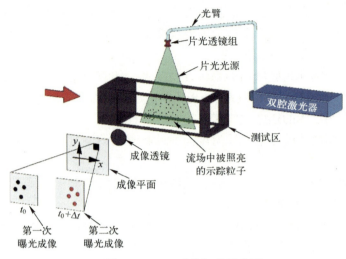

▼ 图 1.34　PIV 系统组成示意图

1.8　风洞材料

1.8.1　风洞材料的内涵

　　风洞主要由洞体、驱动系统和测量控制系统组成，风洞材料指风洞和风洞试验中所用材料，包括风洞本体材料和风洞试验材料两大类，风洞本体材料细分为洞体材料和动力材料，风洞试验材料则包括模型和支撑材料以及测试传感材料等，如图 1.35 所示。

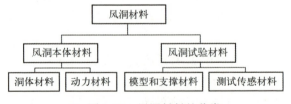

▼ 图 1.35　风洞材料的分类

　　风洞洞体是指气流流通的管道，风洞洞体结构可分为柱梁板等承力结构、内围护及外围护三部分，建造洞体的常用材料有木材、钢材、混凝土等。

　　风洞动力材料是指在各类风洞中驱动试验气流的动力系统所用的材料，

包括用于制造低速风洞的轴流风扇、超声速风洞的高压储罐和真空罐、高超声速风洞加热器等涉及的材料，常用的有纤维增强复合材料、钢材及电热材料等。

模型和支撑材料指风洞试验中的模型及固定模型用的构件所用材料。制作模型的常用材料为木材、高分子材料、铝合金、合金钢等，支撑材料因不同的风洞试验而异，多选用不锈钢。

测试传感材料指用于制作各类传感器敏感元件及实现流场显示的功能材料。风洞试验过程中，测量控制系统按预定试验程序控制风洞运行状态，并通过天平、传感器和其他仪器设备测量风洞气流参数、模型状态以及试验所要求的各种物理量（如气动力、压力、温度等）和观察物理化学现象（如流动显示等）。压敏漆、温敏漆及示踪测量等新型非接触测试技术通过应用材料的特殊理化性能来实现风洞试验目的。

1.8.2 风洞本体材料的性能特点

前已述及，风洞本体主要分为风洞洞体和风洞动力两大部分，随着风洞试验需求的增长，风洞向着更大尺寸、更高参数水平和更广功能的方向发展，对风洞的设计及选材提出更高的要求。

风洞洞体性能最重要的是结构稳定。另外，风洞尤其是大型风洞作为风洞试验平台，其设计建造成本巨大，因而要求风洞材料具有低成本、长寿命的特点，相应地，对重要零部件提出耐久性、可维护性等要求较高。风洞洞体的服役性能要求可总结为结构稳定、低成本、长寿命、易维护等。风洞洞体的结构损伤主要源于高速流体的冲击、各类旋转部件产生的振动等，在结构设计合理、选材及加工工艺正确的前提下，风洞洞体的主体结构稳定性能够得到较好保证，常见的破坏形式主要有风洞流体管道表面开裂、剥落、变形等损伤。因此，风洞洞体材料（构件）应具有高强度、高模量（高刚度）、良好的塑韧性等力学性能，以及优异的成形性、焊接性等工艺性能。

风洞动力系统的作用是在风洞管道内产生符合风洞试验要求的高品质流体。低速及高速风洞中常用的驱动系统由可控电机组和由它带动的风扇或轴流式压缩机组成，风扇叶片旋转或压缩机转子转动使气流压力增高，以维持风洞管道内稳定的气体流动。风扇叶片高速旋转或压缩机转子高速转动时将承受复杂的应力作用，可能造成变形失稳，严重时叶片或转子发生断裂。对叶片和转子用材料的性能要求主要有高比强度、高比刚度、高抗疲劳断裂性能等。超声速和高超声速风洞则涉及高压容器和加热器材料，都有相应的要求。

近年来还发展了特殊用途的风洞,如低速声学风洞,对试验段洞壁的消声能力有特殊要求,洞壁需贴装由吸声材料制备的吸声尖劈等。低温风洞则对试验段用材料的隔热性能、热膨胀性能、低温韧性等有特殊要求。再有如高焓风洞喷管,其喉部直径很小,轻微的变形将导致风洞性能的下降,尽管喉部一般会设置冷却装置,但仍然需要耐高温材料,且该材料随着温度的变化变形程度应很小。

1.8.3 风洞试验材料的性能特点

风洞试验数据的测量需用各种类型力、压力、温度传感器,这些传感器中的敏感元件由各类功能材料制备,敏感元件及其材料的性能特点是应有合适的参数范围、更高的精度、更快的响应速度等。

压敏漆、温敏漆等新型非接触测试技术几乎专门应用于风洞试验,用于大面积定量测量和显示试验模型表面压力、表面温度的分布状况,这些测试均涉及新型光电功能材料。压敏漆、温敏漆测试技术的技术基本原理是氧猝灭和热猝灭物理现象。

风洞试验中基于撒播示踪物进行流动显示和测试的技术近些年发展迅速,流动显示的主要任务是使流体流动过程可视化,流动测试是获取流体流动过程定量化信息,二者相辅相成。

本章小结

本章介绍了风洞和风洞试验的概念、定义、分类和历史发展。结合不同类型风洞结构和国内外典型风洞情况,重点介绍了低速、超声速、跨声速和高超声速风洞与特种设备的基本原理和结构,以及各类风洞对材料的基本需求。介绍了典型风洞试验测试技术,包括压力、温度、气动力测量等。最后给出了风洞材料的定义和内涵,简要分析了风洞本体材料和风洞试验材料的特点。

思考题

(1) 调研 20 世纪五六十年代我国建设的大中型低速风洞的主要用材,基于现代材料和工艺,思考可以对其哪些结构进行更新?

(2) 列举 3~4 种典型材料在风洞和风洞试验测试技术中的应用。

参考文献

[1] 李周复. 风洞试验手册 [M]. 北京：航空工业出版社，2015.
[2] 王铁城. 空气动力学实验技术 [M]. 北京：国防工业出版社，1986.
[3] 朱自勤. 传感器与检测技术 [M]. 北京：机械工业出版社，2005.
[4] 刘沛清. 流体力学通论 [M]. 北京：科学出版社，2017.
[5] 刘伟雄，吴颖川，王泽江，等. 超燃冲压发动机风洞试验技术 [M]. 北京：国防工业出版社，2019.

第 2 章　风洞洞体材料

风洞本体的主要构成是洞体及驱动系统，本章重点讨论风洞洞体的选材用材问题，具体内容包括四部分，第一部分讨论风洞洞体材料的选择。第 1 章介绍了各类风洞的运行原理及其对风洞流场品质的要求，根据洞体的使用效能、服役条件、失效形式提出风洞洞体对材料的性能需求，第一部分在此基础上分析各类风洞洞体应如何选择材料，重点讨论钢结构和混凝土这两类常用的洞体材料性能及其选用。第二部分为钢结构洞体材料，主要介绍洞体常用的钢材种类、钢材规格，讨论如何选用及选用原因。第三部分为混凝土洞体材料，主要介绍混凝土的组成材料、各组成材料性能、新拌混凝土的性能、干硬后混凝土的力学性能，以及钢筋混凝土的力学性能。最后，拓展至激波风洞、声学风洞等特种风洞，简要讨论部分特种风洞洞体对材料的性能要求以及如何选材。

2.1　风洞洞体材料的选择

2.1.1　洞体的功能

风洞的主要用途是通过人工产生和控制气流，模拟飞行器或物体周围气体的流动。因此，洞体的主要功能是提供可控的高品质气流。高品质气流的主要特征有：稳定、流速空间分布均匀、噪声强度小。

为提供高品质气流的使用效能，洞体应满足如下性能要求：首先，洞体要密封、能承压。与常规的土木工程相比，洞体的形状尺寸精度要求更高，以减小对气流的影响。其次，洞体需有一定的吸振、隔音功效。尤其是对于钢结构洞体，需对风洞洞体进行动态分析，以防止洞体剧烈振动，避免发生共振。

从服役条件来看，洞体主要起到承受气动载荷的作用。图 2.1 为典型的钢结构洞体,由框架结构和壁板组成。框架结构为洞体主要受力结构,须有足够的承载能力;壁板主要受气流介质作用,内表面要具有一定的耐风蚀性能。对一些特殊风洞,比如激波风洞驱动段会产生高温高压气体、低温风洞中有低温气流等,洞体还会受到环境温度的影响,还应具有耐高温或耐低温的性能。毫无疑问,材料的性能是保证洞体效能实现的基础。

▼ 图 2.1 钢结构洞体示意图

2.1.2 洞体材料的基本要求

风洞洞体对材料的性能要求可以归结为以下四个方面。

(1) 承载:洞体结构要承受气动载荷作用,为保证洞体承载能力以及变形能力,避免出现剧烈振动,构件(材料)须有足够的强度和刚度。

(2) 施工:材料应具有良好的成型性、焊接性。易被加工成各种形状,且密闭性好。

(3) 使用:材料在力、环境温度、介质等因素综合作用下,应具有较好的耐久性、耐腐蚀性和较长使用寿命。

(4) 经济:在其他要求满足的情况下,应具有低成本的优势。

2.1.3 各类洞体材料的选择

洞体类型按照试验段气流速度划分为低速、亚声速、跨声速、超声速、高超声速等。不同类型的风洞结构、气流性质等不尽相同,对材料的性能要求也不一样。在风洞设计中,应针对风洞结构、不同部段的具体要求选择洞体材料。图 2.2 为常见的低速风洞洞体横截面示意图,可简单地分为框架结构和壁板两部分。相应地,洞体材料主要分为结构材料与壁板材料两大类。

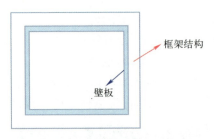

图 2.2 洞体横截面示意图

1) 洞体结构材料

用于建造洞体结构的材料主要有钢材、混凝土及木材等。

钢材在洞体结构的承载、施工及使用等性能方面的优势明显，目前几乎所有建造的风洞均为钢结构，仅有部分低速风洞采用混凝土和钢的混合结构。试验段、动力段采用钢结构，这有利于对复杂部段的加工、如天平转盘和门窗孔洞的开设，以及各种管线的引出。而洞体其余部段施工相对简单，可选用混凝土结构，充分利用混凝土结构不怕日晒、雨淋，耐久性好和隔声效果好的优点。并且，收缩段选择钢筋混凝土结构，易于形成较精确的型面。

钢结构的优点很多，如强度高、成形性好，易机械加工，可焊接成大型管道，焊接结构的密封性好，可承受高的内压；施工周期较短。缺点是耐腐蚀性较差，须对洞体表面进行防腐处理，维护费用较高。与混凝土构件相比，其刚度较小，设计时须进行动态分析，以防止洞体剧烈振动。

超声速风洞、跨超声速风洞、高超声速风洞及特种试验设备等，气流速度更快，对洞体的承压需求更高，并且启动时将受较大的冲击载荷作用。因此需采用更高强度、更大刚度、更好抗冲击性、更佳密闭性的钢结构。

一些特殊风洞在低温环境中服役，如低温风洞，由于普通碳素钢具有低温冷脆性，因此应选用低温韧性更好的铝合金和不锈钢。激波风洞驱动段材料受高温高压作用，因此应选用耐热性能好、高温强度高、冲击韧性优的合金调质钢。

混凝土结构的耐久性较好，受日晒雨淋等气候环境影响较小。材料成本低且容易获得，混凝土在施工阶段具有一定的可塑性，容易制成复杂形状。其吸振隔声效果也较好，因此声学风洞洞体试验段首选材料是混凝土。混凝土结构的缺点是自重大、施工周期较长。

早期常用木材制备小型风洞洞体，木结构质量轻，减振降噪性能较好，制作成本低。但是木结构的强度及刚度低，气密性较差，环境因素如温度湿度等对结构稳定性的影响大，目前风洞结构几乎不用木材制备。

2) 洞体内壁材料

洞体内壁材料需承受高速气流介质的直接作用,故除必要的强度、硬度、韧性外,还应具有一定的耐风蚀性。当风洞洞体采用钢筋混凝土结构时,其内壁可以采用压光水泥或水磨石。但压光水泥表面容易掉灰,影响气流的清洁度,严重时还可能阻塞测压孔。目前在用的一些要求较高的风洞多采用水磨石。但水磨石需要进行打磨处理,二次打磨处理的施工工艺会产生粉尘、延长工期。所以,现在也有风洞洞体采用清水混凝土。所谓清水混凝土,简言之,就是不需要经过二次装饰的混凝土。传统的现浇混凝土风洞都需要在洞体内表面进行二次处理,以达到内表面的精度要求。而清水混凝土,一次成型、不需要进行二次处理,但相应的施工工艺要求更高。

当风洞洞体采用钢结构时,内壁采用薄钢板。一些特殊风洞,如低温风洞,须在洞体内壁敷设绝热材料,如玻璃纤维、玻璃棉。为避免温度场梯度大造成的应力过大,一般采用多层结构。对于声学风洞,为了降低风洞背景噪声,可在洞壁上安装消声层,采用吸声材料,如将聚氨酯吸声泡沫塑料或玻璃纤维做成吸声尖劈,如图 2.3 所示。

▶ 图 2.3 声学风洞内壁吸声尖劈示意图

2.2 钢结构洞体材料

由于钢结构在风洞建造及试验、维护等方面诸多的优点,越来越多的风洞采用钢结构制造洞体。目前只有部分低速风洞的洞体中性能要求不太高的部段，如扩散段、稳定段、收缩段，采用混凝土结构，其他的部段如试验段和动力段则采用钢结构，其他几乎所有类型的风洞均选用全钢结构，包括超声速风洞、跨超声速风洞、高超声速风洞、超高速风洞等，以及用于气动力、气动热等试验的特种试验设备。

工程结构用钢材的种类、规格很多，在风洞结构设计时应按式（2.1）表达的基本原则选择钢材的种类及规格。

$$R-S>0 \tag{2.1}$$

式中：R 为结构抗力，即自身的承载能力；S 为作用效应，即外部载荷、环境温度等作用于结构所产生的内力、变形等。作用效应可以根据结构力学中相关理论及公式计算得到，结构抗力取决于材料的性能、构件的性能，而材料的性能、构件的性能取决于钢材的种类以及钢材的规格等。

2.2.1　钢结构洞体钢材种类

本质上讲，风洞是管道状实验设备，其中洞体可以看成是长管道状压力容器，在服役寿命期内存在两种状态：一是非试验状态，管道内部为常压自然状态（1atm）；二是试验状态，管道内部按流场性质的不同，不同工段承受不同特性的压力，从试验流程看，有不同振幅、不同频率等交变压力频谱。洞体对不同压力频谱作用的响应主要是振动，钢结构洞体的破坏形式主要有变形、疲劳断裂等。

常规风洞洞体所受气流压力作用较小，一般不超过 2MPa，结构工程中常用的普通碳素结构钢、低合金高强度钢均能满足其强度、刚度要求。且这两种钢材均有较好的成形性和焊接性，经表面防腐处理后可满足常规洞体的耐蚀性要求，且成本较低。因此，普通碳素结构钢和低合金高强度钢是两类常用的洞体结构钢材。

2.2.1.1　钢材主要种类和牌号

1）普通碳素结构钢

普通碳素结构钢含碳量 $w(C)=0.06\%\sim0.38\%$（质量分数），用来制造各种金属结构和机器零件。按冶金质量等级，碳素结构钢包括普通碳素结构钢和优质碳素结构钢。工程结构中最常用的是牌号为 Q235 的普通碳素结构钢，也称为 A3 钢。这类钢的牌号用"Q"+屈服强度数值（单位为 MPa）+质量等级+脱氧方法等符号表示。例如碳素结构钢牌号 Q235AF、

Q235BZ 等。

根据国家标准（GB/T 700—2006），常用普通质量碳素钢的牌号、化学成分和力学性能见表 2.1 和表 2.2。

表 2.1 普通质量碳素钢的牌号及化学成分（GB/T 700—2006）

牌 号	等 级	化学成分/%（质量分数）					脱氧方法
		C	Si	Mn	P	S	
Q195	—	0.12	0.30	0.50	0.035	0.040	F，Z
Q215	A	0.15	0.35	1.20	0.045	0.050	F，Z
	B					0.045	
Q235	A	0.22	0.35	1.40	0.045	0.050	F，Z
	B	0.20				0.045	
	C	0.17			0.040	0.040	Z
	D				0.035	0.035	TZ
Q275	A	0.24	0.35	1.50	0.045	0.050	F，Z
	B					0.045	Z
	C	0.28~0.38			0.040	0.040	Z
	D				0.035	0.035	TZ

脱氧方法：F—沸腾钢；Z—镇静钢；TZ—特殊镇静钢。

表 2.2 普通质量碳素结构钢的力学性能（GB/T 700—2006）

牌 号	抗拉强度/MPa	屈服强度/MPa	延伸率/%	V 型冲击功/J
Q195	315~390	≥195	≥33	—
Q215	335~450	≥215	≥31	≥27
Q235	370~500	≥235	≥26	≥27
Q275	410~540	≥275	≥22	≥27

普通碳素结构钢中 Q195 强度低，塑性好，可制作汽车面板、铁钉、铁丝等。Q215 可用于制作钢管、结构件及板材。Q235 等塑性较好，有一定的强度，通常轧制成钢筋、钢板和钢管等，可用于桥梁、建筑物结构等，也可用作螺钉、螺帽、铆钉等。Q275 强度较高，可轧制成型钢、钢板，可用于压力容器等。

需指出的是该类钢一般是在热轧状态下使用，不再进行热处理。对某些零件，也可以进行正火、调质、渗碳等处理，以提高其使用性能。

2) 低合金高强度结构钢

低合金高强度结构钢是在普通碳素结构钢的基础上加入少量合金元素制成。常用低合金高强度结构钢的牌号、化学成分、力学性能等见表2.3、表2.4。较低强度级别的钢中，以Q345（16Mn）最具代表性。该钢使用状态的组织为细晶粒的铁素体+珠光体，强度比普通碳素钢Q235高20%~30%，耐大气腐蚀性能高20%~38%。用它制造工程结构，重量可减轻20%~30%，且低温性能较好。

Q420（15MnVN）是中等级别强度钢中使用最多的钢种。钢中加入V、N后，生成钒的氮化物，细化晶粒，又有析出强化的作用，强度有较大提高，且韧性、焊接性及低温韧性较好，广泛用于制造桥梁、锅炉、船舶等大型结构。

强度级别超过500MPa后，铁素体+珠光体组织难以满足要求，因而发展了低碳贝氏体钢。加入Cr、Mo、Mn、B等元素可阻碍奥氏体转变，使C曲线的珠光体转变区右移，而贝氏体转变区变化不大，有利于空冷条件下得到贝氏体组织，从而获得更高的强度、塑性，其焊接性能较好，多用于高压锅炉、高压容器等。

2.2.1.2 洞体钢材种类选用

表2.1~表2.4中所列各牌号碳素结构钢及低合金高强度钢大多能满足风洞洞体的施工、使用、经济等要求，选材的依据主要由洞体的服役条件确定。

低合金高强度钢与碳素结构钢相比，强度更高、冲击韧性更好，所以，碳素结构钢主要用于气动载荷较小的洞体结构；当洞体内气动载荷增大，碳素结构钢强度或刚度不能满足要求时，或者对于超声速风洞，在启动时将受较大的冲击载荷作用，需选用强度更高、冲击韧性更好的低合金高强度钢。

当风洞在低温环境下服役时，则应选用脱氧程度更充分的镇静钢，满足低温冲击韧性要求。此外，还需考虑结构件的连接方法，采用焊接还是非焊接方式。焊接过程会产生残余应力导致变形，形成焊接缺陷，容易导致结构脆断。对于焊接结构，要严格控制钢材中C、S、P的含量，以满足可焊性要求。对于碳素结构钢及低合金高强度钢，在供货时均需提供其力学性能及化学成分质保书。

表 2.3 低合金高强度结构钢的牌号、化学成分（摘自 GB/T 1591—2008）

牌号	质量等级	化学成分①/%（质量分数）											旧牌号②
		C	Si	Mn	Nb	V	Ti	Cr	Ni	Cu	N	Mo	B	
								(≤)						
Q345	A、B、C	≤0.20	≤0.50	≤1.70	0.07	0.15	0.20	0.30	0.50	0.30	0.012	0.10	—	12MnV、14MnNb、16Mn、18Nb、16MnRE
	D、E	≤0.18												
Q390	A、B、C、D、E	≤0.20	≤0.50	≤1.70	0.07	0.20	0.20	0.30	0.50	0.30	0.015	0.10	—	15MnV、15MnTi、16MnNb
Q420	A、B、C、D、E	≤0.20	≤0.50	≤1.70	0.11	0.20	0.20	0.30	0.80	0.30	0.015	0.20	—	15MnVN、14MnVTiRE
Q460	C、D、E	≤0.20	≤0.60	≤1.80	0.11	0.20	0.20	0.30	0.80	0.55	0.015	0.20	0.004	
Q500	C、D、E	≤0.18	≤0.60	≤1.80	0.11	0.12	0.20	0.60	0.80	0.55	0.015	0.20	0.004	
Q550	C、D、E	≤0.18	≤0.60	≤2.00	0.11	0.12	0.20	0.80	0.80	0.80	0.015	0.30	0.004	
Q620	C、D、E	≤0.18	≤0.60	≤2.00	0.11	0.12	0.20	1.00	0.80	0.80	0.015	0.30	0.004	
Q690	C、D、E	≤0.18	≤0.60	≤2.00	0.11	0.12	0.20	1.00	0.80	0.80	0.015	0.30	0.004	

① 质量等级 A、B：w(P)≤0.35、w(S)≤0.35。质量等级 C：w(P)≤0.030、w(S)≤0.030。质量等级 D：w(P)≤0.030、w(S)≤0.025。质量等级 E：w(P)≤0.025、w(S)≤0.020。
② 国家标准 GB/T 1591-1988。

表 2.4 低合金高强度结构钢的力学性能（摘自 GB/T 1591—2008）

牌号	质量等级	拉伸试验 公称厚度（直径，边长）mm 下屈服强度 R_{eL}/MPa					拉伸试验 公称厚度（直径，边长）mm 抗拉强度 R_m/MPa				断后延伸率 A/% 公称厚度（直径，边长）mm			冲击试验（V型）冲击吸收能（纵向）/J 公称厚度 12~150
		≤16	16~40	40~63	63~80	80~100	≤40	40~63	63~80	80~100	≤40	40~63	63~100	
Q345	A、B	≥345	≥335	≥325	≥315	≥305	470~630	470~630	470~630	470~630	≥20	≥19	≥19	≥34
	C、D、E													
Q390	A、B、C、D、E	≥390	≥370	≥350	≥330	≥330	490~650	490~650	490~650	490~650	≥21	≥20	≥20	≥34
Q420	A、B、C、D、E	≥420	≥400	≥380	≥360	≥360	520~680	520~680	520~680	520~680	≥20	≥19	≥19	≥34
Q460	C、D、E	≥460	≥440	≥420	≥400	≥400	550~720	550~720	550~720	550~720	≥19	≥18	≥18	≥34
Q500	C、D、E	≥500	≥480	≥470	≥450	≥440	610~770	600~760	590~750	540~730	≥17	≥16	≥16	等级 C：≥55
Q550	C、D、E	≥550	≥530	≥520	≥500	≥490	670~830	620~810	600~790	590~780	≥17	≥17	≥17	等级 D：≥47
Q620	C、D、E	≥620	≥600	≥590	≥570	—	710~880	690~880	670~860	—	≥15	≥15	≥15	等级 E：≥31
Q690	C、D、E	≥690	≥670	≥660	≥640	—	770~940	750~920	730~900	—	≥14	≥14	≥14	

冲击试验温度：B 级钢为 20℃，C 级钢为 0℃，D 级钢为 -20℃，E 级钢为 -40℃。

2.2.2 钢结构洞体钢材规格

钢材规格可分为型钢和钢板两大类。钢结构洞体的框架通常采用型钢焊接而成,壁板通常采用薄钢板。根据截面形状的不同,型钢分为工字钢、H型钢、钢管、槽钢、角钢和T型钢六类,如图2.4所示。

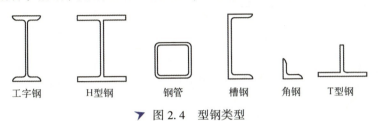

图 2.4 型钢类型

2.2.2.1 型钢规格

1) 工字钢

截面为工字形状的长条钢材,执行标准 GB/T 706—2016,如图 2.5 所示。表示方法:I 高度×宽度×腹板厚度。

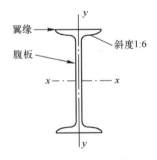

图 2.5 工字钢截面示意图

应用特点:由于截面尺寸均相对较高、较窄,故对截面两个主轴的惯性矩相差较大,绕 y 轴弯曲的截面惯性矩 I_y 较小。而在截面积相同的条件下,截面惯性矩越小,抗弯能力小,稳定性越差。因此,作为轴心受压构件时,由于绕弱轴的惯性矩小、回转半径小,长细比小,稳定性能较差。故仅能直接用于在其腹板平面内受弯的构件。对轴心受压构件或在垂直于腹板平面内弯曲(绕 y 轴弯曲)的构件均不宜采用。

2) H 型钢

断面形状类似字母 H 的型材。表示方法:H 高度×宽度×腹板厚度×翼缘厚度。按成型工艺不同,分热轧 H 型钢和焊接 H 型钢,如图 2.6 所示。

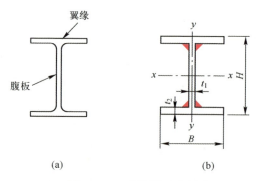

▶ 图 2.6 H 型钢截面示意图
(a) 热轧 H 型钢；(b) 焊接 H 型钢。

H 型钢根据截面尺寸的不同，分为宽翼缘、中翼缘、窄翼缘三类。
宽翼缘（HW）：高度和翼缘宽度基本相等。
中翼缘（HM）：高度和翼缘宽度比例大致为 1.33~1.75。
窄翼缘（HN）：高度和翼缘宽度比例大于等于 2。
应用特点：与工字钢相比，H 型钢截面的翼缘较宽，因此对 y 轴惯性矩 I_y 随之增大，使其在各方向均有较强的抗弯能力。且翼缘内表面没有斜度，上下表面平行，使其便于与其他构件连接。

3）钢管
截面为管状的型材。表示方法：方钢管：边长×壁厚；圆钢管：ϕ 直径×壁厚。

应用特点：钢管属于闭口薄壁件，在截面积相同的情况下，惯性矩较大，即回转半径较大，因此稳定性较好，相比工字钢对弱轴的稳定性好很多，且其抗扭性能较 H 型钢及其他型钢好。但工字钢、H 型钢用量小、施工方便，且横截面双轴对称，能较好承受弯曲应力，因此一般可采用方钢管做立柱，H 型钢及工字钢做梁。对于承受载荷较小的风洞洞体结构而言，构件截面积较小，选用工字钢与钢管，用钢量差异不大。

4）槽钢
截面为凹槽的钢材。表示方法：高度×宽度×腹板厚度。
应用特点：槽钢属于单轴对称截面，一般仅用于单向受弯或轴心受力构件。

5）角钢
两边互相垂直成角形的钢材。表示方法：边长×厚度。

6）T 型钢
断面形状类似字母 T 的钢材。表示方法：T 高度×宽度。

应用特点：角钢、T 型钢属于非对称截面，一般仅用于轴心受力构件。

不同规格型钢的应用与其截面特性有关，选用型钢规格时应根据构件受力特点、并结合截面特性进行选用。不同型钢规格的截面特性可以根据常见截面几何特性（表 2.5）计算得到，比如 H 型钢惯性矩可以看成由上下翼缘以及腹板三个矩形截面惯性矩组合而成。

表 2.5 常用截面的几何特性

截面形状和原点在形心的坐标轴	面积 A	至形心 C 的距离		惯 性 矩	
		$\bar{x}$	$\bar{y}$	I_x	I_y
矩形	bh	$\dfrac{b}{2}$	$\dfrac{h}{2}$	$\dfrac{bh^3}{12}$	$\dfrac{hb^3}{12}$
三角形	$\dfrac{bh}{2}$	$\dfrac{b}{3}$	$\dfrac{h}{3}$	$\dfrac{bh^3}{36}$	$\dfrac{hb^3}{36}$
圆形	$\dfrac{\pi d^2}{4}$	$\dfrac{d}{2}$	$\dfrac{d}{2}$	$\dfrac{\pi d^4}{64}$	$\dfrac{\pi d^4}{64}$

2.2.2.2 型钢选用

选用型钢规格主要根据洞体结构中构件的受力状态，结合型钢截面特性进行。钢框架结构中的重要承载构件主要是柱和梁，还有一些支撑构件，如加劲肋等。梁是承受结构上部板等载荷的，横架于支点间的长条状物体，是水平构件。柱是垂直受力构件，为了将梁架设在一定的高度，就要借助立柱，柱是将长条状物体竖直放置用来承受梁上传来的载荷。

图 2.7 为洞体框架结构主要构件受力示意图。对于风洞洞体而言,风载以内压的形式作用于风道内壁并传递至洞体结构中的梁、柱等承力构件。

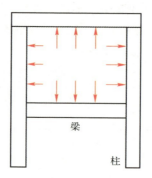

▼ 图 2.7　洞体框架结构主要构件受力示意图

梁在风载以及自重作用下产生弯矩,或者同时产生弯矩和剪力。此类构件以受弯为主,称为受弯构件,如图 2.8（a）所示。

柱则受到横向的风载作用,以及构件自重产生的轴压力作用。在横向风载作用下产生弯矩、剪力,在结构件自重作用下产生轴力,此类构件称为压弯构件,如图 2.8（b）所示。

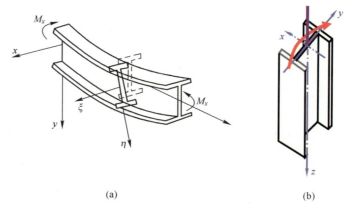

▼ 图 2.8　洞体结构中主要构件受力状态示意图
（a）梁；（b）柱。

结构梁和结构柱的设计与选材均应根据钢结构的强度、刚度、整体稳定、局部稳定等要求按规范的基本设计流程进行。

2.2.3 钢结构梁设计

对于受弯构件，如果单向受弯，只承受绕 x 轴弯矩作用，此时可选用截面高度较高的窄翼缘 H 型钢、工字钢或槽钢以保证截面抗弯能力。但是，如果构件承受绕 y 轴的弯矩作用，或者是双向受弯，由于截面对 y 轴的惯性矩小，刚度小、抗弯能力弱，则不宜选用工字钢和槽钢。从受力角度来说，还可选用宽翼缘 H 型钢或者钢管。但是，用钢量会增大，对于洞体结构中梁而言，受力较小，选用窄翼缘 H 型钢，即可满足要求。梁的设计主要须满足强度、刚度、整体稳定、局部稳定四个方面的要求，下面将先分别介绍这四个方面的要求，再介绍单向弯曲梁与双向弯曲梁的基本设计流程。

1）强度

钢梁设计时，要求在载荷设计值作用下，梁的弯曲正应力、剪应力、局部压应力和折算应力均不超过规范规定的相应的强度设计值。即需满足抗弯强度、抗剪强度、局部承压强度、在复杂应力作用下的强度等要求，其中抗弯强度的计算是首要的，本章重点讨论抗弯强度计算。

梁受弯时的应力—应变曲线与受拉时相类似，屈服点也类似，因此，钢材是理想弹塑性体的假定，在梁的强度计算中仍然适用。当弯矩 M_x 由零逐渐加大时，截面中的应变始终符合平面截面假定，如图 2.9（a）所示，截面上、下边缘的应变最大。

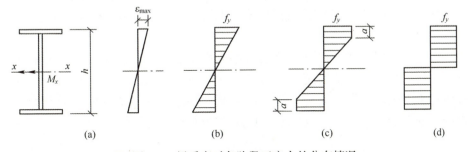

▶ 图 2.9　梁受弯时各阶段正应力的分布情况

当弯矩作用下产生的最大应变超过屈服应变，截面上、下各有一个高为 a 的塑性区，其应变 $\varepsilon \geqslant f_y/E$。由于钢材为理想的弹塑性体，所以这个区域的正应力恒等于 f_y。然而，应变 $\varepsilon < f_y/E$ 的中间部分区域仍保持弹性，应力与应变成正比，如图 2.9（c）所示。弯矩继续增加，梁截面的塑性区便不断向内发展，直至弹性区几乎完全消失，如图 2.9（d）所示，弯矩不再增加，而变形却继续发展，形成"塑性铰"，梁的承载能力达到极限。

显然，在计算梁的抗弯强度时，考虑截面塑性发展比不考虑其发展要节省钢材。但若按截面形成塑性铰来设计，可能使梁的挠度过大，受压翼缘过早失去局部稳定。因此，在编制《钢结构设计标准》GB50017—2017 时，只是有限制地利用塑性，取塑性发展深度 $\alpha \leqslant 0.125h$，如图 2.9（c）所示。这样，梁的抗弯强度按下列规定计算：

$$\frac{M_x}{\gamma_x W_{nx}} \leqslant f \qquad (2.2)$$

在双向弯矩 M_x 和 M_y 作用下：

$$\frac{M_x}{\gamma_x W_{nx}} + \frac{M_y}{\gamma_y W_{ny}} \leqslant f \qquad (2.3)$$

式中：M_x、M_y 分别为绕 x 轴和 y 轴的弯矩（对工字形截面，x 轴为强轴，y 轴为弱轴）；W_{nx}、W_{ny} 分别为对 x 轴和 y 轴的净截面模量；γ_x、γ_y 为截面塑性发展系数：对工字形截面 $\gamma_x = 1.05$，$\gamma_y = 1.20$，对箱形截面 $\gamma_x = \gamma_y = 1.05$，对其他截面，可按规范附表采用；$f$ 为钢材的抗弯强度设计值。

为避免梁在失去强度之前受压翼缘局部失稳，《钢结构设计规范》（GB 50017—2010）规定：当梁受压翼缘的自由外伸宽度与其厚度 t 之比大于 $13\sqrt{235/f_y}$ 时，应取 $\gamma_x = 1.0$。f_y 为钢材牌号所指屈服点。直接承受动力荷载且需要计算疲劳的梁，塑性深入截面将使钢材发生硬化，促使疲劳断裂提前出现，因此按式（2.3）计算时，取 $\gamma_x = \gamma_y = 1.0$，即按弹性工作阶段进行计算。当梁的抗弯强度不够时，增大梁截面的任一尺寸均可，但以梁的高度最为有效。

2) 刚度

梁的刚度用荷载作用下的挠度大小来度量。梁的刚度不足，就不能保证其正常使用。当梁的挠度超过正常使用的某一限值时，一方面给人们一种不舒服和不安全的感觉；另一方面可能使其上部的楼面及下部的抹灰开裂，影响结构的功能等。因此，应按下式验算梁的刚度：

$$v \leqslant [v] \qquad (2.4)$$

式中：v 为由荷载标准值（不考虑荷载分项系数和动力系数）产生的最大挠度；$[v]$ 为梁的容许挠度值，对某些常用的受弯构件，规范根据实践经验规定的容许挠度值 $[v]$ 可参见《钢结构设计规范》。梁的挠度可按材料力学和结构力学的方法计算，也可由结构静力计算手册取用。

3) 整体稳定和支撑

为了提高抗弯强度，节省钢材，钢梁截面一般做成高而窄的形式，受荷方向刚度大，侧向刚度较小，如果梁的侧向支承较弱（如仅在支座处有侧向支承），梁的弯曲会随荷载大小的不同而呈现两种截然不同的平衡状态。

如图2.10所示的工字形截面梁，荷载作用在其最大刚度平面内，当荷载较小时，梁的弯曲平衡状态是稳定的。虽然外界各种因素会使梁产生微小的侧向弯曲或扭转变形，但外界影响消失后，梁仍能恢复原来的弯曲平衡状态。然而，当荷载增大到某一数值后，梁在向下弯曲的同时，将突然发生侧向弯曲或扭转变形而破坏，这种现象称之为梁的侧向弯曲屈曲或整体失稳。梁维持其稳定平衡状态所承担的最大荷载或最大弯矩，称为临界荷载或临界弯矩。根据弹性稳定理论，双轴对称工字形截面简支梁的临界弯矩为

$$M_{cr} = \beta \frac{\sqrt{EI_y GI_t}}{l_1} \quad (2.5)$$

式中：I_y 为梁对 y 轴（弱轴）的毛截面惯性矩；I_t 为梁毛截面扭转惯性矩；l_1 为梁受压翼缘的自由长度（受压翼缘侧向支承点之间的距离）；E、G 分别为钢材的弹性模量及剪切模量；β 为梁的侧扭屈曲系数，与荷载类型、梁端支承方式以及横向荷载作用位置等有关。

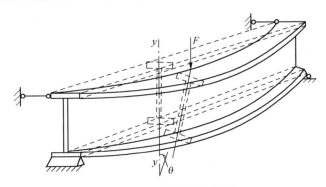

▶ 图2.10 梁的整体失稳

由临界弯矩 M_{cr} 的计算公式和 β 值，可总结出如下规律。

（1）梁的侧向抗弯刚度 EI、抗扭刚度 GI 越大，临界弯矩 M_{cr} 越大；

（2）梁受压翼缘的自由长度 l_1 越大，临界弯矩 M_{cr} 越小；

（3）荷载作用于下翼缘比作用于上翼缘的临界弯矩 M_{cr} 大，这是由于梁一旦扭转，作用于下翼缘的荷载对剪心产生的附加扭矩与梁的扭转方向是相反的，因而会减缓梁的扭转。

梁整体稳定的计算方法：

$$\frac{M_x}{\varphi_b W_x} \leq f \quad (2.6)$$

式中：M_x为绕强轴作用的最大弯矩；W_x为按受压纤维确定的梁毛截面模量；φ_b为梁的整体稳定系数。

梁的整体稳定系数φ_b的规定可参见《钢结构设计规范》（GB 50017—2010）。

当梁的整体稳定承载力不足时，可通过加大梁的截面尺寸或增加侧向支承，减小梁受压翼缘自由长度，前一种办法尤其是增大受压翼缘的宽度最有效。

4）局部稳定和腹板加劲肋设计

组合梁一般由翼缘和腹板等板件组成，如果将这些板件不适当地减薄加宽，板中压应力或剪应力达到某一数值后，腹板或受压翼缘有可能偏离其平面位置，出现波形鼓曲（图2.11），这种现象称为梁的局部失稳。

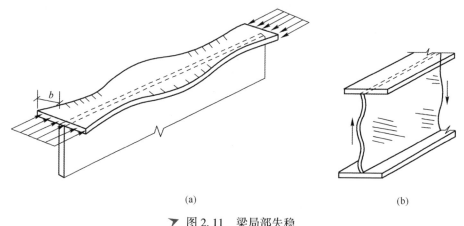

▶ 图2.11 梁局部失稳
(a) 翼缘；(b) 腹板。

梁的受压翼缘板主要受均布压应力作用，为了充分发挥材料强度，翼缘的合理设计是采用一定刚度的钢板，让其临界应力不低于钢材的屈服点f_y，使翼缘不丧失稳定。一般采用限制宽厚比的办法来保证梁受压翼缘板的稳定性。板件宽厚比限值要求可参见《钢结构设计规范》（GB 50017—2010）。梁的腹板同时承受弯曲正应力、剪应力或局部压应力，应按规范中有关规定配置加劲肋（图2.12）。

横向加劲肋主要防止由剪应力和局部压应力可能引起的腹板失稳，纵向加劲肋主要防止由弯曲压应力可能引起的腹板失稳，短加劲肋主要防止由局部压应力可能引起的腹板失稳。计算时，先布置加劲肋再计算各区格板的平均作用应力和相应的临界应力，使其满足稳定条件。若不满足（不足或太富

第2章 风洞洞体材料

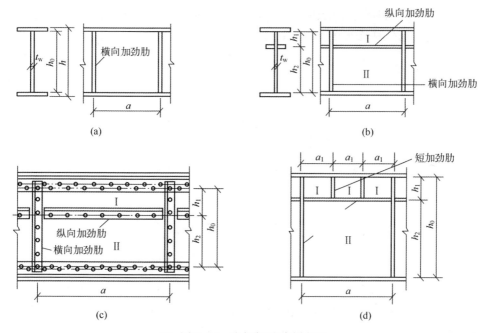

▶ 图2.12 腹板加劲肋的布置

裕),应再调整加劲肋间距,重新计算。热轧型钢由于轧制条件,其板件宽厚比较小,都能满足局部稳定要求,不需要计算。

5) 型钢梁设计

单向弯曲型钢梁的设计比较简单,通常先按抗弯强度(当梁的整体稳定有保证时)或整体稳定(当需要计算整体稳定时)求出需要的截面模量。

$$W_{nx} = \frac{M_{max}}{\gamma_x f} \tag{2.7}$$

或 $$W_x = \frac{M_{max}}{\varphi_b f} \tag{2.8}$$

式中的整体稳定系数 φ_b,可根据工程经验预先估计假定。由截面模量选择合适的型钢规格,然后验算其他项目。由于型钢截面的翼缘和腹板厚度较大,不必验算局部稳定;端部无大的削弱时,也不必验算剪应力。局部压应力也只在有较大集中荷载或支座反力处才验算。

下面以单向弯曲型钢梁为例,讨论截面选择方法。假设某低速风洞洞体承受的气动载荷设计值为13.74kPa。洞体钢框架沿着风洞筒体回路、每隔约5m设置一榀,即框架间距为5m。环向框架梁之间设有次梁,次梁跨度为5m,

间距为 2.5m，洞体在试验段的结构件平面布置如图 2.13 所示。钢材为 Q235 钢，次梁截面的选择步骤如下。

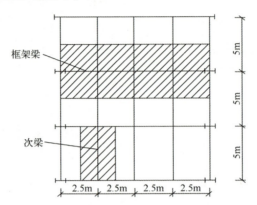

▶ 图 2.13　洞体钢框架结构件布置平面示意图

第一步：风载以内压的形式施加在风道四壁上，在结构设计中，近似认为，梁承担其前后各 1/2 间距范围内的均布载荷。因此，次梁上的均布载荷：$q = 13.74 \times 2.5 = 34.35 \text{kN/m}$。最大弯矩设计值为

$$M_x = \frac{1}{8}ql^2 = \frac{1}{8} \times 34.35 \times 5^2 = 107.3(\text{kN} \cdot \text{m})$$

第二步：根据抗弯强度选择截面，需要的截面模量为

$$W_{nx} = \frac{M_x}{\gamma_x f} = \frac{107.3 \times 10^5}{1.05 \times 215} = 475 \times 10^3 (\text{mm}^3)$$

试选用 HN350×175×7×11，$W_x = 782 \text{cm}^3$，此 W_x 大于需要的 475cm³，梁的抗弯强度已足够。由于型钢的腹板较厚，一般不必验算抗剪强度。另外，截面的 $i_y = 3.93 \text{cm}$，$A = 63.66 \text{cm}^2$。

第三步：H 型钢的整体稳定系数应按规范中附录进行计算。

$$\xi = \frac{l_1 t_1}{b_1 h} = \frac{5000 \times 11}{175 \times 350} = 0.898$$

$$\beta_b = 0.69 + 0.13 \times 0.898 = 0.807$$

$$\lambda_y = \frac{500}{3.93} = 127$$

$$\varphi_b = \beta_b \frac{4320}{\lambda_y^2} \cdot \frac{Ah}{W_x} \sqrt{1 + \left(\frac{\lambda_y t_1}{4.4h}\right)^2} \cdot \frac{235}{f_y}$$

$$= 0.807 \times \frac{4320}{127^2} \times \frac{63.66 \times 35}{782} \sqrt{1+\left(\frac{127 \times 1.1}{4.4 \times 35}\right)^2} \times \frac{235}{235} = 0.83 > 0.6$$

$$\varphi_b' = 1.07 - 0.282/0.83 = 0.73$$

$$\frac{M_x}{\varphi_b' W_x} = \frac{107.3 \times 10^6}{0.73 \times 782 \times 10^3} = 188(\text{N/mm}^2) < f = 215 \text{N/mm}^2$$

若选用普通工字钢则需 I36a,自重 59.9kg/m,比 H 型钢重 19.8%。

双向弯曲型钢梁承受两个主平面方向的荷载,设计方法与单向弯曲型钢梁相同,应考虑抗弯强度、整体稳定、挠度等的计算,而剪应力和局部稳定一般不必计算,局部压应力只有在有较大集中荷载或支座反力的情况下,必要时才验算。

双向弯曲梁的抗弯强度按式(2.3)计算,双向弯曲梁的整体稳定的理论分析较为复杂,一般按经验近似公式计算,规范规定双向受弯的 H 型钢或工字钢截面梁应按下式计算其整体稳定:

$$\frac{M_x}{\varphi_b W_x} + \frac{M_y}{\gamma_y W_y} \leq f \tag{2.9}$$

式中: φ_b 为绕强轴(x 轴)弯曲所确定的梁整体稳定系数。

双向弯曲型钢梁设计基本流程与单向弯曲型钢梁类似。

2.2.4 钢结构柱设计

柱同时承受风载与自重作用,为压弯构件,同样需要计算强度、整体稳定(弯矩作用平面内稳定和弯矩作用平面外稳定)、局部稳定和刚度。压弯构件的截面尺寸通常由稳定承载力确定。对双轴对称截面一般将弯矩绕截面强轴作用,而单轴对称截面则将弯矩作用在对称轴平面内。这些构件可能在弯矩作用平面内弯曲失稳,也可能在弯矩作用平面外弯扭失稳。所以,压弯构件要分别计算弯矩作用平面内和弯矩作用平面外的稳定性。

1)强度

考虑钢材的塑性性能,压弯构件是以截面出现塑性铰作为其强度极限。在轴心压力及弯矩的共同作用下,以工字形截面为例,截面上应力的发展过程如图 2.14 所示。

假设轴向力不变而弯矩不断增加,截面边缘纤维的最大应力达到屈服点后[图 2.14(a)],最大应力一侧塑性部分深入截面,如图 2.14(b)所示,继而两侧均有部分塑性深入截面,如图 2.14(c)所示,直至全截面进入塑性,如图 2.14(d)所示,此时达到承载能力的极限状态。规范规定:承受

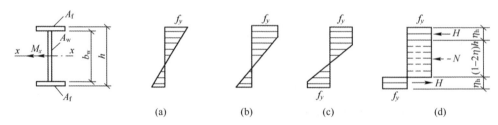

▼ 图2.14 压弯构件截面应力的发展过程

单向弯矩的压弯构件强度计算式为：

$$\frac{N}{A_n}+\frac{M_x}{\gamma_x W_{nx}} \leqslant f \tag{2.10}$$

对于承受双向弯矩的压弯构件，规范采用了与上式相衔接的线性公式：

$$\frac{N}{A_n}+\frac{M_x}{\gamma_x W_{nx}}+\frac{M_x}{\gamma_x W_{nx}} \leqslant f \tag{2.11}$$

式中：A_n 为净截面面积；w_{nx}、w_{ny} 分别为对 x 轴和 y 轴的净截面抵抗矩；γ_x、γ_y 为截面塑性发展系数，其取值的具体规定参见规范（GB 50017—2017）。

2）刚度

压弯构件刚度通过限制构件长细比来保证，构件长细比 λ 不应超过规范规定的容许长细比 $[\lambda]$，一般取 $[\lambda]$ = 150。

$$\lambda = l_0/i < [\lambda] \tag{2.12}$$

式中：l_0 为构件计算长度；i 为构件截面回转半径，$i=(I/A)^{1/2}$；I、A 分别为截面惯性矩及截面积。

3）整体稳定

压弯构件的截面尺寸通常由稳定承载力确定。布置构件时，对双轴对称截面一般将弯矩绕强轴（惯性矩较大的轴）作用，而单轴对称截面则将弯矩作用在对称轴平面内。这些构件可能在弯矩作用平面内弯曲失稳，也可能在弯矩作用平面外弯扭失稳。所以，压弯构件要分别计算弯矩作用平面内和弯矩作用平面外的稳定性。

（1）弯矩作用平面内稳定。

《钢结构设计规范》修订时，采用数值计算方法，算出了近 200 条压弯构件极限承载力曲线。由于影响稳定极限承载力的因素很多，且构件失稳时已进入弹塑性工作阶段，要得到精确的、符合各种不同情况的理论相关公式是不可能的。因此，只能根据理论分析的结果，经过数值运算，得出比较符合实际又能满足工程精度要求的实用相关公式。规范所采用的实腹式压弯构件弯矩作用平面内的稳定计算式为：

$$\frac{N}{\varphi_X A}+\frac{\beta_{mx}M_x}{\gamma_x W_{1x}\left(1-0.8\dfrac{N}{N'_{Ex}}\right)} \leqslant f \quad (2.13)$$

式中：N 为轴向压力；M_x 为所计算构件段范围内的最大弯矩；φ_x 为轴心受压构件的稳定系数；W_{1x} 为最大受压纤维的毛截面模量；N'_{Ex} 为参数，为欧拉临界力除以抗力分项系数 γ_R（不分钢种，取 $\gamma_R = 1.1$），$N'_{Ex} = \pi^2 EA/(1.1\lambda_x^2)$；$\beta_{mx}$ 为等效弯矩系数，根据所计算构件段的载荷情况确定，按规范中有关规定取值。

（2）弯矩作用平面外的稳定。

开口薄壁截面压弯构件的抗扭刚度及弯矩作用平面外的抗弯刚度通常较小，当构件在弯矩作用平面外没有足够的支承以阻止其产生侧向位移和扭转时，构件可能因弯扭屈曲而破坏。根据弹性稳定理论，规范规定的压弯构件在弯矩作用平面外稳定计算的相关公式为

$$\frac{N}{\varphi_y A}+\eta\frac{\beta_{tx}M_x}{\varphi_b W_{1x}} \leqslant f \quad (2.14)$$

式中：M_x 为所计算构件段范围内（构件侧向支承点间）的最大弯矩；β_{tx} 为等效弯矩系数，取值方法与弯矩作用平面内等效弯矩系数 β_{mx} 相同；η 为调整系数：箱形截面 $\eta = 0.7$，其他截面 $\eta = 1.0$；φ_y 为弯矩作用平面外的轴心受压构件稳定系数，可根据截面形式及构件长细比由规范查表得到；φ_b 为均匀弯曲梁的整体稳定系数，取值如上节钢梁设计中所述；

可以看出，压弯构件平面外稳定性主要取决于构件在弯矩作用平面外的长细比，即平面外计算长度与截面回转半径。

双轴对称的工字形截面（含 H 型钢）和箱形截面的压弯构件，当弯矩作用在两个主平面内时，可用下列与式（2.13）和式（2.14）相衔接的线性公式计算其稳定性：

$$\frac{N}{\varphi_X A}+\frac{\beta_{mx}M_x}{\gamma_x W_{1x}\left(1-0.8\dfrac{N}{N'_{Ex}}\right)}+\frac{\beta_{ty}M_y}{\varphi_{by}W_{1y}} \leqslant f \quad (2.15)$$

$$\frac{N}{\varphi_y A}+\eta\frac{\beta_{tx}M_x}{\varphi_{bx}W_{1x}}+\frac{\beta_{my}M_y}{\gamma_y W_{1y}\left(1-0.8\dfrac{N}{N'_{Ey}}\right)} \leqslant f \quad (2.16)$$

式中：M_x、M_y 为对 x 轴（工字形截面和 H 型钢 x 轴为强轴）和 y 轴的弯矩；φ_x、φ_y 为对 x 轴和 y 轴的轴心受压构件稳定系数；φ_{bx}、φ_{by} 为梁的整体稳定系

数，可由规范查表得到；N'_{Ex}、N'_{Ey}为参数，$N'_{Ex} = \pi^2 EA/(1.1\lambda_x^2)$，$N'_{Ey} = \pi^2 EA/(1.1\lambda_y^2)$；$W_{1x}$、$W_{1y}$为对强轴和弱轴的毛截面模量。

等效弯矩系数β_{mx}、β_{my}、β_{tx}、β_{ty}和η分别按前述规定采用。

4）局部稳定

为保证压弯构件中板件的局部稳定，规范采取限制翼缘宽厚比以及腹板高厚比的方法，具体要求可参见规范。

5）压弯构件设计

（1）截面形式。

设计时需首先选定截面的形式。压弯构件在轴压力作用下，使它绕x轴（强轴）或绕y轴（弱轴）都有可能失稳。所以，它的承载力主要由对y轴的稳定性控制，因此，为保证压弯构件的稳定性，需选用对y轴惯性矩较大的、翼缘宽度相对较宽的宽翼缘H型钢或钢管截面。

（2）截面验算。

截面形式确定后，再根据构件所承受的轴力N、弯矩M和构件的计算长度L_{0x}、L_{0y}初步确定截面的尺寸。单根受压构件的计算长度可根据构件端部的约束条件按弹性稳定理论确定。对于端部约束条件比较简单的单根压弯构件，利用计算长度系数可直接得到计算长度。但对于框架柱，框架平面内的计算长度L_{0x}需通过对框架的整体稳定分析得到，框架平面外的计算长度L_{0y}则需根据支承点的布置情况确定。截面尺寸确定后，进行强度、整体稳定、局部稳定和刚度的验算。当截面无削弱时，只需保证其整体稳定性即可满足强度要求。由于压弯构件的验算式中涉及的未知量较多，根据估计所初选出来的截面尺寸不一定合适，初选的截面尺寸往往需要进行多次调整。

洞体框架结构中，除了梁柱这两类主要受力构件，还有一些支撑构件，如加劲肋等。对于支撑杆件，由于其只承受较小的轴力作用，可选用角钢、槽钢等非双轴对称截面，以节省用钢量。

2.3 混凝土洞体材料

混凝土是工程建设中最为常用的一种材料，与钢结构相比，其耐久性相对较好、受日晒雨淋等气候环境影响较小。混凝土材料在施工阶段具有一定的可塑性，所以容易形成复杂的形状。混凝土原材料丰富、容易获得，成本低，维护费也较低。因此，对于低速风洞，除加工较为复杂的试验段和风扇段外，洞体其余部段可选用混凝土结构，充分利用混凝土结构不怕日晒雨淋、耐久性好和隔声效果好的优点。并且，收缩段选择钢筋混凝土结构，易于形成精确的型面。此外，混凝土的吸振、隔声效果也较好，是航空声学风洞洞体的首选材料。

2.3.1 概述

2.3.1.1 混凝土简介

混凝土是指由胶凝材料、砂、石、水按适当比例配合，拌制成拌和物，经胶凝材料凝结硬化后，形成具有一定强度和耐久性的人造石材。胶凝材料种类有水泥、沥青、树脂、水玻璃等。最常用的是水泥。水泥混凝土，通常简称混凝土。使用其他胶凝材料制作的混凝土、前面则需加上胶凝材料的名称。本章主要介绍风洞洞体常用的水泥混凝土。在工程上，通常把混凝土三个字简写为砼，意为人造石材。

混凝土作为最常用的一种建筑材料，使用至今已约有 190 年的历史。1824 年英国建筑工人阿斯普丁通过调配石灰石与黏土，经煅烧首先发明了硅酸盐水泥，由于它制成砖块的颜色很像由波特兰半岛采下来的波特兰石，故命名为"波特兰水泥"。1830 年，水泥混凝土问世。1848 年，法国技师 Lambot 将铁丝网敛入混凝土中制成小船，这可以说是最早的 RC 制品。后来钢筋混凝土结构开始使用。由于钢筋的增强作用，改善了素混凝土抗拉、抗折强度低的问题，使混凝土在各工程领域得到了广泛的应用。工程上混凝土通常指钢筋混凝土。但钢筋混凝土的抗裂性能低，1929 年提出了预应力混凝土。所谓预应力混凝土，是指构件在受到外部载荷作用之前，预先给混凝土施加压应力，以减小外部载荷作用下产生的拉应力，从而限制混凝土裂缝扩展，预应力技术改善了混凝土的抗裂性。进入 20 世纪 70 年代后，又相继发展了高强混凝土、高性能混凝土。高强混凝土是指其抗压强度在 60MPa 以上的混凝土。高性能混凝土则指具有高强度、高耐久性、高流动性等优异性能的混凝土。

2.3.1.2 风洞洞体混凝土的选用

对洞体材料的基本要求主要包含如下四个方面：受力、施工、使用以及经济。从构件受力分析来看，混凝土一般用于低速风洞，而低速风洞所受的气动载荷较小，一般不超过 500kPa。因此，洞体的一般构件采用普通钢筋混凝土即满足要求且较为经济。但是对于跨度较大的混凝土梁板，较大的自重导致混凝土的抗裂性可能无法满足工程要求，可以通过增加截面高度、减小弯曲拉应力的方法提高抗裂性，缺点是材料用量增加且不经济，因此可考虑采用抗裂性更好的预应力混凝土。在实际工程建设中，需视实际情况来综合考虑以上因素。

从便于施工的要求来看，由于洞体承受风压较小，为了减轻自重，洞体宜采用薄洞壁；为了避免洞体共振，混凝土中配制的钢筋应较为密集。为了保证洞体结构型面，需双面支模，给混凝土的浇筑振捣密实带来了一定困难。洞体结构成型效果如图 2.15 所示。因此，对于大型复杂型面风洞，需采用流动性更好的自密实混凝土，以满足工程施工需要。所谓自密实混凝土，是指具有很高流动性、在自重作用下无须振捣而自动流平并填充模具和包裹钢筋的混凝土。采用自密实混凝土，即使在钢筋密集区域也可以填充密实。

▼ 图 2.15　洞体结构成型效果

2.3.1.3　混凝土的基本要求

工程结构对混凝土的要求主要包括：强度、韧性、耐久性以及和易性。和易性指反映混凝土拌和均匀难易程度的性质，即施工性能。对于风洞洞体而言，混凝土一是应满足与施工条件相适应的和易性，以便硬化后能得到均匀密实的混凝土；二是在干硬后应具有一定的强度、能承压；三是要具有一定的耐久性，以保证风洞洞体在所处环境中的服役寿命。此外，还应兼顾经济性，即水泥用量较少。

混凝土是由多种材料复合而成，混凝土的质量很大程度上取决于组成材料的性质和用量，同时与施工因素如搅拌、振捣、养护等因素有关。为满足混凝土质量要求，必须保证各组成材料如水泥、砂、石等质量，同时选择合理的材料配比、合理的施工工艺，严格控制施工质量。

2.3.2　混凝土组成材料

水泥加水后形成水泥浆，水泥浆中加入砂石，拌和制成混凝土，新拌混凝土具有一定可塑性。水泥凝结硬化后，形成具有一定强度和耐久性的人造石材。此外，为改善混凝土的性能，必要时还需掺入化学外加剂，如制备自密实混凝土时需加入减水剂、膨胀剂。

水泥浆在施工阶段，起润滑作用，赋予新拌混凝土以可塑性。在硬化后，填充在骨料颗粒间隙中，起胶结作用，将砂、石胶结成整体。砂、石在水泥浆硬化前，起填充作用，廉价的填充材料，节省水泥用量、降低水化热；在水泥浆硬化后，起骨架作用，称为骨料。骨料强度直接影响混凝土的强度；骨料间空隙将影响水泥用量；骨料表面积将影响与水泥的结合力及其用量。作为胶结材料的水泥，对拌和物的流动性以及混凝土强度有直接影响。水泥用量越多、骨料越少，成本越高。水泥的用量将影响混凝土拌合物的流动性、混凝土强度和成本。水泥的种类、标号更是影响混凝土力学性能的关键因素。硬化后的混凝土结构如图 2.16 所示。

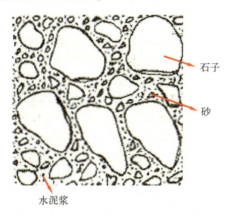

▶ 图 2.16 硬化后的混凝土结构示意图

2.3.2.1 水泥

1) 水泥的定义

水泥是一种粉状矿物无机胶凝材料，加入适量水拌和后，可以形成浆体，经过一系列物理化学变化，由可塑性浆体变成坚硬的石状体，并能将散粒材料胶结成为整体。水泥浆体不仅能在空气中凝结硬化，还能在水中凝结硬化，是一种水硬性胶凝材料。

2) 水泥的种类

水泥品种众多，按其化学组成可分为硅酸盐系水泥、铝酸盐系水泥、硫铝酸盐系水泥、铁铝酸盐系水泥、磷酸盐系水泥、氟铝酸盐系水泥等系列。

按性能及用途可将水泥分为两大类：一类是一般土木建筑工程的通用水泥，主要包括硅酸盐水泥、普通硅酸盐水泥、矿渣硅酸盐水泥、火山灰质硅酸盐水泥、粉煤灰硅酸盐水泥和复合硅酸盐水泥六大硅酸盐系水泥；另一类是特种水泥，包括专门用途的专用水泥，如道路水泥、砌筑水泥和油井水泥等；以及具有某种比较突出性能的特性水泥，如快硬硅酸盐水泥、抗硫酸盐硅酸盐水泥、低热硅酸盐水泥和膨胀水泥等。

3）通用硅酸盐水泥

（1）通用硅酸盐水泥概述。

通用硅酸盐水泥是指以硅酸盐水泥熟料和适量的石膏以及规定的混合材料制成的水硬性胶凝材料。按照混合材料的品种和掺量不同，又可分为硅酸盐水泥、普通硅酸盐水泥、矿渣硅酸盐水泥、火山灰硅酸盐水泥、粉煤灰硅酸盐水泥及复合硅酸盐水泥等。

硅酸盐水泥熟料是将适当比例的原料（生料）混合，粉碎后经高温煅烧至部分熔融，冷却后得到以硅酸钙为主要矿物成分的块状材料，是硅酸盐系水泥中最重要的成分，决定着水泥的性质。在其中加入适量石膏的作用是延缓水泥的凝结时间，以满足使用的要求；加入混合材料是为了改善其品种和性能，扩大其使用范围。

（2）通用硅酸盐水泥的组分。

① 硅酸盐水泥熟料。

硅酸盐水泥熟料的主要矿物成分是硅酸三钙（$3CaO \cdot SiO_2$），简称为 C_3S，含量 36%~60%；硅酸二钙（$2CaO \cdot SiO_2$），简称为 C_2S，含量 15%~37%；铝酸三钙（$3CaO \cdot Al_2O_3$），简称为 C_3A，含量 7%~15%；铁铝酸四钙（$4CaO \cdot Al_2O_3 \cdot Fe_2O_3$），简称为 C_4AF，占 10%~18%。这四种矿物成分中，C_3S 和 C_2S 是主要成分，称为硅酸盐矿物，其含量占 70%~85%。

硅酸盐水泥熟料矿物与水作用时所表现出的特性是不同的，通过改变硅酸盐水泥熟料中矿物组成的相对含量，硅酸盐水泥的性质即发生相应变化，这样就可以生产出不同性能的水泥品种。例如，提高水泥熟料中 C_3S 的含量，可制得高强度水泥；降低 C_3S 和 C_3A 的含量，可制得水化热低的水泥（大坝水泥），如果水化热大，内外温差大，易开裂；提高 C_3S 和 C_3A 的含量，可制得快硬高强的水泥，用于抢修工程。

② 石膏。

在硅酸盐水泥熟料中加入适量石膏，可起延缓水泥水化作用，是水泥水化的缓凝剂，可用来调节水泥的凝结时间；同时有利于提高水泥早期强度及降低干缩变形等。用于硅酸盐水泥中的石膏主要采用天然石膏和工业副产品石膏。

③ 混合材料。

混合材料指生产硅酸盐水泥时，为改善水泥性能、增加水泥品种、调节水泥强度等级、提高水泥产量、降低水泥生产成本及扩大水泥使用范围等目的向水泥中加入人工的和天然的矿物质材料。水泥混合材料按性质分为活性混合材料（水硬性混合材料）和非活性混合材料（填充性混合材料）两大类。活性混合材料有粒化高炉矿渣、火山灰质和粉煤灰等。非活性混合材料，指在水泥中主要起填充作用又不损害水泥性能的矿物材料。磨细的石英砂、石灰石、慢冷矿渣及各种废渣等属于非活性混合材料。

（3）通用硅酸盐水泥的凝结硬化。

① 通用硅酸盐水泥的水化反应。

水泥加水拌和后，水泥颗粒立即分散于水中并与水发生化学反应，不同熟料矿物与水作用生成各种水化物，同时释放出一定的热量。水泥水化反应的反应式如下。

$$2(3CaO \cdot SiO_2) + 6H_2O \longrightarrow 3CaO \cdot SiO_2 \cdot 3H_2O + 3Ca(OH)_2 \quad (2.17)$$
硅酸三钙　　　　　　　　水化硅酸钙　　　氢氧化钙

$$2(2CaO \cdot SiO_2) + 4H_2O \longrightarrow 3CaO \cdot 2SiO_2 \cdot 3H_2O + 3Ca(OH)_2 \quad (2.18)$$
硅酸二钙　　　　　　　　水化硅酸钙　　　氢氧化钙

$$3CaO \cdot Al_2O_3 + 6H_2O \longrightarrow 3CaO \cdot Al_2O_3 \cdot 6H_2O \quad (2.19)$$
铝酸三钙　　　　　　　　水化铝酸钙

$$4CaO \cdot Al_2O_3 \cdot Fe_2O_3 + 7H_2O \longrightarrow 3CaO \cdot Al_2O_3 \cdot 6H_2O + CaO \cdot Fe_2O_3 \cdot H_2O$$
铁铝酸四钙　　　　　　　水化铝酸钙　　　　　水化铁酸钙
$$(2.20)$$

为了控制铝酸三钙的水化和凝结硬化速度，须在水泥中掺入适量石膏，石膏将与部分水化铝酸钙反应，生成难溶的水化硫铝酸钙，又称钙矾石。水化硫铝酸钙迅速沉淀结晶形成针状晶体，包裹于铝酸盐矿物表面阻止水分与其接触及反应，同时又消耗了铝酸三钙，故水泥的凝结得以延缓。铁铝酸四钙的水化有石膏存在时，水化产物主要是水化硫铝酸钙（钙矾石），但还有水化铁酸钙凝胶。

$$3(CaSO_4 \cdot 2H_2O) + 3CaO \cdot Al_2O_3 \cdot 6H_2O + 19H_2O \longrightarrow 3CaO \cdot Al_2O_3 \cdot 3CaSO_4 \cdot 31H_2O$$
$$(2.21)$$

如果忽略一些次要和少量的成分，一般认为硅酸盐水泥水化后生成的主要水化产物包括：水化硅酸钙（70%）、氢氧化钙（20%）、水化铝酸钙、水化铁酸钙及水化硫铝酸钙等。

② 通用硅酸盐水泥的凝结硬化。

水泥水化后，将生成各种水化产物，随着时间推延，水泥浆的塑性逐渐失去，成为具有一定强度的固体，这一过程称为水泥的凝结硬化。

凝结和硬化是一个连续而复杂的物理化学变化过程，可以分为四个阶段来描述。如图 2.17 所示。

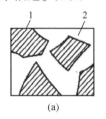 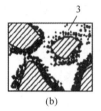 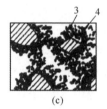 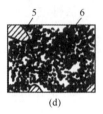

(a)　　　　　　　(b)　　　　　　　(c)　　　　　　　(d)

1—水泥颗粒；2—水分；3—凝胶；4—晶体；5—水泥颗粒的未水化内核；6—毛细孔。

▶ 图 2.17　水泥凝结硬化过程示意图

(a) 分散在水中未水化的水泥颗粒；(b) 在水泥颗粒表面形成水化物膜层；
(c) 膜层长大并相互连接（凝结）；(d) 水化物进的水泥颗粒进一步填充毛细孔（硬化）。

水泥加水拌和后，水泥颗粒表面很快就与水发生化学反应，生成相应的水化产物，组成水泥—水—水化产物混合体系。这一阶段称为初始反应期。

水化初期生成的产物迅速扩散到水中，水化产物在溶液中很快达到饱和或过饱和而不断析出，在水泥颗粒表面形成水化物膜层，使水化反应进行较慢。在这期间，水泥颗粒仍然分散，水泥浆体具有良好的可塑性。这一阶段称为诱导期。

随着水化继续进行，自由水分逐渐减少，水化产物不断增加，水泥颗粒表面的新生物厚度逐渐增大，使水泥浆中固体颗粒间的间距逐渐减小，越来越多的颗粒相互连接形成网架结构，使水泥浆体逐渐变稠，慢慢失去可塑性。这一阶段称为凝结期。

水化反应进一步进行，水化产物不断生成，水泥颗粒之间的毛细孔不断被填实，使结构更加致密，水泥浆体逐渐硬化，形成具有一定强度的水泥石，且强度随时间不断增长。水泥的硬化期可以延续至很长时间，但 28 天后基本表现出大部分强度。这一阶段称为硬化期。

在水泥石中，水化硅酸钙凝胶是组成的主体，对水泥石的强度、凝结速率、水化热及其他主要性质起支配作用。水泥石中凝胶之间、晶体与凝胶、未水化颗粒与凝胶之间产生黏结力是否是凝胶体具有强度的实质，至今尚无明确的结论。一般认为范德华力、氢键、离子引力和表面能是产生黏结力的主要原因。

（4）影响通用硅酸盐水泥凝结硬化的主要因素。

水泥的凝结硬化是复杂的物理化学过程，影响其热力学及动力学的因素众多，包括：

① 水泥的组分。

水泥主要由熟料矿物、石膏及混合材料等组成，熟料矿物占比最大，其中的矿物组成有多种。水泥组分是影响凝结硬化的主要因素。

② 水泥细度。

水泥的细度并不改变其根本性质，但却直接影响水泥的水化速率、凝结硬化、强度、干缩和水化放热等性质。水泥的细度要控制在一个合理的范围内。

③ 拌合用水量。

通常水泥水化时的理论需水量是水泥质量的23%左右，增大水量可提高水泥浆体的流动性和可塑性，但"多余"水分使水泥颗粒间距增大，延缓水泥浆的凝结时间，并在硬化的水泥石中蒸发形成毛细孔，增大孔隙率，降低水泥强度及抗渗性、抗侵蚀性。

④ 养护湿度、温度。

硅酸盐水泥是水硬性胶凝材料，水化反应是水泥凝结硬化的前提。水泥加水拌和后，必须保持湿润状态，以保证水化进行和获得强度增长。提高养护温度，可加速水化反应，提高水泥的早期强度，但后期强度可能会有所下降。其原因是在较低温度（20℃以下）下虽水化硬化较慢，但生成的水化产物更致密，可获得更高的后期强度。当温度低于0℃时，由于水结冰而使水泥水化硬化停止，将影响其结构强度。一般水泥石结构的硬化温度不得低于−5℃。

⑤ 养护龄期的影响。

水泥的水化硬化是一个长期不断进行的过程。随着养护龄期的延长，水化产物不断积累，水泥石结构趋于致密，强度不断增长。由于熟料矿物中对强度起主导作用的 C_3S 早期强度发展快，使硅酸盐水泥强度在 3~14d 增长较快，28d 后增长变慢，长期强度还有增长。

（5）通用硅酸盐水泥的技术性质。

通用硅酸盐水泥的技术性质包括化学性质和物理性质两个方面。

① 水泥的化学性质包括氧化镁含量、三氧化硫含量、烧失量、不溶物。

② 水泥物理性质包括细度、标准稠度用水量、凝结时间、体积安定性和强度。

A. 细度。

细度指水泥颗粒的粗细程度。一般情况下，水泥颗粒越细，其总表面积越大，与水反应时接触面积也越大，水化反应速度就越快，所以相同矿物组成的水泥，细度越大，凝结硬化速度越快，早期强度越高。一般认为，水泥颗粒粒径小于 $45\mu m$ 时才具有较大的活性。但水泥颗粒太细，会使混凝土发生裂缝的可能性增加，此外，水泥颗粒细度提高会导致生产成本提高。

B. 标准稠度用水量。

在测定水泥的凝结时间和安定性时，为使其测定结果具有可比性，必须采用标准稠度的水泥净浆进行测定。

C. 凝结时间。

指水泥从加水时至水泥浆失去可塑性所需的时间。凝结时间分初凝时间和终凝时间。初凝时间是从水泥全部加入水中至水泥浆开始失去可塑性所经历的时间。终凝时间是从水泥全部加入水中至水泥浆完全失去可塑性所经历的时间。

D. 体积安定性。

水泥体积安定性是指水泥在凝结硬化过程中体积变化的均匀程度。如果这种体积变化是轻微的、均匀的，则对建筑物的质量没什么影响；但是如果混凝土硬化后，由于水泥中某些有害成分的作用，在水泥石内部产生了剧烈的、不均匀的体积变化，则会在建筑物内部产生破坏应力，导致建筑物的强度降低。

E. 强度。

强度是水泥的主要技术性质，是评定其质量的主要指标。水泥强度测定标准的规定是：以水泥和标准砂为 1:3，水灰比为 0.5 的配合比，用标准制作方法制成 40mm×40mm×160mm 的棱柱体，在标准养护条件（24h 之内在温度 20℃±1℃，相对湿度不低于 90%的养护箱或雾室内；24h 后在 20℃±1℃ 的水中）下，测定其达到规定龄期（3d、28d）的抗折和抗压强度，按国家标准规定的最低强度值来划分水泥的强度等级。

a. 水泥强度等级。按规定龄期抗压强度和抗折强度来划分，各龄期强度不得低于标准规定的数值。在规定各龄期的抗压强度和抗折强度均符合某一强度等级的最低强度值要求时，以 28d 抗压强度值（MPa）作为强度等级。

b. 水泥型号。为提高水泥早期强度，中国现行标准将水泥分为普通型和早强型（R 型）两个型号。早强型水泥的 3d 抗压强度可以达到 28d 抗压强度的 50%；同强度等级的早强型水泥，3d 抗压强度较普通型的可以提高 10%~24%。

通用硅酸盐水泥的强度指标如表 2.6 所列。

表 2.6 通用硅酸盐水泥的强度指标

品种	强度等级	抗压强度/MPa		抗折强度/MPa	
		3d	28d	3d	28d
硅酸盐水泥	42.5	≥17.0	≥42.5	≥3.5	≥6.5
	42.5R	≥22.0		≥4.0	
	52.5	≥23.0	≥52.5	≥4.0	≥7.0
	52.5R	≥27.0		≥5.0	
	62.5	≥28.0	≥62.5	≥5.0	≥8.0
	62.5R	≥32.0		≥5.5	
普通硅酸盐水泥	42.5	≥17.0	≥42.5	≥3.5	≥6.5
	42.5R	≥22.0		≥4.0	
	52.5	≥23.0	≥52.5	≥4.0	≥7.0
	52.5R	≥17.0		≥5.0	
矿渣硅酸盐水泥火山灰硅酸盐水泥粉煤灰硅酸盐水泥复合硅酸盐水泥	32.5	≥27.0	≥32.5	≥2.5	≥5.5
	32.5R	≥10.0		≥3.5	
	42.5	≥15.0	≥42.5	≥3.5	≥6.5
	42.5R	≥19.0		≥4.0	
	52.5	≥21.0	≥52.5	≥4.0	≥7.0
	52.5R	≥23.0		≥4.5	

(6) 风洞建造中水泥品种及标号的选用。

① 水泥品种的选择。

风洞建造中通常选用硅酸盐水泥和普通硅酸盐水泥，这两种硅酸盐系水泥是不掺混合材料或掺量较少的水泥品种，熟料占主要部分。它们的主要性质和应用特点相同或相似。

② 水泥标号的选择。

水泥强度等级的选择应与混凝土的设计强度等级相适应。混凝土用水泥强度等级选择的一般原则：配制高强度的混凝土，选用强度等级高的水泥；

配制低强度的混凝土，选用强度等级低的水泥。

③ 水泥的存储。

水泥在运输和储存过程中，应按不同品种、强度等级及出厂日期分别储运，不得混杂。由于水泥受潮后会吸收空气中的水分和二氧化碳，使水泥颗粒表面水化和碳化，而减少或丧失胶凝性能，出现结块，强度大幅下降，在存储时还应注意防水防潮。由于3个月后水泥强度约下降10%~20%，6个月后下降15%~20%，因此使用时应考虑先存先用，不可储存过久。一般不宜超过3个月，否则应重新测定强度等级，按实测强度使用。存放超过6个月的水泥须经过检验后才能使用。

2.3.2.2 集料

集料亦称"骨料"，混凝土及砂浆中起骨架和填充作用的粒状材料。集料总体积占混凝土体积的60%~80%，其性质对混凝土性能有重要影响。

1) 集料的分类

按粒径大小分为粗集料和细集料。粒径4.75mm以下的集料称为细集料，俗称砂。砂按产源分为天然砂、人工砂两类。天然砂是由自然风化、水流搬运和分选、堆积形成的、粒径小于4.75mm的岩石颗粒，但不包括软质岩、风化岩石的颗粒。天然砂包括河砂、湖砂、山砂和淡化海砂。人工砂是经除土处理的机制砂、混合砂的统称。

粒径大于4.75mm的集料称为粗集料，俗称石。常用的有卵石及碎石两种。卵石是由自然风化、水流搬运和分选、堆积而成的、粒径大于4.75mm的岩石颗粒。碎石是天然岩石或岩石经机械破碎、筛分制成的、粒径大于4.75mm的岩石颗粒。按长径比不同又分为针状和片状两种。

2) 集料的技术性质对混凝土性能的影响

集料的主要技术性质包括：颗粒级配及粗细程度、颗粒形态与表面特征、强度、坚固性、含泥量、泥块含量、有害物质及碱集料反应等。各技术性质直接影响着混凝土的施工性能和使用性能。

(1) 颗粒级配及粗细程度。

颗粒级配表示集料大小颗粒的搭配情况。在混凝土中集料间的空隙由水泥浆所填充，为达到节约水泥和提高强度的目的，应尽量减少集料的总表面积和集料间的空隙。集料的总表面积通过集料粗细程度控制，集料间的空隙通过颗粒级配来控制。

(2) 颗粒形态和表面特征。

集料特别是粗集料的颗粒形状和表面特征对水泥混凝土和沥青混合料的

性能有显著的影响。通常，集料颗粒有浑圆状、多棱角状、针状和片状四种类型的形状。其中，较好的是接近球体或立方体的浑圆状和多棱角状颗粒。而呈细长和扁平的针状和片状颗粒对水泥混凝土的和易性、强度和稳定性等性能有不良影响，因此，在集料中应限制针、片状颗粒的含量。

集料的表面特征又称表面结构，是指集料表面的粗糙程度及孔隙特征等。集料按表面特征分为光滑的、平整的和粗糙的颗粒表面。集料的表面特征主要影响混凝土的和易性和与胶结料的黏结力，表面粗糙的集料制作的混凝土的和易性较差，但与胶结料的黏结力较强；反之，表面光滑的集料制作的混凝土的和易性较好，一般与胶结料的黏结力较差。

（3）强度。

粗集料在水泥混凝土中起骨架作用，应具有一定的强度。粗集料的强度可用抗压强度和压碎指标值两种方法表示。

抗压强度是指集料制成的边长为50mm的立方体（或直径与高度均为50mm的圆柱体）试件，在饱和水状态下测定的抗压强度值。

压碎指标值是反映粗集料强度的相对指标，在集料的抗压强度不便测定时，常用来评价集料的力学性能。

（4）坚固性。

坚固性是指集料在自然风化和其他外界物理化学因素作用下抵抗破裂的能力。对粗集料及天然砂采用硫酸钠溶液法进行试验，对人工砂采用压碎值指标法进行试验。

（5）含泥量与泥块含量。

含泥量是指天然砂或卵石、碎石中粒径小于$75\mu m$的颗粒含量。砂中的原粒径大于1.18mm，经水浸洗、手捏后小于0.60mm的颗粒含量称为砂的泥块含量；卵石、碎石中原粒径大于4.75mm，经水浸洗、手捏后小于2.36mm的颗粒含量称为卵石、碎石的泥块含量。

泥黏附在集料的表面，妨碍水泥石与集料的黏结，降低混凝土强度，还会增加拌和水量，加大混凝土的干缩，降低抗渗性和抗冻性。泥块对混凝土性质的影响更为严重，因为它在搅拌时不易散开。

（6）有害物质。

集料除不应混有草根、树叶、树枝、塑料、煤块、炉渣等杂物外，应对卵石和碎石中的有机物、硫化物及硫酸盐做出限制，另还应对砂中的云母、轻物质、氯化物做出限制。

硫化物、硫酸盐、有机物及云母等对水泥石有腐蚀作用，会降低混凝土的耐久性。云母及轻物质（表观密度小于2000kg/m³）本身强度低，与水泥石黏结不牢，因而会降低混凝土强度及耐久性。氯离子对钢筋有腐蚀作用，当采用海砂配制钢筋混凝土时，海砂中氯离子含量不应大于0.06%（以干砂的质量计）；对预应力混凝土，不宜用海砂。

（7）碱集料反应。

集料反应是指水泥、外加剂等混凝土构成物及环境中的碱与集料中碱活性矿物在潮湿环境下缓慢发生并导致混凝土开裂破坏的膨胀反应。碱集料反应包括碱-硅酸反应和碱-碳酸盐反应。

集料中若含有无定形二氧化硅等活性集料，当混凝土中有水分存在时，它能与水泥中的碱（K_2O 及 Na_2O）起作用，产生碱集料反应，使混凝土发生破坏。对于重要工程混凝土使用的集料，或者怀疑集料中含有无定性二氧化硅可能引起碱集料反应时，应进行专门试验，以确定集料是否可用。

2.3.2.3 混凝土拌和用水

混凝土拌和用水及养护用水应符合《混凝土用水标准》的规定。混凝土用水包括饮用水、地表水、地下水、再生水、混凝土企业设备洗刷水和海水等。其中，再生水是指污水经适当再生工艺处理后具有使用功能的水。

混凝土拌和用水水质应符合相关标准的规定。水质检测项目有 pH 值、不溶物含量、可溶物含量、氯离子、硫酸根离子、碱含量等。

2.3.2.4 外加剂

混凝土外加剂是在拌制混凝土过程中掺入，用以改善混凝土性能的物质。外加剂掺量一般不大于水泥质量的5%（特殊情况除外）。外加剂的掺量虽小，但其技术经济效果却显著，因此，外加剂已成为混凝土的重要组成部分，被称为混凝土的第五组分，越来越广泛地应用于混凝土中。

混凝土外加剂按其主要功能分为四类。

（1）改善混凝土拌和物流变性能的外加剂，包括各种减水剂、引气剂和泵送剂等。

（2）调节混凝土凝结时间、硬化性能的外加剂，包括缓凝剂、早强剂和速凝剂等。

（3）改善混凝土耐久性的外加剂，包括引气剂、防水剂和阻锈剂等。

（4）改善混凝土其他性能的外加剂，如加气剂、膨胀剂、防冻剂、着色剂、防水剂等。

2.3.2.5 混凝土掺和料

在混凝土拌和物制备时，为了节约水泥、改善混凝土性能、调节混凝土强度等级而加入的天然或人造的矿物材料，通称为混凝土掺和料。

用于混凝土中的掺和料可分为两大类。

（1）非活性矿物掺和料。非活性矿物掺和料一般与水泥组分不起化学作用或化学作用很小，如磨细石英砂、石灰石或活性指标达不到要求的矿渣等材料。

（2）活性矿物掺和料。活性矿物掺和料虽然本身不硬化或硬化速度很慢，但能与水泥水化生成的$Ca(OH)_2$发生化学反应，生成具有水硬性的胶凝材料。这类掺和料有粒化高炉矿渣、火山灰质材料、粉煤灰、硅灰等。

2.3.3 混凝土拌合物的性能

混凝土的各组成材料按一定比例配合，经搅拌均匀后、未凝结硬化之前，称为混凝土拌和物。混凝土拌和物应便于施工，以保证能获得良好质量的混凝土。混凝土拌和物的性能主要考虑其和易性和凝结时间等。

2.3.3.1 和易性

1）和易性的含义

和易性是指混凝土拌和物易于施工操作（搅拌、运输、浇灌、捣实）并能获得质量均匀、成型密实的混凝土的性能。和易性是一项综合的技术性质，包括流动性、黏聚性和保水性三方面的含义。

（1）流动性。

流动性是指混凝土拌和物在本身自重或施工机械振捣的作用下，能产生流动，并均匀密实地填满模板的性能。流动性好的混凝土操作方便，易于捣实、成型。

（2）黏聚性。

黏聚性是指混凝土拌和物在施工过程中，其组成材料间有一定的黏聚力，不致产生分层和离析的现象。在外力作用下，混凝土拌和物各组成材料的沉降不相同，如配合比例不当，黏聚性差，则施工中易发生分层（即混凝土拌和物各组分出现层状分离现象）、离析（即混凝土拌和物内某些组分分离、析出现象）等情况，致使混凝土硬化后产生"蜂窝""麻面"等缺陷，影响混凝土强度和耐久性。

（3）保水性。

保水性是指混凝土拌和物在施工过程中，具有一定的保水能力，不致产生严重的泌水现象（指混凝土拌和物中部分水从水泥浆中泌出的现象）。保水性不良的混凝土，易出现泌水，水分泌出后会形成连通孔隙，影响混凝土的密实性；泌出的水还会聚集到混凝土表面，引起表面疏松；泌出的水积聚在集料或钢筋的下表面会形成孔隙，从而削弱集料或钢筋与水泥石的黏结力，影响混凝土质量。

2）和易性的评定

从和易性的定义可看出，和易性是一项综合技术性质，很难用一种指标全面反映混凝土拌和物的和易性。通常是以测定拌和物稠度（流动性）为主，而黏聚性和保水性主要通过观察的方法进行评定。国家标准《普通混凝土拌和物性能试验方法标准》规定，根据拌和物的流动性不同，混凝土的稠度的测定可采用坍落度与坍落扩展度法或维勃稠度法。

3）影响和易性的主要因素

（1）水泥品种。

不同品种水泥，其颗粒特征不同，需水量也不同。如配合比相同，用矿渣水泥和某些火山灰水泥时，拌和物的坍落度一般较用普通水泥的小，但矿渣水泥将使拌和物的泌水性显著增加。

（2）集料的性质。

通常卵石拌制的混凝土拌和物比碎石拌制的流动性好，河砂拌制的混凝土拌和物比山砂拌制的流动性好。采用粒径较大、级配较好的砂石，集料总表面积和空隙率小，包裹集料表面和填充空隙用的水泥浆用量小，因此拌和物的流动性好。

（3）浆骨比。

浆骨比是指混凝土拌和物中水泥浆与集料的重量比。在水灰比不变的情况下，浆骨比越大，则拌和物的流动性越好。但若水泥浆过多，将易出现流浆现象，使拌和物黏聚性变差，同时对混凝土的强度与耐久性会产生一定影响。浆骨比偏小，则水泥浆不能填满集料空隙或不能很好包裹集料表面，会产生崩坍现象，黏聚性变差。混凝土拌和物中水泥浆的含量应以满足流动性要求为度，不宜过量。

（4）水灰比。

水泥浆的稠度是由水灰比所决定的。水灰比是指混凝土拌和物中水与水泥的质量比。在水泥用量不变的情况下，水灰比越小，水泥浆越稠，混凝土拌和物的流动性越小。当水灰比过小时，水泥浆干稠，混凝土拌和物的流动性过低，会使施工困难，不能保证混凝土的密实性。增加水灰比会使流动性加大，如果水灰比过大，又会造成混凝土拌和物的黏聚性和保水性不良，从而产生流浆、离析现象，并严重影响混凝土的强度。水灰比应根据混凝土强度和耐久性要求合理地选用。

(5) 砂率。

砂率是指混凝土中砂的质量占砂、石总质量的百分比。砂率的变动会使集料的空隙率和集料的总表面积有显著改变，因而对混凝土拌和物的和易性产生显著影响。在水泥浆含量不变的情况下，砂率过大时，集料的总表面积及空隙率都会增大，水泥浆量相对变少了，减弱了水泥浆的润滑作用，使混凝土拌和物的流动性减小；如砂率过小，在石子间起润滑作用的砂浆层不足，也会降低混凝土拌和物的流动性，而且会严重影响其黏聚性和保水性，容易造成离析、流浆等现象。因此，砂率有一个合理值。

(6) 外加剂。

在拌制混凝土时，加入很少量的外加剂（如减水剂、引气剂）能使混凝土拌和物在不增加水泥用量的条件下，获得很好的和易性，增大流动性和改善黏聚性、降低泌水性。并且由于改变了混凝土的结构，还能提高混凝土的耐久性。

(7) 时间和温度。

拌和物拌制后，随时间的延长而逐渐变得干稠，流动性减小，这是因为水分损失和水泥水化。拌和物的和易性也受温度的影响，因为环境温度的升高，水分蒸发及水泥水化反应加快，坍落度损失也变快。因此，施工中为保证一定的和易性，必须注意环境的变化，采取相应的措施。

4) 改善和易性的措施

(1) 当混凝土流动性小于设计要求时，为了保证混凝土的强度和耐久性，不能单独加水，必须保持水灰比不变，增加水泥用量。

(2) 当坍落度大于设计要求时，可在保持砂率不变的前提下，增加砂石用量，实际上减少水泥浆数量，选择合理的浆骨比。

(3) 改善集料级配，既可增加混凝土流动性，也能改善黏聚性和保水性。

(4) 掺减水剂或引气剂，是改善混凝土和易性的有效措施。

(5) 尽可能选用最优砂率。当黏聚性不足时可适当增大砂率。

2.3.3.2 新拌混凝土的凝结时间

水泥的水化反应是混凝土产生凝结的主要原因，但是混凝土的凝结时间与配制该混凝土所用水泥的凝结时间并不一致，因为水泥浆体的凝结和硬化过程要受到水化产物在空间填充情况的影响。因此，水灰比的大小会明显影响混凝土凝结时间，水灰比越大，凝结时间越长。混凝土的凝结时间还会受到其他各种因素的影响，例如环境温度的变化、混凝土中掺入的外加剂（如缓凝剂或速凝剂等），将会明显影响混凝土的凝结时间。

2.3.4　干硬后混凝土的力学性能

2.3.4.1　混凝土的强度

混凝土的强度包括抗压、抗拉、抗弯、抗剪以及握裹钢筋强度等，其中抗压强度最大，故工程上混凝土构件主要承受压力。混凝土的抗压强度与其他强度间有一定的相关性，可以根据抗压强度的大小估计其他强度值，因此混凝土的抗压强度是最重要的一项性能指标。

1) 混凝土强度的测试

（1）混凝土立方体抗压强度与强度等级。

按照国家标准规定，将混凝土拌和物制作成边长为150mm的立方体试件，在标准条件（温度20℃±2℃，相对湿度95%以上）下，养护到28d龄期，测得的抗压强度值为混凝土立方体试件抗压强度（简称立方体抗压强度），以$f_{cu,k}$表示。

混凝土强度等级应按立方体抗压强度标准值确定。根据$f_{cu,k}$的大小不同将普通混凝土划分为14个强度等级：C15、C20、C25、C30、C35、C40、C45、C50、C55、C60、C65、C70、C75和C80。混凝土强度等级是混凝土结构设计、施工质量控制和工程验收的重要依据。

钢筋混凝土结构的混凝土强度等级不应低于C15；当采用HRB335级钢筋（热轧带肋钢筋）时，混凝土强度等级不宜低于C20；当采用HRB400和RRB400级钢筋（热处理带肋钢筋）以及承受重复荷载的构件，混凝土强度等级不得低于C20。预应力混凝土结构的混凝土强度等级不应低于C30；当采用钢绞线、钢丝、热处理钢筋作预应力钢筋时，混凝土强度等级不宜低于C40。

（2）混凝土的轴心抗压强度和轴心抗拉强度。

① 轴心抗压强度。

为了符合工程实际，在结构设计中混凝土受压构件的计算采用混凝土的轴心抗压强度。轴心抗压强度的测定采用150mm×150mm×300mm棱柱体作为标准试件，用f_{cu}表示。试验表明，轴心抗压强度比同截面的立方体强度值小，棱柱体试件高宽比越大，轴心抗压强度越小，但当h/a达到一定值后，强度就不再降低。但是过高的试件在破坏前由于失稳产生较大的附加偏心，会降低其抗压的试验强度值。

试验表明，立方抗压强度f_{ck}在10~55MPa时，轴心抗压强度f_{ck}与f_{cu}之比约为 0.70~0.80。

② 轴心抗拉强度。

混凝土是一种脆性材料，在受拉时有很小的变形就会开裂，它在断裂前没有残余变形。混凝土的抗拉强度只有抗压强度的 1/20~1/10，且随着混凝土强度等级的提高，比值降低。混凝土在工作时一般不依靠其抗拉性能。但抗拉强度对于抗开裂性有重要意义，在结构设计中抗拉强度是确定混凝土抗裂能力的重要指标。有时也用它来间接衡量混凝土与钢筋的黏结强度等。混凝土抗拉强度采用立方体劈裂抗拉试验来测定，称为劈裂抗拉强度 f_{ts}。

试验采用边长为 150mm 的立方体作为标准试件，测试原理是在试件的两个相对表面的中线上，作用着均匀分布的压力，这样就能在外力作用的竖向平面内产生均布拉伸应力（见图 2.18）。混凝土劈裂抗拉强度按式（2.22）计算。

$$f_{ts} = \frac{2F}{\pi A} = 0.637 \frac{F}{A} \tag{2.22}$$

式中：f_{ts} 为混凝土劈裂抗拉强度（MPa）；F 为破坏荷载（N）；A 为试件劈裂面面积（mm^2）。

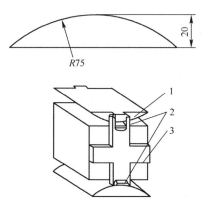

1—垫块；2—垫条；3—支架。
▶ 图 2.18 混凝土劈裂抗拉试验示意图

混凝土轴心抗拉强度 f_t 可按劈裂抗拉强度 f_{ts} 换算得到，换算系数由试验确定。

各强度等级的混凝土轴心抗压强度标准值 f_{ck}、轴心抗拉强度标准值 f_{tk} 按表 2.7 采用。

表 2.7 混凝土强度标准值　　　　　　　　　　（单位：MPa）

强度种类	混凝土强度等级													
	C15	C20	C25	C30	C35	C40	C45	C50	C55	C60	C65	C70	C75	C80
f_{ck}	10.0	13.4	16.7	20.1	23.4	26.8	29.6	32.4	35.5	38.5	41.5	44.5	47.4	50.2
f_{tk}	1.27	1.54	1.78	2.01	2.20	2.39	2.51	2.64	2.74	2.85	2.93	2.99	3.05	3.11

还需注意的是，相同强度等级的混凝土轴心抗压强度设计值 f_c、轴心抗拉强度设计值 f_t 低于混凝土轴心抗压强度标准值 f_{ck}、轴心抗拉强度标准值 f_{tk}。

（3）抗折强度。

根据《普通混凝土力学性能试验方法标准》规定，试验装置见图 2.19。试验机应能施加均匀、连续、速度可控的荷载，并带有能使两个相等荷载同时作用在试件跨度 3 分点处的抗折试验装置。抗折强度试件应符合表 2.8 规定。

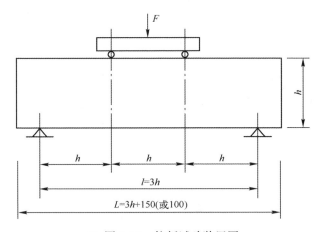

▶ 图 2.19 抗折试验装置图

表 2.8 抗折强度试件尺寸

标准试件	非标准试件
150mm×150mm×600mm（或550mm）的棱柱体	100mm×100mm×400mm（或550mm）的棱柱体

当试件尺寸为非标准件时，应乘以尺寸换算系数。当混凝土强度等级不小于 C60 时，宜采用标准试件，使用非标准试件时，尺寸换算系数应由试验确定。

（4）复合应力状态下混凝土的强度。

在钢筋混凝土结构中，混凝土一般都处于复合应力状态。由于混凝土材料的特点,对于复合应力状态下的强度,至今尚未建立起完善的强度理论。目前仍然只是借助有限的试验资料,推荐一些近似计算法。复合应力状态下混凝土强度问题是钢筋混凝土结构一个基本的理论问题,对解决钢筋混凝土的很多承载力问题具有重要的意义。

在工程实践中,为了进一步提高混凝土的抗压强度,常常用横向钢筋约束混凝土以提供侧向压力。例如,螺旋钢箍柱、钢管混凝土、钢筋混凝土铰和装配式柱的接头等。它们都是用螺旋形钢箍、钢管和矩形钢箍来约束混凝土以限制其横向变形,使混凝土处于三向受压的应力状态,从而提高混凝土的强度,但更主要的是横向钢筋可以提高混凝土耐受变形的能力,这对提高钢筋混凝土结构抗震性能具有重要意义。

2) 影响混凝土强度的因素

影响混凝土强度的因素很多,可从原材料因素、生产工艺因素等方面讨论。

(1) 原材料因素。

① 水泥强度。

水泥强度的大小直接影响混凝土强度。在配合比相同的条件下,所用的水泥强度等级越高,制成的混凝土强度也越高。试验证明,混凝土的强度与水泥的强度成正比。

② 水灰比。

当用同一种水泥时,混凝土的强度主要决定于水灰比。因为水泥水化时所需的结合水一般只占水泥质量的23%左右,但在拌制混凝土拌和物时,为了获得必要的流动性,实际采用较大的水灰比。当混凝土硬化后,多余的水分或残留在混凝土中形成水泡,或蒸发后形成气孔,混凝土内部的孔隙削弱了混凝土抵抗外力的能力。因此,满足和易性要求的混凝土,在水泥强度等级相同的情况下,水灰比越小,水泥石的强度越高,与集料黏结力也越大,混凝土的强度就越高。如果加水太少(水灰比太小),拌和物过于干硬,在一定的捣实成型条件下,无法保证浇灌质量,混凝土中将出现较多的孔洞,强度也将下降。

③ 集料的种类、质量和数量。

水泥石与集料的黏结力除了受水泥石强度的影响外,还与集料(尤其是粗集料)的表面状况有关。碎石表面粗糙,黏结力比较大;卵石表面光滑,黏结力比较小。因而在水泥强度等级和水灰比相同的条件下,碎石混凝土的强度往往高于卵石混凝土。当粗集料级配良好,用量及砂率适当时,能组成密集的骨架使水泥浆数量相对减小；集料的骨架作用充分，也会使混凝土强度有所提高。

④ 外加剂和掺和料。

混凝土中加入外加剂可按要求改变混凝土的强度及强度发展规律，如掺入减水剂可减少拌合用水量，提高混凝土强度；如掺入早强剂可提高混凝土早期度，但对其后期强度发展无明显影响。

超细的掺和料可配制高性能、超高强度的混凝土。

（2）生产工艺因素。

这里所指生产工艺因素包括混凝土生产过程中涉及的施工（搅拌、捣实）、养护条件、养护时间等因素。如果这些因素控制不当，会对混凝土强度产生严重影响。

① 施工条件——搅拌与振捣。

在施工过程中，必须将混凝土拌和物搅拌均匀，浇筑后必须捣固密实，才能使混凝土有达到预期强度的可能。

机械搅拌和捣实的力度比人力要强，因而，采用机械搅拌比人工搅拌的拌和物更均匀，采用机械捣实比人工捣实的混凝土更密实。强力的机械捣实可适用于更低水灰比的混凝土拌和物，获得更高的强度。改进施工工艺可提高混凝土强度，如采用分次投料搅拌工艺、高速搅拌工艺，高频或多频振捣器、二次振捣工艺等都会有效地提高混凝土强度。

② 养护条件。

混凝土的养护条件主要指所处的环境温度和湿度，它们通过影响水泥水化过程而影响混凝土强度。

养护环境温度高，水泥水化速度加快，混凝土早期强度高；反之亦然。若温度在冰点以下，不但水泥水化停止，而且有可能因冰冻导致混凝土结构疏松，强度严重降低，尤其是早期混凝土应特别加强防冻措施。为加快水泥的水化速度，可采用湿热养护的方法，即蒸汽养护或蒸压养护。

湿度通常指的是空气相对湿度。相对湿度低，混凝土中的水挥发快，混凝土因缺水而停止水化，强度发展受阻。另外，混凝土在强度较低时失水过快，极易引起干缩，影响混凝土耐久性。一般在混凝土浇筑完毕后12h内应开始对混凝土加以覆盖或浇水。对硅酸盐水泥、普通水泥和矿渣水泥配制的混凝土浇水养护不得少于7d；使用粉煤灰水泥和火山灰水泥，或掺有缓凝剂、膨胀剂，或有防水抗渗要求的混凝土浇水养护不得少于14d。

③ 龄期。

龄期是指混凝土在正常养护条件下所经历的时间。在正常养护条件下，混凝土强度将随着龄期的增长而增长。最初的 7~14d，强度增长较快，以后逐渐缓慢。但在有水的情况下，龄期延续很久其强度仍有所增长。

普通水泥制成的混凝土，在标准条件养护下，龄期不小于 3d 的混凝土强度发展大致与其龄期的对数成正比。

2.3.4.2 混凝土的变形性能

1) 化学收缩

水泥水化生成的固体体积比未水化水泥和水的总体积小，混凝土在水化过程中产生的收缩称为化学收缩。

化学收缩量随混凝土硬化龄期的延长而增长，增长的幅度逐渐减小。一般在混凝土成型后 40 多天内化学收缩增长较快，以后就渐趋稳定。化学收缩是不可逆收缩。

2) 湿胀干缩

混凝土在吸水和干燥等不同物理过程中会发生膨胀和收缩现象，简称湿胀干缩。混凝土湿胀产生的原因是吸水后混凝土中水泥凝胶体粒子吸附水膜增厚，胶体粒子间的距离增大。湿胀变形量很小，对混凝土性能基本上无影响。混凝土干缩产生的原因是混凝土在干燥过程中，毛细孔水分蒸发，使毛细孔中形成负压，产生收缩力，导致混凝土收缩；当毛细孔中的水蒸发完后，如继续干燥，则凝胶体颗粒间吸附水也发生部分蒸发，缩小凝胶体颗粒间距离，甚至产生新的化学结合而收缩。

3) 温度变形

与其他材料一样，混凝土也具有热胀冷缩的性质。这种因热胀冷缩的变形称为温度变形。混凝土温度变形系数约为 $1\times10^{-5}/℃$。温度变形对大体积混凝土及大面积混凝土工程极为不利。

在混凝土硬化初期，水泥水化放出较多的热量，混凝土又是热的不良导体，散热较慢，因此在大体积混凝土内部的温度较外部高，有时可达 50~70℃。这将使内部混凝土的体积产生较大的膨胀，而外部混凝土却随气温降低而收缩。内部膨胀和外部收缩互相制约，在外表混凝土中将产生很大拉应力，严重时使混凝土产生裂缝。因此对大体积混凝土工程，必须尽量设法减少混凝土发热量，如采用低热水泥、减少水泥用量、采取人工降温措施等。

为防止温度变形带来的危害，一般超长的钢筋混凝土结构物，应采取每隔一段长度设置伸缩缝以及在结构物中设置温度钢筋等措施。

4) 在短期压力荷载作用下的变形

混凝土中含有砂、石、水泥石、游离水分和气泡,导致混凝土本身的不匀质性。它不是一种完全的弹性体,而是一种弹塑性体。受力时既有弹性变形,又有塑性变形,典型应力—应变曲线如图2.20所示。

由于混凝土塑性变形的发展,混凝土的切线模量也是一个变值,它随着混凝土的应力增大而减小。原点切线模量,即混凝土弹性模量,一般不易从试验中测出,目前各国对弹性模量的试验方法没有统一的标准,因此,有的部门采用割线模量,认为当应力不大时,应力应变关系接近于直线,弹性模量可以用应力 σ_c 除以其相应的应变 ε_c 来表示,即混凝土弹性模量 $E_c = \sigma_c / \varepsilon_c$(图2.20)。在此,应力 σ_c 一般取为 $0.3 f_c$。f_c 为轴心抗压强度。

也有利用多次重复加载卸载后应力—应变关系趋于直线的性质来求弹性模量(图2.20)。即加载至 $0.4 f_c$,然后卸载至零,重复加载卸载约5次,直至应力—应变曲线接近于一直线,该直线的正切 $\tan \alpha$ 即混凝土的弹性模量。

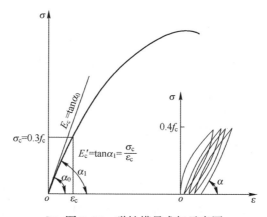

▶ 图2.20 弹性模量求解示意图

混凝土的强度越高,弹性模量越高,两者存在一定的相关性。当混凝土的强度等级由C10增高到C60时,其弹性模量约从 1.75×10^4 MPa 增至 3.60×10^4 MPa。

5) 长期荷载作用下的变形——徐变

混凝土在长期恒定荷载作用下,沿着作用力方向随时间的延长而增加的变形称为徐变。其特征是初期增长较快,然后逐渐缓慢,2~3年后趋于稳定。徐变产生的原因主要是凝胶体的黏性流动和滑移。混凝土的徐变一般可达 $300 \times 10^{-6} \sim 1500 \times 10^{-6}$ m/m。

对普通钢筋混凝土构件，徐变能消除混凝土内部温度应力和收缩应力，减弱混凝土的开裂现象；对预应力混凝土构件，混凝土的徐变使预应力损失增加。

2.3.4.3 混凝土的耐久性

混凝土的耐久性是指混凝土在使用条件下抵抗周围环境中各种因素长期作用而不被破坏的能力。混凝土所处的环境条件不同，其耐久性的影响因素也不同。例如，承受水压力作用的混凝土，需要具有一定的抗渗性能；遭受环境水侵蚀作用的混凝土，需要具有与之相适应的抗侵蚀性能等。

混凝土耐久性能主要包括抗渗、抗冻、抗侵蚀、碳化、碱集料反应及混凝土中的钢筋锈蚀等性能。

1) 抗渗性

抗渗性是指混凝土抵抗压力水（或油）渗透的能力。它直接影响混凝土的抗冻性和抗侵蚀性。

混凝土的抗渗性主要与其密实度及其内部孔隙的大小和构造有关。混凝土内部的互相连通的孔隙和毛细管通路，以及由于混凝土施工成型时，振捣不实产生的蜂窝、孔洞都会造成混凝土渗水。

2) 抗冻性

混凝土的抗冻性是指混凝土在使用环境中，经受多次冻融循环作用，能保持强度和外观完整性的能力。在寒冷地区，特别是在接触水又受冻的环境下的混凝土，要求具有较高的抗冻性能。

混凝土的抗冻性主要取决于混凝土密实度、内部孔隙的大小与构造以及含水程度。密实混凝土或具有闭口孔隙的混凝土具有较好的抗冻性。影响混凝土抗渗性的因素对混凝土抗冻性也有类似的影响。提高混凝土抗冻性最有效的方法是掺入引气剂、减水剂和防冻剂。

3) 抗侵蚀性

环境介质对混凝土的侵蚀主要是对水泥石的侵蚀，通常有软水侵蚀以及酸、碱、盐的侵蚀等。

海水对混凝土的侵蚀除了对水泥石的侵蚀，还有反复干湿的物理作用、海浪的冲击磨损、海水中氯离子对混凝土内钢筋的锈蚀等作用。

混凝土的抗侵蚀性与所用水泥品种、混凝土的密实程度和孔隙特征有关。密实或孔隙封闭的混凝土，环境水不易侵入，故其抗侵蚀性较强。提高混凝土抗侵蚀性的主要措施有：选择合理水泥品种；提高混凝土密实程度，如加强捣实或掺减水剂；改善孔结构，如掺引气剂等。

4）混凝土的碳化

混凝土的碳化是指空气中的二氧化碳在有水存在的条件下，与水泥石中的氢氧化钙发生如下反应，生成碳酸钙和水的过程：

$$Ca(OH)_2 + CO_2 + H_2O = CaCO_3 + 2H_2O$$

碳化过程是随着二氧化碳不断向混凝土内部扩散，由表及里缓慢进行的。碳化有害也有利。由于碳化使混凝土碱度降低，减弱了其对钢筋的防锈保护作用，使钢筋易出现锈蚀；另外，碳化将显著增加混凝土的收缩，使混凝土表面产生拉应力，导致混凝土中出现微细裂缝，从而使混凝土抗拉、抗折强度降低。另一方面，碳化可使混凝土的抗压强度提高。这是因为碳化反应生成的水分有利于水泥的水化作用，而且反应形成的碳酸钙可减少水泥石内部的孔隙。

总的来说，碳化作用对混凝土是有害的。提高混凝土抗碳化能力的措施有：优先选择硅酸盐水泥和普通水泥；采用较小的水灰比；提高混凝土密实度；改善混凝土内孔结构。

5）碱集料反应

碱集料反应是指水泥、外加剂等混凝土构成物及环境中的碱与集料中的碱活性矿物在潮湿环境下缓慢发生并导致混凝土开裂破坏的膨胀反应。如碱与集料中的活性氧化硅起化学反应，会使集料表面生成复杂的硅酸凝胶。生成的凝胶可不断吸水，体积相应的不断膨胀，会把水泥石胀裂。

一般认为，发生碱集料反应需同时具备下列三个必要条件：一是碱含量高；二是集料中存在碱活性矿物，如活性二氧化硅；三是环境潮湿，水分渗入混凝土。

6）提高混凝土耐久性的措施

混凝土遭受各种侵蚀作用的破坏虽各不相同，但提高混凝土的耐久性措施有很多共同之处：选择适当的原材料；提高混凝土密实度；改善混凝土内部的孔结构。一般提高混凝土耐久性的具体措施有：

(1) 合理选择水泥品种，使其与工程环境相适应。

(2) 选择质量良好、级配合理的集料和合理的砂率。

(3) 采用较小水灰比和保证水泥用量，行业标准《普通混凝土配合比设计规程》（JGJ 55—2011）对此做出了相关的规定，同时加强混凝土质量的生产控制。

(4) 掺用合适的外加剂。

(5) 混凝土表面涂覆相关的保护材料。

2.3.5 钢筋混凝土的力学性能

2.3.5.1 钢筋

1) 钢筋的作用

安置在钢筋混凝土构件中的钢筋,按其作用性质,可分为三类。

(1) 受力钢筋:钢筋主要配置在受弯、受拉、偏心拉压构件的受拉区以代替或帮助混凝土承担拉力。其次,钢筋也可用来加强混凝土的抗压能力。这类钢筋均称为受力钢筋。它的断面由计算决定。如图 2.21 所示柱中的纵筋均属受力钢筋。

(2) 架立钢筋:架立钢筋是用来保证受力钢筋的设计位置不因捣固混凝土而有所移动。图 2.21 所示的梁内钢筋 2 即架立钢筋,它用来保证钢箍的间距及保证整个和钢筋骨架的稳定。

(3) 分布钢筋:分布钢筋是用来将构件所受到的外力分布在较广的范围,以改善受力情况,这种钢筋多数在板中,如图 2.21 所示的板,除为抵抗弯矩而设置受力钢筋外,同时要使作用在板上的集中荷载分布在较大的宽度上,使钢筋受力较为平均,故须设置与受力钢筋相垂直的钢筋,该钢筋为分布钢筋。

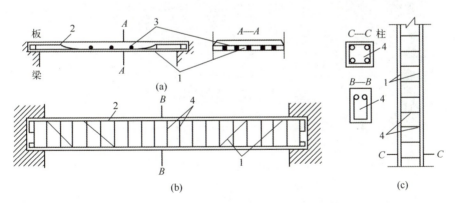

1—受力钢筋;2—架立钢筋;3—分布钢筋;4—箍筋。
▶ 图 2.21 钢筋混凝土构件中的钢筋

受力、架立和分布钢筋并不一定能绝对区别开来,即同一钢筋往往可以同时起上述两种以上的作用。图 2.21 (a) 中,板内分布钢筋,除了起分布作用,另有固定受力钢筋位置的作用,梁中钢筋 4 同时起受力及架立的作用。

此外，钢筋往往还有其他的作用。例如，一般混凝土收缩及温度变化的应力通常就利用受力钢筋与分布钢筋来承受，但有时也要专设温度钢筋。

2) 钢筋的品种

钢筋的力学性能主要取决于化学成分，其主要成分是铁，此外还含有少量的碳、锰、硅、硫、磷等元素。中国常用的钢筋品种有热轧钢筋、钢绞线、消除应力钢丝和热处理钢筋等种类，其中应用量最大的是热轧钢筋。

热轧钢筋按屈服强度等级分为 300MPa、335MPa、400MPa、500MPa、600MPa 五级，直径为 6~40mm。HPB300 为一级钢筋（多指圆盘条和光圆钢筋）；HRB335、HRBF335 为二级钢筋；HRB400、HRBF400 为三级钢筋；HRB500、HRBF500 为四级钢筋；HRB600 为五级钢筋。其中 HPB300 为低碳钢，其余各级钢筋均为低合金钢。HPB300 钢筋的外形为光圆钢筋，其余各级均在表面轧有肋纹，称为带肋钢筋，如图 2.22 所示。过去通用的肋纹有螺纹和人纹，近年来带肋钢筋的螺纹形式已逐步被月牙纹取代。带肋钢筋按生产控制状态分为热轧钢筋 HRB 和控轧细晶粒钢筋 HRBF 两个牌号系列。HRB600 为民用建筑领域强度等级较高的一种钢筋，也是新国标正在推行的钢筋等级。

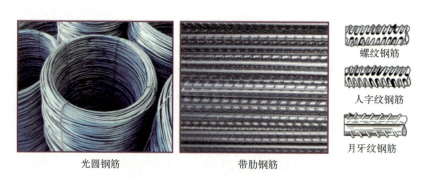

▶ 图 2.22　热轧钢筋外形示意图

预应力钢筋常采用钢绞线和消除应力钢丝，也可采用热处理钢筋。高强钢丝和钢绞线的抗拉强度可达 1470~1860MPa，钢丝直径 4~9mm，外形有光面、刻痕和螺旋肋 3 种，另有 3 股和 7 股钢绞线，外接圆直径 8.5~15.2mm。

热处理钢筋由某些特定钢号钢筋经加热、淬火和回火等调质工艺处理，使强度得到较大幅度的提高，而延伸率降低不多。

由热轧钢筋经冷拉、冷拔、冷轧、冷轧扭加工后制成冷加工钢筋。对钢筋进行冷加工是为了提高强度，节约钢材。但钢筋冷加工后，其延伸率降低，尤其是用于预应力构件时,易造成脆性断裂。

3) 钢筋的强度和塑性

屈服强度是钢筋混凝土构件中设计时钢筋强度取值的依据。因为钢筋屈服后产生较大的塑性变形,这将使构件变形和裂缝宽度大大增加,以致无法使用。所以在计算中采用屈服强度为钢筋的强度取值,钢筋的强化段只作为一种安全储备考虑。但是在检验钢筋质量时仍然要求它的极限强度符合检验标准。钢筋的塑性用均匀伸长率表征。在《混凝土结构设计规范》中给出了钢筋均匀伸长率的限值要求(表2.9),工程中所选用钢筋除强度需满足设计要求外,其均匀延伸率不能小于规范中给出的限值。

表2.9　混凝土结构中钢筋均匀伸长率限值

钢筋品种	普通钢筋		预应力筋
	HPB300	HRB335、HRBF335、HRB400、HRBF400、HRB500、HRBF500	
$\delta_{gt}/\%$	10.0	7.5	3.5

钢筋混凝土工程中所用钢筋应具备:①适当的强度;②与混凝土黏结良好;③可焊性好;④足够的塑性。一般地,钢筋的强度越高,塑性和可焊接性越差。

2.3.5.2　钢筋与混凝土共同承载

1) 概述

钢筋与混凝土能共同承载的基本前提是二者间具有足够的黏结强度,能够承受由于变形差(相对滑移)沿钢筋与混凝土接触面上产生的剪应力,通常把这种剪应力称为黏结应力(简称黏结力),黏结强度则指黏结失效(钢筋被拔出或混凝土被劈裂)时的最大平均黏结应力。通过黏结应力来传递二者间的应力,使钢筋与混凝土共同承载。钢筋与混凝土之间的黏结强度如果受到损伤,会使构件变形增加、裂缝剧烈扩展,甚至提前破坏。在重复荷载(特别是强烈地震)作用下,很多结构的毁坏都是黏结破坏及锚固失效引起的。

钢筋与混凝土间的黏结力主要由以下三方面组成。

(1) 化学胶着力:混凝土在结硬过程中,水泥胶体与钢筋间产生吸附胶着作用。混凝土强度等级越高,胶着力也越高。

(2) 摩擦力:混凝土的收缩使钢筋周围的混凝土裹压在钢筋上,当钢筋和混凝土间出现相对滑动的趋势,则此接触面上将出现摩阻力。

(3) 机械咬合力：钢筋表面粗糙不平所产生的机械咬合作用。

带肋钢筋的黏结力除了胶着力与摩擦力等，更主要是钢筋表面凸出的横肋对混凝土的挤压力，斜向挤压力不仅产生沿钢筋表面的轴向分力，而且产生沿钢筋径向的径向分力使外围混凝土环向受拉，当荷载增加，因斜向挤压作用，在变形钢筋肋顶前方首先斜向开裂，形成内裂缝，在径向分力作用下的混凝土，好像一承受内压力的管壁，管壁的厚度就是混凝土保护层厚度，径向分力使混凝土产生纵向裂缝。若钢筋外围混凝土很薄且没有环向箍筋约束时，则表现为沿钢筋纵向的劈裂破坏。反之，钢筋肋纹间的混凝土被完全压碎或剪断，钢筋外围混凝土将发生沿钢筋肋外径的圆柱滑移面的剪切破坏。

2) 影响黏结强度的因素

(1) 混凝土强度等级。

试验表明，黏结强度随混凝土强度等级提高而增大，而且与混凝土抗拉强度成正比，但与混凝土的立方体抗压强度并不成正比。

(2) 钢筋的形式。

带肋钢筋的黏结强度比光圆钢筋高了 1~2 倍，带肋钢筋的肋纹形式不同，其黏结强度也略有差异，月牙纹钢筋的黏结强度比螺纹钢筋低 5%~15%。带肋钢筋的肋高随钢筋直径的增大而相对减小，所以黏结强度下降，轻度锈蚀钢筋的黏结强度要高于新轧制或经除锈处理的钢筋。

(3) 混凝土保护层厚度和钢筋净间距。

试验表明，混凝土保护层厚度对光圆钢筋的黏结强度没有明显影响，而对变形钢筋却十分明显，当相对保护层厚度 $c/d>5~6$（c 为混凝土钢筋直径）时，带肋钢筋的黏结破坏将不是劈裂破坏，而是肋间混凝土被刮出的剪切破坏，后者的黏结强度比前者大。同样，保持一定的钢筋净距，可以提高钢筋外围混凝土的抗劈裂能力，从而提高黏结强度。

(4) 横向配筋。

配置螺旋筋或箍筋可以提高混凝土的侧向约束、延缓或阻止劈裂裂缝的发展，从而提高黏结强度，提高的幅度与所配置的横向钢筋的数量有关。

(5) 侧向压应力。

在钢筋混凝土构件中，钢筋锚固区往往存在侧向压应力。因为侧向压应力将使摩擦力和咬合力增加，从而使黏结强度提高。试验表明，侧向压应力 $\sigma=0.35 f'_c$（f'_c 为圆柱体抗压强度）时，黏结强度较 $\sigma=0$ 时提高一倍；但当 $\sigma=0.5 f'_c$ 时，黏结强度将不再增长，甚至有所降低，因为此时与侧向压应力垂直方向的拉应变显著增长，减小了对混凝土的横向变形约束。

（6）受力状态。

试验表明，在重复荷载或反复荷载作用下，钢筋与混凝土间的黏结强度将退化。一般来说，所施加的应力越大，重复或反复次数越多，黏结强度退化越快。

此外，在锚固范围内有剪力时，常由于存在斜裂缝而缩短了有效长度，增加了局部黏结破坏的区段，使平均黏结强度降低。

钢筋和混凝土之间黏结锚固能力的优劣，直接影响着结构构件的安全，在设计时必须予以足够重视。

3）黏结强度的测定

钢筋与混凝土的黏结强度常采用拔出试验来测定。

设拔出力为 $F=\sigma_s A_s$，则以黏结破坏时钢筋与混凝土的最大平均黏结应力作为黏结强度 τ_u，即

$$\tau_u = \frac{F}{\pi d \cdot l} = \frac{\sigma_s \frac{\pi}{4} d^2}{\pi d \cdot l} = \frac{d}{4l}\sigma_s \tag{2.23}$$

式中：d 为钢筋直径；l 为钢筋埋长或钢筋锚固长度。

测量钢筋沿长度方向的各点应变，就可得到钢筋应力 σ_s 及黏结强度 τ_u。试验表明，与光面钢筋相比，带肋钢筋的黏结强度大得多，钢筋中的应力能够很快向四周混凝土传递。

4）混凝土对钢筋的保护作用

钢筋锈蚀是一种电化学过程，钢材表面介质的酸碱度对腐蚀速度有明显影响。当 pH 值小于 5 时，钢材腐蚀极快，而当 pH 值接近 14 时，腐蚀将停止进行。混凝土对钢筋的保护作用，正是由于混凝土凝固后具有高碱度特性，混凝土中的孔隙水构成 pH 值为 12.6 的氢氧化钙饱和液使混凝土中的钢筋表面形成连续完整的钝化层，而使锈蚀的电化学反应不可能发生。只要钢筋的混凝土保护层密实且有一定的厚度，构件裂缝不过宽，就可使钢筋在结构的正常使用年限内免遭锈蚀。

混凝土保护层对提高钢筋抗焚能力也有显著作用，混凝土的导热性差，其传热速度约为钢的 1/50，经验证明，在 1000～1100℃ 的温度作用下，保护层为 25mm 厚时，钢筋经 1h 才达 550℃，与钢结构比较，抗火能力大大提高。

2.3.6 其他种类混凝土及其新进展

混凝土按照体积密度的大小分成轻混凝土、普通混凝土和重混凝土。此

外，为满足不同工程的特殊要求，混凝土可分为高性能混凝土、高强混凝土、抗渗混凝土、泵送混凝土、纤维混凝土等。

2.3.6.1 高性能混凝土

对高性能混凝土国内外尚无统一的认识和定义，目前对高性能混凝土有以下几点共识。

(1) 混凝土的使用寿命要长。

(2) 混凝土应具有较高的体积稳定性。

(3) 高性能混凝土应具有良好的施工性能。

(4) 具有一定的强度和密实度。

混凝土达到高性能最重要的技术手段是使用新型外加剂和超细矿物质掺和料（超细粉）、降低水灰比、增大坍落度和控制坍落度损失，给予混凝土高的密实度和优异的施工性能，填充胶凝材料的空隙，保证胶凝材料的水化体积安定性，改善混凝土的界面结构，提高混凝土的强度和耐久性。

2.3.6.2 高强混凝土

目前世界各国使用的混凝土，其平均强度和最高强度都在不断提高。西方发达国家使用的混凝土平均强度已超30MPa，高强混凝土所定义的强度也不断提高。在中国，高强混凝土是指强度等级为C60及以上的混凝土。但一般来说，混凝土强度等级越高，其脆性越大，增加了混凝土结构的不安全因素。

高强混凝土可通过采用高强度水泥、优质集料、较低的水灰比、高效外加剂和矿物掺和料，以及强烈振动密实作用等方法取得。《普通混凝土配合比设计规程》对高强混凝土做出了原料及配合比设计的规定。

配制高强度混凝土的原材料要求主要有：

(1) 应选用质量稳定、强度等级不低于42.5级的硅酸盐水泥或普通硅酸盐水泥；

(2) 强度等级为C60级的混凝土，其粗集料的最大粒径不应大于31.5mm；强度等级高于C60级的混凝土，其粗集料的最大粒径不应大于25mm，并严格控制其针片状颗粒含量、含泥量和泥块含量；

(3) 细集料的细度模数宜大于2.6，并严格控制其含泥量和泥块含量；

(4) 配制高强混凝土时应掺用高效减水剂或缓凝高效减水剂；

(5) 配制高强混凝土时应该掺用活性较好的矿物掺和料，且宜复合使用矿物掺和料。

2.3.6.3 抗渗混凝土

混凝土的抗渗性能是用抗渗等级来衡量的，抗渗混凝土是指抗渗等级等于或大于 P6 级的混凝土。混凝土的抗渗等级的选择是根据最大作用水头与建筑物最小壁厚的比值来确定的。

通过改善混凝土组成材料的质量、优化混凝土配合比与集料级配、掺加适量外加剂，使混凝土内部密实或是堵塞混凝土内部毛细管通路，可使混凝土具有较高的抗渗性能。《普通混凝土配合比设计规程》对抗渗混凝土做出了相关的规定。

抗渗混凝土所用原材料的要求主要有：

(1) 粗集料宜采用连续级配，其最大粒径不宜大于 40mm，含泥量不得大于 1.0%，泥块含量不得大于 0.5%；

(2) 细集料的含泥量不得大于 3.0%，泥块含量不得大于 1.0%；

(3) 外加剂宜采用防水剂、膨胀剂、引气剂、减水剂或引气减水剂；

(4) 抗渗混凝土宜掺用矿物掺和料。

2.3.6.4 纤维混凝土

纤维混凝土是以混凝土为基体，外掺各种纤维材料而成。掺入纤维的目的是提高混凝土的抗拉强度，降低其脆性。常用纤维材料有玻璃纤维、矿棉、钢纤维、碳纤维和各种有机纤维。

各类纤维中以钢纤维对抑制混凝土裂缝的形成、提高混凝土抗拉与抗弯强度、增加韧性效果最好。但为了节约钢材，目前国内外都在研制采用玻璃纤维、矿棉等来配制纤维混凝土。在纤维混凝土中，纤维的含量、纤维的几何形状以及纤维的分布情况，对于纤维混凝土的性能有着重要影响。钢纤维混凝土一般可提高抗拉强度 2 倍左右；抗弯强度可提高 1.5~2.5 倍；抗冲击强度可提高 5 倍以上，甚至可达 20 倍；而韧性甚至可达 100 倍以上。纤维混凝土目前已逐渐地应用于飞机跑道、桥面、端面较薄的轻型结构和压力管道等。

2.3.6.5 聚合物混凝土

聚合物混凝土是由有机聚合物、无机胶凝材料和集料结合而成的一种新型混凝土。聚合物混凝土体现了有机聚合物和无机胶凝材料的优点，克服了水泥混凝土的一些缺点。聚合物混凝土一般可分为三种。

1) 聚合物水泥混凝土

聚合物水泥混凝土是用聚合物乳液拌和水泥，并掺入砂或其他集料而制成的。聚合物的硬化和水泥的水化同时进行，并且两者结合在一起形成一种复合材料，主要用于铺设无缝地面、修补混凝土路面与机场跑道面层、做防水层等。

配制聚合物水泥混凝土所用的无机胶凝材料，可用普通水泥和高铝水泥。高铝水泥的效果比普通水泥好，因为它所引起的乳液凝聚比较小，而且具有快硬的特性。聚合物可用天然聚合物（如天然橡胶）和各种合成聚合物（如聚醋酸乙烯、苯乙烯、聚氯乙烯等）。

2) 聚合物浸渍混凝土

聚合物浸渍混凝土是以普通混凝土为基材（被浸渍的材料），而将有机单体渗入混凝土中，然后再用加热或放射线照射等方法使其聚合，使混凝土与聚合物形成一个整体。这种混凝土具有高强度（抗压强度可达200MPa以上，抗拉强度可达10MPa以上）、高防水性（几乎不吸水、不透水），以及抗冻性、抗冲击性、耐蚀性和耐磨性都有显著提高的特点，适用于要求高强度、高耐久性的特殊构件，特别适用于输送液体的管道、坑道等。在国外已用于耐高压的容器，如原子反应堆、液化天然气罐等。

3) 聚合物胶结混凝土（树脂混凝土）

树脂混凝土是一种完全没有无机胶凝材料而以合成树脂为胶结材料的混凝土。所用的集料与普通混凝土相同，也可用特殊集料。这种混凝土具有高强、耐腐蚀等优点，但成本较高，只能用于特殊工程（如耐腐蚀工程）。

2.4　其它风洞洞体材料

风洞的种类很多，除了用于建设低速、亚声速、跨声速等风洞洞体所需要的大量钢结构和混凝土材料，其他风洞如高超声速风洞、电弧风洞、声学风洞、低温风洞等，对洞体材料有不同的特殊要求。本节主要就超高速类风洞和声学风洞的洞体材料进行讨论。

2.4.1　超高速类风洞洞体材料

随着飞行器的马赫数越来越高，用于开展高马赫数风洞试验的各类型风洞先后出现。例如本书第1章提到的常规高超声速风洞、激波风洞、超高速风洞、推进风洞、弹道靶、电弧风洞等，为方便讨论，本节将这些风洞统称为超高速类风洞。超高速类风洞中的工作气流不同程度地具有高温高压的特点，因此其洞体材料（包括喷管等不同部位）往往需要在高温高压的严苛条件下服役，对选材提出了特殊要求。

（1）高强度。超高速类风洞洞体的多个部位需要承受 10~100MPa 的压力（设计要求），因此洞体材料需要具有较高的强度。

（2）耐高温。常规高超声速风洞的工作气流总温可以达到几百开至 1000 多开，推进风洞的燃气甚至高达 2000K 以上。虽然目前通常采用水冷的方式解决洞体材料耐温的问题，但是如果选择耐高温材料制造此类特殊风洞的关键部位，可以降低系统复杂性。此外，以常规高超声速风洞为例，喷管前的稳定段起到保证气流高温、提高气流品质的作用，往往需要在稳定段布置加热带，因此未来更先进的常规高超声速风洞对耐高温材料的需求可能越来越迫切。

（3）高淬透性。由于需要承受较大的压力，超高速类风洞洞体通常具有较大的壁厚，因此为保证材料性能的均匀一致性、提高风洞运行的可靠性，往往需要采用高淬透性的合金钢。

针对上述需求，对于只要求高强度不要求耐高温的部位，通常可选用高淬透性合金调质钢；对于需要耐高温的关键部位，在不便于设置水冷的情况下，可考虑选用耐热钢、热作模具钢、铌合金等可以在较高温度下长时间服役的金属材料。

2.4.1.1　合金调质钢

合金调质钢是指经过调质处理（淬火+高温回火）后使用的中碳合金结构钢。其最终热处理一般为调质处理，以获得回火索氏体组织，具有良好的综合力学性能。为保证结构截面力学性能的均匀性和高强韧性，合金调质钢要求有很好的淬透性。其淬透性与合金元素的种类、含量有密切关系。合金调质钢的种类很多，常见钢种的牌号见附表 D（第 4 章也用到）。按淬透性高低，大致可分为三类。

1）低淬透性合金调质钢

这类钢的油淬临界直径为 30~40mm，最典型的钢种是 40Cr，广泛用于制造一般尺寸的重要零件。40MnB、40MnVB 钢是为了节铬而发展的代用钢，其淬透性不太稳定，切削加工性能也差一些。

2）中淬透性调质钢

这类钢的油淬临界直径为 40~60mm，含有较多的合金元素，典型钢种有 35CrMo 等用于制造截面较大的零件。加入钼不仅可提高淬透性，而且可防止第二类回火脆性。

3) 高淬透性调质钢

这类钢的油淬临界直径为 60~100mm，主要是铬镍钢。铬、镍的适当配合，可大大提高淬透性，并获得优良的力学性能，例如 3CrNi3，但对回火脆性十分敏感，因此不宜于做大截面零件。铬镍钢中加入适当的钼，例如 40CrNiMo 钢，不但具有好的淬透性，还可消除回火脆性，用于制造大截面、重载荷的重要结构。

对于风洞洞体只要求高强度不要求耐高温的部位，可根据洞体壁厚设计要求，选用合适的合金调质钢。

2.4.1.2 耐热钢

耐热钢是指在高温下具有高的热稳定性和热强性的一类特殊钢。耐热钢中常用的合金元素有 Cr、Mo、W、Al、Si、Ni、Ti、Nb、V 等。Cr 是提高钢抗氧化性的主要元素，能形成附着性很强的致密而稳定的氧化物 Cr_2O_3，提高钢的抗氧化性。随着温度的升高，所需的含 Cr 量也要增加。Cr 也能起到固溶强化的作用，提高钢的持久强度和蠕变极限。

Mo 和 W 是提高低合金耐热钢热强性能的主要元素。Mo 和 W 均可溶入基体起固溶强化作用，提高钢的再结晶温度，也能析出稳定相，从而提高热强性。

Al 和 Si 是提高钢抗氧化性的有效元素。

Ni 主要是为了获得工艺性能良好的奥氏体组织而添加的，对抗氧化性影响不大，Mn 可以部分替代 Ni，是奥氏体耐热钢的常用元素。

Ti、Nb、V 等是微合金化元素，与 C 形成稳定的碳化物可提高热强性，同时可起到固溶强化的作用。

C 是钢中最重要的组成元素，常温下 C 是钢中最为重要的强化元素，但在高温下 C 会促进铁原子的自扩散，另外碳化物在高温下容易聚集长大，降低了钢的热强性，所以耐热钢中一般尽可能地降低含碳量。

按钢的显微组织的不同一般分为珠光体型耐热钢、奥氏体型耐热钢和马氏体型耐热钢三类。马氏体型耐热钢主要用于汽轮机叶片和排气阀，本节略去不谈。低碳珠光体耐热钢主要用于制作锅炉钢管，可用于要求不高的耐热耐压场合。目前在超高速类风洞洞体中，最常用的是由耐热性能较好的不锈钢演化而来的奥氏体型耐热钢，也有材料零件承包商将其统称为高压耐热不锈钢。

1) 珠光体型耐热钢

珠光体型耐热钢中的合金元素含量较小，属于低合金钢（合金元素含量不超过5%（质量分数）），使用状态的显微组织是珠光体+铁素体，工作温度低于500℃。该类耐热钢按碳含量和应用特点又分为低碳珠光体耐热钢和中碳珠光体耐热钢。

低碳珠光体耐热钢主要用于制作锅炉钢管，具有良好的加工工艺性能。要求在500~600℃具有高的高温持久强度和一定的抗氧化性能。该类钢中的含碳量一般为0.08%~0.2%（质量分数），合金元素主要有Cr、Mo、V等。典型钢种有12Cr1MoV、12Cr2Mo、15CrMo等，热处理一般采用正火+高温稳定化处理。正火温度通常为980~1020℃，使碳化物完全溶解并均匀分布，由于经正火处理后得到的并不是稳定组织，通常采用高于使用温度100~150℃的高温稳定化处理（类似于回火处理），通常温度为720~740℃。中碳珠光体耐热钢主要用于制作汽轮机等耐热紧固件及汽轮机转子（主轴、叶轮等），此处略去不谈。

2) 奥氏体型耐热钢

具有体心立方结构铁素体的珠光体型耐热钢在600~650℃下的蠕变强度明显下降，而具有面心立方结构的奥氏体型耐热钢在650℃或更高温度下有较高的高温强度，且高温和室温还有良好的塑性和韧性、可焊性和冷成型性。按强化机理不同，奥氏体型耐热钢可分为固溶强化型、碳化物沉淀强化型二类。

（1）固溶强化型奥氏体耐热钢。该类耐热钢是在18-8奥氏体不锈钢的基础上发展起来的。在具有良好耐蚀性的奥氏体基体上添加Mo、W、Nb等合金元素，提高奥氏体的原子间结合力来强化奥氏体，同时形成碳化物以强化晶界。由于Mo、W、Nb等都是扩大铁素体区的元素，为了保持奥氏体组织，将18-8型奥氏体钢发展成18-11和14-19型钢的Cr-Ni成分。这类钢具有良好的焊接以及冷热加工性能，能制管和轧成薄板，主要用于制作在600~700℃下工作的蒸汽过热器和动力装置的管路和燃气轮机动、静叶片及其他锻件。

该类耐热钢的典型钢种有1Cr18Ni11Nb、1Cr14Ni19W2Nb、Cr20Ni32等，热处理工艺是经1100~1150℃固溶处理，具有中等持久强度和高塑性，在650℃时，10000h后的持久强度可达100MPa，延伸率为36%左右。

（2）碳化物沉淀强化型奥氏体耐热钢。

该类耐热钢的成分特点是既具有较高的含Cr、Ni量以形成奥氏体，又含有W、Mo、V、Nb等强、中强碳化物形成元素和较高的含碳量（0.35%~0.5%（质量分数））以形成碳化物强化相，同时还可以用Mn代替部分Ni。为了获得良好的沉淀强化效果，热处理通常为固溶淬火+时效沉淀。

该类耐热钢的典型钢种有 4Cr14Ni14W2Mo、5Cr21Mn9Ni4N 和 4Cr13Ni8Mn8MoVNb（GH36）等，固溶温度一般为 1100~1180℃，水淬，时效温度在 750~850℃。使用温度一般在 600~700℃。

2.4.1.3 铌合金

对于需要在更高温度下服役的情况，合金钢无法满足要求，可以考虑选用难熔金属与合金。熔点高于 2200℃ 的金属称为难熔金属，主要有 W、Re、Mo、Ta、Nb、Hf 等。以上述金属为基体，添加各种合金元素或化合物制成的合金称为难熔合金，工程上应用的难熔合金主要有 W、Mo、Ta、Nb 等合金。超高速类风洞，特别是推进风洞，其结构与液体火箭发动机非常相似，最常见的燃烧室（或燃发器）材料是铌合金。

铌是密度较小（$8.6 g/cm^3$）、熔点较低（2467℃）的难熔金属，在 1100~1250℃ 具有最高的比强度。铌合金具有较低的塑—脆转变温度、较好的耐蚀性能和焊接性能，高温下可与氧发生反应，用作高温结构材料时需要用防护涂层。

铌基合金的强化方法有固溶强化、沉淀强化和变形强化。添加 W、Mo 可固溶强化提高铌合金的高温和低温强度，过量添加则会降低加工性能。Ta 是中等强化元素，降低合金的塑—脆转变温度。Ti、Zr、Hf 与 C 可形成碳化物起弥散沉淀强化作用，Ti 可改善合金抗氧化和工艺性能，Hf 还可改善合金抗氧化和焊接性能。铌合金在 600℃ 左右开始迅速氧化，一般采用涂层保护，较好的涂层有 Si-Cr-Fe、Cr-Ti-Si 和 Al-Cr-Si 系。

典型铌基合金的成分与性能如表 2.10 所列。铌基合金主要用于航天工业领域，如铌铪合金、铌钨合金被用来制作各种尺寸液体火箭发动机的辐射冷却式喷管或燃烧室等。

表 2.10 典型铌基合金的成分与性能

分类	牌号（状态）	试验温度/℃	R_m/MPa	$R_{p0.2}$/MPa	A/%
低强度	Nb-10Hf-0.7Zr-1Ti（退火）	1500	78~98	—	50
		1649	34	20	>70
中强度	Nb-10W-10Hf-0.1Y（退火）	1316	274	206	45
		1649	77	72	78
高强度	Nb-20Ta-15W-5Mo-1.5Zr-0.1C（挤压）	室温	909	848	4
		1316	391	339	37

2.4.2 声学风洞洞体材料

随着航空运输业的发展，飞机的噪声问题日益引起人们的关注。飞机的噪声主要由动力装置和气流流过机体产生。气流流过机体的噪声主要来自飞机表面的湍流边界层及边界层分离。气流参数不仅影响气动噪声声压级的大小，而且影响其频谱和方向性，必须在风洞中做航空声学试验。30 多年来，航空声学风洞的发展经历了常规气动风洞改造—专用航空声学风洞（第一代航空声学风洞）—汽车航空声学风洞（第二代航空声学风洞）的发展历程。

所谓声学风洞就是按声学的严格要求进行设计，一般来说有以下要求。一是常规风洞对于流场品质的基本要求，即空气动力学要求：马赫数、雷诺数和流动品质；二是声学要求，即无反射的自由场、较低的背景噪声（对试验结果不干扰）和远场声测量的足够距离。对于开口试验段的声学风洞，由于试验段由消声室环绕，试验模型的噪声不能反射，属于自由场条件；对于闭口试验段的声学风洞，可在洞壁上安装消声层，以达到无反射的自由场条件，同时采取其他的消声降噪措施，使得试验段的背景噪声达到声学测量试验的要求。

就气流品质而言，与普通风洞并无区别，主要满足声学要求。因此，声学风洞的结构材料首选钢筋混凝土，因其传声性能差而有助于减弱风洞壳体产生的噪声。声学风洞的一个主要特点是具有低的风洞背景噪声，否则将把预测的噪声淹没，而不能测出试验体的噪声。风洞背景噪声不仅对声学测量、脉动压力测量等试验结果带来明显的影响，还会对气动力等测量试验带来影响。另外过高的背景噪声对长期在风洞实验室工作的操作员身体健康会带来不良影响。同时建筑物暴露在强噪声场中会引起结构的损伤，如玻璃、门窗密封件往往会因为噪声引发的共振而遭到破坏，更严重的会对试验使用的精密仪器的精准度造成影响。因此，对航空声学风洞而言，如何采取降噪措施对风洞回路做声学处理，以达到背景噪声的设计目标是设计和建造中的关键。就洞体内壁材料而言，试验厅的所有壁板、天花板、地板均需采用吸声材料，如图 2.23 所示。

2.4.2.1 吸声材料

吸声材料按照吸声机理的不同通常分为共振吸声材料、纤维吸声材料和泡沫吸声材料。按照外观分为喷涂类、卷材类、板材类、独立几何类，其中喷涂类包括植物纤维素喷涂、动物纤维素喷涂等，卷材类包括各种墙面造型软包、吸音布帘、帷幕等，板材类包括平面穿孔吸音石膏板材、立方体形状板材等，立体几何类主要指悬挂于声场中的吸音构件。吸声材料还包括吸声尖劈（图 2.24）、空间吸声体、颗粒状吸声材料等。

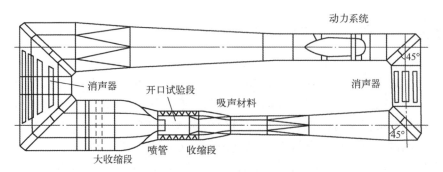

▼ 图 2.23　南京航空航天大学 NH-2 声学风洞

▼ 图 2.24　美国 Notre Dame 吸声风洞

共振吸声材料表面形成微空隙，与空隙背面空腔形成吸声结构，即亥姆霍兹结构。进入空腔的声波被多次反射，声能也不断被结构吸收，还会引起空气腔内气压变化，腔内空气振动，与结构振动频率形成共振，造成声能衰减的效果。因此实际工程中，要求吸声结构宽频吸声要求，常常在空腔内与其他吸声材料混合使用，来适应不同的工程环境。

纤维吸声材料是工程中最常见的吸声材料，包括玻璃棉、岩棉、聚酯纤维、金属纤维等。声能通过纤维分子形成的空隙，不断反射与结构摩擦，实现声能衰减。其吸声机理如图 2.25 所示：当声波入射到纤维吸声材料的表面时，一部分声波会发生反射，其余声波则进入纤维材料中，当声波在吸声材料中传播时，会引起材料中的空气振动，使空气与纤维间产生摩擦从而形成黏滞阻力，声能被转化为热能并耗散。其次，在声波传播的过程中，空气之间的热传导以及纤维自身的振动会耗散一定的声波能量，剩余声能则透过材料继续传播。无机纤维材料具有良好的绝热性能、耐酸碱、抗老化、阻燃能力强等优点。有机纤维对高频声具有很高的吸声效果，但防火防潮能力较差。金属纤维对低频声音吸收效果较好，同时对恶劣环境如高温、油污水汽等环境具有良好的适应性,但成本往往较高。

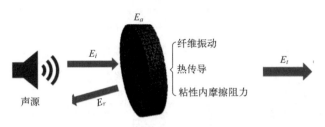

▶ 图 2.25 纤维吸声材料的吸声机理

泡沫吸声材料以吸收中高频声能为主,部分声能进入材料内部空隙,使声能转化成热能,被衰减损耗。泡沫玻璃是一种极具装饰潜力的无机材料,具有质轻、不燃、强度高、刚度大等优点,但其吸声系数较低,不耐磨、成本高等缺点限制了其推广前景。泡沫金属兼具金属材料和泡沫材料的吸声特性,但因其加工成本较高,并未得到广泛应用。

材料的吸声性能主要通过吸声系数来评价。声波传递到阻隔材料表面时,一部分能量被吸收,能量更换介质继续传递,或转变为热能,通过热传递耗散掉,还有一部分能量被反射。被吸收的能量与入射声能量的比值就是吸声系数。对于全反射面,吸声系数 $\alpha=0$;对于全吸收面,$\alpha=1$;一般材料的吸声系数为 0~1。吸声系数越大,材料吸声能力越强,效果越好。

材料吸声系数的大小与声波的入射角有关,随入射声波的频率而异。测定吸声系数通常采用混响室法和驻波管法。混响室法测得的为声波无规则入射时的吸声系数,它的测量条件比较接近实际声场,因此常用此法测得的数据作为实际设计的依据。驻波管法测得的是声波垂直入射时的吸声系数,通常用于产品质量控制、检验和吸声材料的研制分析。混响室法测得的吸声系数,一般高于驻波管法。常用多孔吸声材料的吸声系数如表 2.11 所列。

表 2.11 多孔吸声材料吸声系数(驻波管值)

名称		厚度/cm	容重/(kg/m³)	频率/Hz				
				125	250	500	1000	2000
散装纤维	玻璃纤维	5	100	0.15	0.38	0.81	0.87	0.91
	超细玻璃棉	5	30	0.15	0.37	0.82	0.81	0.7
	矿渣棉	6	240	0.25	0.55	0.79	0.8	0.88
	石棉	2.5	210	0.06	0.35	0.5	0.46	0.52

续表

名称		厚度/cm	容重/(kg/m³)	频率/Hz				
				125	250	500	1000	2000
板材	甘蔗板	1.3	200	0.12	0.19	0.28	0.54	0.49
	木丝板	3	520	0.05	0.15	0.25	0.56	0.9
	麻纤维板	2	260	0.09	0.11	0.16	0.22	0.28
	玻璃棉板	5	640	0.06	0.17	0.48	0.81	0.95
毡类	工业毛毡	2	370	0.07	0.26	0.42	0.4	0.55
	沥青玻璃棉毡	3	60	0.08	0.24	0.89	0.69	0.77
	沥青矿棉毡	3	200	0.08	0.18	0.5	0.68	0.81
泡沫塑料类	聚胺甲酸酯	2	40	0.11	0.13	0.27	0.69	0.98
	酚醛	2	160	0.08	0.15	0.3	0.52	0.56
	微孔聚酯	4	30	0.1	0.14	0.26	0.5	0.82
	粗孔聚酯	4	40	0.06	0.1	0.2	0.59	0.68

2.4.2.2 吸声构造

开口试验大厅的所有壁面和天花板都要做声学处理。除采用吸声材料外，还可采用合理的吸声构造措施，以达到更好的吸声效果。如在吸声材料与刚性壁之间留有适当的空腔，可有效提高材料的吸声性能，特别是提高材料在低频段的吸声性能。这是由于在材料背后设置的空腔相当于材料的一部分，即增加了材料的厚度，使得共振吸声频率向低频偏移。

典型的吸声构造做法如采用多层板使之在宽频带产生优良的吸声特性，特别是100Hz以下的低频范围。多层板由多孔泡沫或纤维状的多层矿棉组成，并以打孔的金属薄片覆盖，以避免纤维移动，见图2.26（a）。此外，最好对四个拐角段、第一扩散段、两个等直段、风扇段的壁面都做声学处理。比如在这些风洞洞体的内壁覆盖大量的玻璃纤维或聚氨酯泡沫，并用玻璃纤维布包扎，防止纤维迁移，然后用打孔的金属片包裹。或者如德国斯图加特大学空气动力实验室风洞的声学构造设计，见图2.26（b）。测试大厅的墙面和顶棚都满装以泡沫塑料和膜振动吸声器前后组合的复合吸声构造。在覆有膜皮、厚度为150mm的聚酯泡沫塑料后空10mm，然后安装厚度为100mm的膜振动吸声器。复合构造经隔振装置固定在混凝土墙上，整套吸声构造的总厚度为310~320mm，顶棚构造与墙面相似。

第2章 风洞洞体材料

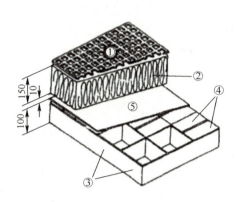

1—打孔的金属片；2—多孔聚氨脂泡沫；3—空腔壁；
4—被薄而开槽的隔板封闭的空腔；5—覆盖的表层。

(a)

1—C型框架及墙面支撑减振器；
2—100mm厚，铝膜膜振动吸声器；
3—150mm厚，覆膜皮的聚酯泡沫塑料；
4—测试大厅混凝土墙；
5—承受热膨胀及电解隔离的软橡胶块。

(b)

图2.26 吸声构造设计
（a）多孔聚氨酯泡沫消声器和隔板消声器简图；（b）测试大厅墙面吸声构造。

本章小结

本章介绍了各类风洞洞体的选材用材问题，重点讨论了用于常规风洞的钢结构洞体材料与混凝土洞体材料，以及用于超高速类风洞与声学风洞这两类特种风洞洞体的材料。其中包括洞体常用的钢材种类、钢材规格、钢结构洞体结构中主要结构件如何选用钢材种类及规格，混凝土各组成材料性能、新拌混凝土的性能、干硬后混凝土的力学性能以及钢筋混凝土的力学性能，激波风洞、声学风洞等特种风洞对于洞体材料的性能要求、如何选材以及常用洞体材料的基本特性等。

思考题

（1）低速风洞、高速风洞与超高速类风洞常用洞体结构材料有哪些？
（2）风洞洞体结构梁、柱分别宜选用哪类型钢？为什么？
（3）在钢筋混凝土结构中，宜采用哪类钢筋？为什么？
（4）水泥浆为何能转变成坚硬固体？
（5）混凝土立方体抗压强度能不能代表实际构件中的混凝土强度？除立

方体强度外,为什么还有轴心抗压强度?

(6) 什么叫混凝土徐变?混凝土的收缩和徐变有何本质区别?

(7) 钢筋与混凝土间的黏结力是如何产生的?

(8) 什么是配筋率?配筋量对梁的承载力有何影响?

参考文献

[1] 刘政崇. 风洞结构设计 [M]. 北京:中国宇航出版社,2005.

[2] 李博平. 大型复杂型面空气动力试验风洞高精度建造技术 [M]. 北京:中国建筑工业出版社,2017.

[3] 张俊才,董梦臣,高均昭. 土木工程材料 [M]. 徐州:中国矿业大学出版社,2009.

[4] 堵永国. 工程材料学 [M]. 北京:高等教育出版社,2015.

[5] 魏群. 钢结构工程材料员必读 [M]. 北京:中国建筑工业出版社,2011.

[6] 戴国欣. 钢结构 [M]. 武汉:武汉理工大学出版社,2012.

[7] 袁锦根,余志武. 混凝土结构设计基本原理 [M]. 北京:中国铁道出版社,2004.

[8] 黄双华,陈伟. 土木工程材料 [M]. 成都:西南交通大学出版社,2013.

[9] 项琨. 吸声材料的吸声机理及工程中的应用 [J]. 建材与装饰,2020 (9):2.

第 3 章　风洞动力材料

风洞动力材料是指向风洞中气流注入能量的装置的材料，主要包括低速风洞的轴流风扇、超声速风洞的高压储罐和真空罐、高超声速风洞加热器等涉及的材料。风洞动力系统是整个风洞的动力来源，其性能参数对风洞运行的安全性、可靠性有重要影响。本章主要介绍低速风洞的叶片、超声速和高超声速风洞使用的高压容器材料以及加热器材料等。

3.1　低速风洞风机叶片材料

3.1.1　风机叶片概述

风机系统是维持低速风洞内气流稳定连续流动的动力源。由于风洞内的风机在管道内运行，故也称为轴流式风机（管道风机），如图 3.1 所示。风机前后管道的截面不变，则气流通过风机的轴向速度不变，风机叶片对气流做功最终使之压力升高。气流在风洞中所消耗的能量，表现为压力降。当通过风机的气流增压与洞内压力损失平衡时，风洞便能维持稳定运转。

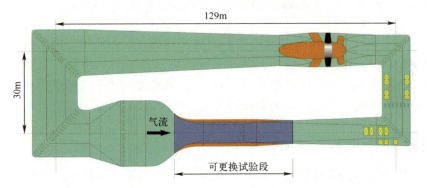

▶ 图 3.1　回流式低速风洞结构示意图

由叶片和轮毂组成的风机是能量转换机构。叶片是风洞风机的重要部件，其优异的结构力学性能对整个风机系统稳定运行起到关键作用，叶片设计和制造水平很大程度上决定了风机系统的效能。风机提供风能须保持一定转速，运转时叶片所受载荷主要包括离心力和气动力两部分，其中离心力为主要载荷。在转速确定前提下，叶片所受离心力与叶片质量成正比，选用轻质材料制造叶片可以避免离心力过大。

DNW-LLF 风洞试验段最高风速为 116m/s，其驱动系统轴流风机外径尺寸为 ϕ12.35m，轴流风机效率 95%，驱动电机功率 12.65MW，可控的转速范围为 12.5~225r/min。

ϕ5m 立式风洞是中国第一座大型立式风洞，该风洞的建设填补了中国立式风洞的空白，如图 3.2 所示。该风洞轴流风机转子直径为 7.3m，轴流风机驱动电机的功率为 1800kW，可控的转速范围为 24~350r/min。叶片为玻璃钢材料制作而成。

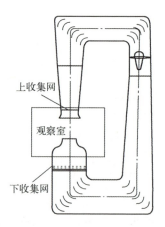

▶ 图 3.2　立式风洞试验段照片（气流从下往上）和结构示意图

FL-13 风洞于 1969 年开始设计，1978 年建成并投入使用。该风洞是一座直流串联双试验段风洞，风洞的动力系统是由三台呈品字布局的直流电机同步驱动直径 7 米的轴流风机组成（图 3.3），其额定功率为 3×2600kW，最高转速为 500r/min。叶片以玻璃钢材料为主，叶片前缘包金属皮。

3.1.2　风机叶片的性能要求

叶片的结构强度和刚度对风机的结构承载能力和可靠性至关重要。叶片的结构设计内容广泛，需要满足一些特定条件，优化的结构设计就是在设计

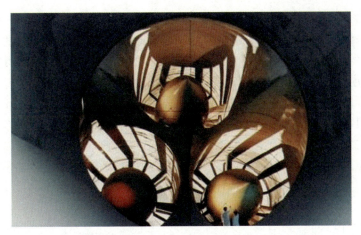

▼ 图3.3 FL-13风洞风机系统照片

准则和制造工艺方案中找到最完美的组合。叶片的质量和成本取决于材料选取和工艺实施，这要求设计者在满足使用性能与降低成本间找到平衡。

风机叶片设计一般指气动设计及结构设计。叶片气动设计主要是外形优化设计，这是叶片设计中至关重要的一步。叶片翼型设计的优劣直接决定风机的效能。叶片外形的设计理论有多种，都是在机翼气动理论基础上发展而来。

叶片的结构设计中，重点关注叶片的工况载荷和运转形式，即要求叶片在服役条件下要满足强度、刚度、变形条件等。对风机叶片做结构分析与结构设计时，首先应该分析叶片在极端工况及标准工况载荷作用下，叶片的静强度是否满足要求，并保证一定的安全裕度，即叶片所受最大应力、应变及位移不应大于结构的许用值。

风机叶片上承受的载荷主要是气动载荷和运行时产生的惯性载荷，气动载荷可根据风机叶片外形和转速等参数确定。惯性载荷主要指叶片在运行状态下的离心力载荷，正常情形下叶片所受的气动载荷远小于因风机旋转产生的离心力载荷，所以在有限元计算分析及静力实验中略去小量，主要考虑离心力载荷。电机驱动风机转动时，叶片也会在气动载荷作用下产生一定弯曲，从叶根到叶尖弯曲程度逐渐加大。叶尖距离轮毂安装端最远，因此变形量最大。叶根承受最大的力矩，在叶尖处力矩为最小几乎为零。

3.1.3 叶片材料的选择

如前所述，高速旋转叶片上承受的载荷主要是气动载荷和惯性载荷，另外，高速旋转中的叶片还承受不同频谱的交变应力。因此，风洞风机叶片材料的力学性能要求主要有高比强度、高比模量（刚度）、高疲劳强度。

材料的比强度指材料的抗拉强度与密度之比 σ_b/ρ，比模量是材料的弹性模量与密度之比 E/ρ，比刚度通常是指构件的刚度与密度之比。

常用叶片材料有金属、纤维增强复合材料等。表 3.1 给出了可用于制作大尺寸叶片的几种典型金属材料力学性能，分别是经热处理的高淬透性合金调质钢（37CrNi3）、超硬铝（7A04）及高强度钛合金（TC4）。可以看出，超硬铝（7A04）与高强度钛合金（TC4）的比强度接近，均比高淬透性合金调质钢高；三者的比模量大小很相近。

表 3.1 典型金属材料性能数据

材料	密度/(g/cm³)	抗拉强度/MPa	比强度	弹性模量/GPa	比模量
37CrNi3	7.8	1130	145	205	26.3
7A04	2.7	550	204	70	26
TC4	4.5	895	200	115	25

近些年，生产需求推动着材料性能向按预定性能设计材料的方向发展，尤其是航空航天材料对轻质、高模量、高强度、高疲劳断裂性能等更高的综合性能的要求，不断推进着复合材料的理论及制备工艺的研究，各种综合性能优异的复合材料应运而生。

纤维增强复合材料主要组成相是增强相纤维和基体相树脂，目前工程上常用的纤维有玻璃纤维、碳纤维及芳纶纤维等，树脂有环氧树脂、不饱和聚酯树脂等。表 3.2 为三种不同纤维增强环氧树脂基复合材料的力学性能对比，可以看出，碳纤维及芳纶纤维增强环氧树脂基复合材料的比强度、比刚度明显优于玻璃纤维增强环氧树脂基复合材料。与金属材料相比，碳纤维增强树脂基复合材料的比强度、比刚度等优势明显。

表 3.2 典型纤维增强复合材料性能数据

材料	密度/(g/cm³)	轴向抗拉强度/MPa	比强度	轴向拉伸模量/GPa	比模量
玻璃纤维（E-玻璃）	2.1	1020	486	45	21
碳纤维（高强度）	1.6	1240	775	145	91
芳纶纤维（Kevlar-49）	1.4	1380	986	76	54

叶片承受着交变应力,可能的损伤形式是疲劳断裂,因此要求材料具有高抗疲劳性能。表征材料疲劳性能的常用指标是疲劳许用应力,对于叶片等旋翼机构更合理的指标是疲劳许用应变 $\varepsilon = \sigma/E$。表3.3为几种材料疲劳性能的比较,需要指出的是表中给出的疲劳性能不是材料性能试验数据,而是构件的性能试验数据,比材料标准试样的数据低得多,结构的疲劳强度影响因素复杂,构件形状尺寸、交变应力状态不同,疲劳性能数据也不同。从表中可以看出,纤维增强复合材料的疲劳许用应变比钢和铝都高得多,与钛合金比较接近。

表3.3 几种材料疲劳性能比较

材料名称	疲劳许用应力/MPa	弹性模量/GPa	疲劳许用应变
合金钢	160	210	0.0008
铝合金	42	75	0.0006
钛合金	140	114	0.0012
玻璃钢0度	61	42	0.0015
玻璃钢45度	30	25	0.0012
碳纤维0度	280	210	0.0013
碳纤维45度	140	130	0.0011

纤维增强复合材料的叶片设计与金属相比有许多不同之处。金属材料为各向同性,而复合材料的性能具有可设计性,可以根据构件的使用性能要求,对纤维在复合材料中的空间取向、体积分数及分布进行设计,最大限度地发挥纤维的高强度及高模量特性,实现复合材料构件的各向力学性能的优化。

复合材料中的纤维缺陷少,本身具有良好的抗疲劳性能;而树脂基体的塑性和韧性好,能够消除或减少应力集中,不易产生微裂纹,基体的塑性变形还可使微裂纹产生钝化而减缓其扩展,故复合材料具有良好的抗疲劳性能。

纤维增强复合材料的基体中分布着大量的细小纤维,在较大负荷作用下部分纤维断裂时,韧性好的基体可将负荷重新分配到其他未断裂的纤维上,使构件不至于在瞬间失去承载能力而断裂,故复合材料具有良好的断裂性能。

纤维增强复合材料的减震性优异。受力结构的自振频率除与结构自身形状有关外,还与结构材料的比模量的平方根成正比,复合材料的比模量高,故具有高的自振频率,其结构不易产生共振。同时,复合材料的界面具有较大的吸振能力,使材料振动阻尼很高,可在较短的时间内停止振动。

3.1.4 叶片构件的材料设计

早期的风机叶片多选用钢质材料，结构上设计成叶尖和前缘可更换，因为叶尖和前缘很容易被吹入风洞管道内的物体破坏。随着材料技术的不断发展，先进复合材料在风机叶片中得到了广泛使用。将纤维增强复合材料应用于风机叶片可充分发挥其比强度、比刚度高及可设计的特点，使叶片在具有优异力学性能的同时兼顾轻质量、低能耗，为此，人们已经在复合材料叶片结构设计优化方面开展了大量的研究工作。

现今，风洞风机叶片增强体材料以碳纤维为主，如图3.4所示，其强度大、模量高、密度低、线膨胀系数小，基体材料多选用环氧树脂。一些低转速要求的风洞风机叶片也会选用玻璃纤维材料作为增强体材料，因其成本比碳纤维低很多。

▶ 图 3.4 风机叶片剖面示意图

风机叶片属于风机的关键部件，且为长期使用，必须考虑其耐用性和长期使用成本。为进一步减轻叶片重量，一般设计为梁—壳结构，以碳纤维增强树脂基复合材料为主要承力材料。

3.2 压力容器材料

压力容器是指盛装气体或者液体，承载一定压力的密闭设备，其最高工作压力大于或者等于0.1MPa（表压），且压力与容积的乘积大于或者等于2.5MPa·L。图3.5所示为常见压力容器照片。

压力容器在风洞和风洞试验中应用广泛，如高超声速风洞气源储罐、引射器气源储罐、激波风洞高低压段管道、稀释气体储罐、试验气体储罐及供气管路、粒子图像速度场技术（PIV）中驱动粒子进入风洞的气源储罐等。风洞和试验中使用的压力容器既会安装在室内，也可能安装在室外，一般不涉及振动冲击问题。风洞设备上使用的高压容器主要存放介质为高压空气或者氮气，因此对容器的耐腐蚀特性无太高要求；对于激波风洞等，若高压段采

▶ 图 3.5　常见压力容器照片

用氢气作为驱动气源,则需考虑壳体的耐氢蚀特性。

压力容器一般由筒体、封头、法兰、密封元件、开孔和接管、支座六大部分构成。筒体是压力容器最主要的组成部分,形状有圆筒形、球形、箱形、锥形和异形等,最常用的是前两种。压力容器尤其是高压容器等具有事故率高(压力和温度、介质复杂、局部应力、连续运转)、毁伤后果严重(冲击波、碎片、介质)等特点,因此,需在生产(设计、制造、安装、改造和维修)、使用、检验检测及监督检查等环节实施全流程管理。压力容器分类通常按设计压力进行,见表 3.4。

表 3.4　压力容器分类

压力容器类型	承压范围
低压容器	$0.1\text{MPa} \leqslant P < 1.6\text{MPa}$
中压容器	$1.6\text{MPa} \leqslant P < 10\text{MPa}$
高压容器	$10\text{MPa} \leqslant P < 100\text{MPa}$
超高压容器	$100\text{MPa} \leqslant P$

压力容器应满足如下结构性能的要求。

强度:压力容器的所有零部件尺寸都应根据有关规定计算设计,以保证足够的强度;

刚度:即构件在外力作用下保持原来形状的能力,若刚度不足会出现失稳现象,因此有些构件的尺寸往往取决于刚度要求;

耐久性:一般指压力容器要求使用的年限;

密封性:指可拆卸部件及焊接连接处的气密性。

高压容器材料选择时要考虑工作压力、工作温度、介质性质及操作特点，以及材料的成形工艺、焊接性能、经济性。压力容器常用材料有钢材和纤维增强复合材料。碳纤维增强复合材料可用于制备小型压力容器，如图 3.6 所示为标称压力 30MPa 的小容积高压气瓶，外壳承压部分为碳纤维增强复合材料，内胆为铝合金。压力容器常用钢材种类如图 3.7 所示。

▼ 图 3.6　碳纤维增强复合材料制作的高压气瓶（标称压力 30MPa）

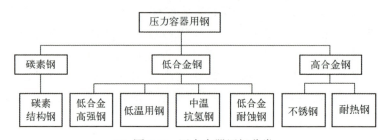

▼ 图 3.7　压力容器用钢分类

3.2.1　压力容器用钢

压力容器用钢是指用于制造压力容器的专用钢。为满足压力容器的结构性能要求，适应压力容器结构的制作工艺，钢材的选用原则主要如下。

1）具有良好的力学性能

应具有适当的强度，防止在承受压力时发生塑性变形甚至断裂。应具有良好的塑性，防止压力容器在使用过程中因意外超载而损坏。应具有较高的韧性，使压力容器能承受运行过程中可能遇到的冲击载荷的作用，特别是环境温度较低的压力容器更应考虑材料的冲击韧性。

2）具有良好的工艺性能

压力容器的承压部件大都是用钢板滚卷或冲压成形，故首先要求材料有良好的冷塑性变形能力，在加工时容易成形且不会产生裂纹等缺陷。其次，制造压力容器的材料应具有较好的可焊性，以保证材料在规定的焊接工艺条件下获得质量优良的焊接接头。最后，要求材料具有适宜的热处理性能，容易消除加工过程中产生的残余应力，且对焊后热处理裂纹不敏感。

为满足不同的设计与制造要求，按强度级别有一系列钢号可供选用，其中包括碳素钢类、低合金高强度钢类及特殊性能钢类等。压力容器用钢对化学成分和质量控制要求严格，要保证最低强度和足够的韧性，适合焊接，必要时，必须满足高温和低温的特殊性能要求。另外，某些特殊装置需要的高压容器应使用特殊质量的高强度钢和超高强度钢。

需要特别指出的是压力容器的设计、选材、制作、检测、使用、维护等有相应的国家标准，应严格按标准执行，确保绝对安全。

3.2.2　压力容器钢材的焊接

钢制压力容器的制作需要焊接工艺。钢材含碳量越高，焊缝热影响区的硬化与脆化倾向越大，在焊接应力作用下容易产生裂纹。

钢制压力容器的熔化焊接方法有手工电弧焊、埋弧自动焊、等离子弧焊、气体保护焊和电渣焊，在条件允许的条件下首先选用自动焊。手工焊焊条是由焊条芯和药皮两部分组成。焊条芯起导电和填充焊缝金属的作用，其化学成分和非金属夹杂物的多少将直接影响焊缝质量。药皮用于保证焊接顺利进行，并使焊缝具有一定的化学成分和机械性能，是决定焊缝金属质量的主要因素之一。焊条药皮类型较多，大致可分为酸性焊条和碱性焊条两大类，焊接时应根据焊接性能要求选用焊条的药皮类型。

焊条芯用钢材的选用对钢材的焊缝质量有重大影响，故对焊条芯材料的选择有严格要求。相同钢号钢构件相焊，碳素钢、低合金高强度钢的焊缝金属应保证强韧性要求，焊接材料的强度不应超过母材标准规定的抗拉强度的上限。高合金钢的焊缝金属应同时保证力学和耐腐蚀性能。

不同钢号钢构件相焊，碳素钢、低合金高强度钢的焊缝金属应保证强韧性，一般采用与强度级别较低的母材相匹配的焊接材料。碳素钢、低合金高强度钢与奥氏体不锈钢的焊缝金属应保证断裂韧性和强度，一般采用铬镍含量较奥氏体不锈钢母材高的焊接材料。

3.3　风洞加热器材料

在用空气做试验介质的高超声速风洞中，气流经喷管剧烈膨胀，气体易发生冷凝。为提高试验段的温度以满足试验要求，高超声速风洞必需能对气体进行加热。图 3.8 给出了常规高超声速风洞的结构示意图，加热器一般置于高压气源的下游，风洞稳定段的上游。

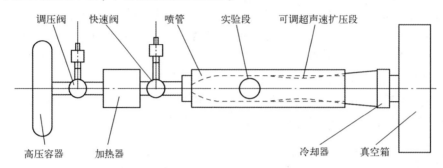

▶ 图 3.8 吹吸式高超声速风洞结构示意图

　　风洞加热器是用于对风洞流体介质进行加热以提高来流总温的设备。加热器分为蓄热式加热器和连续式加热器两类，加热方式有电加热、燃气加热及燃油加热等，如图 3.9 所示为加热器的分类。由于电加热方式具有功率控制相对容易、结构设计更简单、不对环境造成污染等优点，更多的风洞加热器选用电加热。蓄热式加热器按其蓄热元件不同分为卵石床式、空心砖式和金属板式。

　　电加热蓄热式加热器的工作过程是加热器中的电热材料在通电时产生热量，与空气及蓄热体进行热交换，实现蓄热体升温，气流再与高温蓄热体进行热交换进而实现温度升高。本节主要介绍电热材料及蓄热式加热器中的蓄热元件用材料。

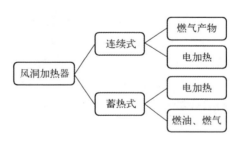

▶ 图 3.9 风洞加热器分类

3.3.1 电热材料

　　电热材料指利用电流热效应的发热以加热工质的材料。电热材料性能要求包括一定的力学性能、较高的电阻率、较小的电阻温度系数、良好的抗氧化、耐腐蚀性、耐高温性以及良好的加工性能。工程上将电热材料分为三大类，分别是电热合金、高熔点金属、非金属材料。风洞加热器中的电热元件通常在空气（氧化性气氛）中加热，选用的电热材料首先应具有优异的抗高温氧化性能，以满足使用性能的基本要求。本节重点介绍风洞加热器中常用的电热材料，即电热合金和非金属电热材料。

3.3.1.1 电热合金材料

电热合金是利用电能转换为热能的电阻合金。合金型材料对设备形状和尺寸的适应性强，能制成各种形状的加热元件，应用范围广，但其工作温度比非金属发热材料低。无论是工业生产还是日常生活，电加热器的应用都十分广泛，其发热材料多为电热合金。电热合金一般具有较高的电阻率和稳定而较小的电阻温度系数，通过电流能产生较高的热量和稳定的功率，其抗高温氧化性强、耐腐蚀性好，有足够的高温强度。在不同工作情况下，有足够的使用寿命和良好的加工性能，以满足不同类型结构成型的需要。

电热合金材料的选用应符合被加热物质的工艺要求、电热设备的结构形式及使用条件。

电热工程材料分类如图 3.10 所示。

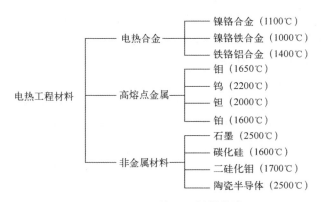

▶ 图 3.10　电热工程材料分类

对电热合金的性能要求较多，前文已经提及，此处按条列举如下。

（1）具有高的电阻率和低电阻温度系数；

（2）合金在使用温度范围内无相变，以保证电阻没有突变，电性能长期稳定；

(3) 具有较高的抗氧化性和对各种气氛的耐蚀性;

(4) 具有足够的高温强度,保证加热体不易变形和较长的使用寿命;

(5) 良好的加工性能,易于制成丝材或带材,并能绕制成各种形状的加热元件。

常用电热合金主要包括 Ni-Cr 系和 Fe-Cr-Al 系两类,适用于制备在 950~1400℃温度范围内工作的电加热元件。更高温度的加热元件则采用高熔点纯金属电热材料或非金属材料制备。

1) Ni-Cr 系电热合金

Ni-Cr 合金的高温强度高,高温冷却后无脆性,使用寿命较长,易于加工和焊接,是广泛使用的电热合金。

在 Ni-Cr 系中,镍与铬形成有限固溶体。当铬含量(质量分数)小于20%时,随铬含量增加电阻率提高,电阻温度系数减小;铬含量大于20%时,电阻温度系数增加,加工性能变差;而铬含量大于30%时靠近两相区,脆性增加,加工困难,因此铬含量以15%~30%为宜。加入铁使加工性能改善,但耐蚀性降低。加入少量 Si、Al、Ti、Zr 或稀土元素可提高合金的工作温度和使用寿命。

2) Fe-Cr-Al 系电热合金

Fe-Cr-Al 系电热合金的电阻率高,电阻温度系数低,耐热性及高温抗氧化性好,与 Ni-Cr 系合金相比具有更高的使用温度,价格较便宜。该系电热合金中含有 4%~7% 的 Al 以及 13%~28% 的 Cr,Al 是提高合金抗氧化性能的关键元素,Cr 在 Fe-Cr-Al 系电热合金中的主要作用是提高抗介质腐蚀能力,其次是提高抗氧化性能。

添加少量 Co、Ti、Zr、稀土元素等也可提高合金的抗氧化性、高温强度和使用寿命。但随铬、铝含量的增加,合金的电导率增加,冲击韧性降低,加工性能变差,因此要求严格控制工艺和质量。各工艺环节,不仅要保证成分准确均匀、有害元素及杂质少,还要控制晶粒细小而均匀,使组织致密。

Fe-Cr-Al 合金在焊接时晶粒易长大从而产生脆性,因此要用 Fe-Cr-Al 合金焊条快速焊接,最好用氩弧焊。如果焊后不立刻使用,应将焊接部位于800℃左右退火,以消除焊接应力。表3.5 为常用电热合金最高使用温度、电阻温度系数等性能参数。

表3.5 常用电热合金性能参数

指标	合金					
	Cr20Ni80	Cr15Ni60	0Cr25Al5	0Cr23Al5	0Cr19Al5	0Cr19Al3
最高使用温度/℃	1200	1150	1300	1250	1200	1100
熔点/℃	1400	1390	1510	1500	1500	1520
电阻温度系数/℃$^{-1}$	58×10^{-6}	125×10^{-6}	58×10^{-6}	52×10^{-6}	—	—
电阻率/($\mu m\cdot\Omega$)	1.09	1.11	1.40	1.35	1.33	1.23
密度/(g/cm^3)	8.3	8.2	7.15	7.25	7.2	7.35
磁性	无	弱	有	有	有	有

3.3.1.2 非金属电热材料

常用的适用于氧化性气氛的非金属电热材料主要有碳化硅、二硅化钼等。

1) 碳化硅电热材料

碳化硅电热元件,俗称硅碳棒,是以高纯度的绿色 SiC 为主要原料经 2200℃高温再结晶制成的非金属发热体,最高使用温度为1600℃,正常连续使用寿命一般在 2000h 以上,具有表面负荷密度大、升温快、热效率高、化学稳定性好、寿命长、高温变形小、安装维修方便等优点。

碳化硅电热元件与电热合金(镍铬合金、铁铬铝合金)相比,其使用温度及功率载荷更高、抗氧化性优秀,且不存在高温软化等问题,能在多种气氛下工作,使用时限制较少。表3.6给出了碳化硅电热元件的主要物理特性数据。

表3.6 碳化硅电热元件的物理特性

比重/(kg/cm^3)	3200		导热系数/[W/(m·℃)]	600℃	16~21
气孔率	<30			1100℃	14~19
抗折强度	>44			1300℃	12~16
莫氏硬度	9.5		比热容/[×10^{2}J/(kg·℃)]	0℃	6.2
辐射率($\lambda=0.65\mu$)	0.87			400℃	10.6
线膨胀系数 ×10^{-6}/℃ (25~t℃) 平均值	600℃	4.3		800℃	12.3
	900℃	4.5		1200℃	13.6
	1200℃	4.8		1600℃	14.8
	1500℃	5.2			

碳化硅电热元件的电热特性与金属电热元件不同，在室温至900℃区间，电阻随温度升高而降低，表现为负的电阻温度系数；当温度超过900℃后，随温度升高，电阻增加幅度较大，表现为正的电阻温度系数。

碳化硅电热元件在氧化气氛中会逐渐氧化生成二氧化硅，随之电阻逐渐增加导致碳化硅电热元件老化。电热元件的使用初期，其表面未形成致密的氧化膜，氧化反应较快，电阻增加尤为显著；随着反应的进行，当在碳化硅电热元件表面形成致密的氧化膜以后，进入电阻稳定区；之后随着时间的增加，导电层逐渐减少，绝缘层逐渐增加，一般情况下当阻值约达到初始阻值的3倍时，电热元件出现严重的发热不均匀，此时必须更换碳化硅电热元件。

2) 二硅化钼电热材料

二硅化钼电热元件，俗称硅钼棒，是一种以二硅化钼为主要成分制成的耐高温、抗氧化的电阻发热元件。在高温氧化性气氛下使用时，如同其他硅基耐高温材料一样，$MoSi_2$表面会迅速生成一层光亮致密的石英玻璃膜，能够保护硅钼棒内层不再被进一步氧化。在氧化气氛下硅钼棒的最高使用温度约为1700℃，若元件温度大于1700℃，玻璃膜进一步熔融，由于表面张力的作用，SiO_2熔聚成滴，从而失去保护作用。

硅钼棒的电阻率随着温度升高而迅速增加。在正常情况下元件电阻不随使用时间的长短而发生变化，因此，新旧硅钼棒电热元件可以混合使用。

需要指出的是，硅钼棒不宜在400~700℃温度范围内长期使用，这是因为二硅化钼电热元件在该温度范围会发生低温强烈氧化而粉化。另外，硅钼棒加热元件适宜在空气、中性气氛中使用，而在高温还原性气氛如氢气中会破坏保护层。

根据加热设备装置的结构、工作气氛和温度，对电热元件的表面负荷进行正确地选择，是延长硅钼棒电热元件的使用寿命的关键。

$MoSi_2$的高温强度低是制约$MoSi_2$电热元件使用的主要因素，多数情形下硅钼棒是竖直安装以避免高温悬垂。研究表明，$MoSi_2$中加入少量第二相（如SiC、Al_2O_3等）成$MoSi_2$-SiC复合发热体，SiC颗粒构成骨架结构承受荷重，使$MoSi_2$-SiC复合发热体在高温长时服役时不易发生软化变形，可使硅钼棒像硅碳棒发热体一样采用简单的水平安装方法。图3.11为二硅化钼电热元件常见的宏观形貌。

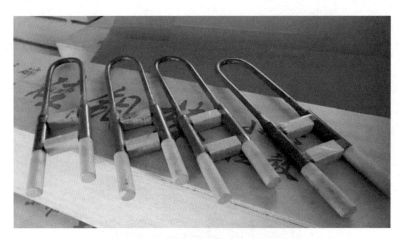

▶ 图 3.11　二硅化钼电热元件形貌图

3.3.1.3　高熔点金属电热材料

高熔点纯金属由于其高熔点特性常应用于更高的使用温度，包括铂（Pt）、钼（Mo）、钽（Ta）、钨（W）等。该类电热材料的特点与用途具有如下性能特点，电阻率较低、电阻温度系数较大（需调压装置）。铂可在空气中使用，但其氧化物在高温下易挥发。钨、钼需在惰性气体、真空或氢气中使用，钽除不适用于氢气氛以外，其他同钨钼。高熔点金属电热普遍价格较高。

3.3.1.4　电热材料表面负荷

表面负荷是指电热元件单位表面积的热功率负荷，单位为 W/cm^2，是影响电热体使用寿命的关键指标。若表面负荷过大，电热体与工件间的温差会增加，则电热体经常接近甚至短时间超过其设计最高工作温度。若表面负荷过小，则消耗材料多，且难以布置，更甚者在一些布置紧凑情况下，电热体因相距很近而很难散热，特别是螺旋状电阻丝，相邻电阻丝温度极易显著超过其设计最高温度；加之电热材料高温时易变形，严重时相邻电阻丝局部相距非常近，易造成短路。

3.3.2　风洞加热器蓄热材料

严格地讲，蓄热式加热器应被称为蓄热式换热器，是通过内部蓄热材料储存能量，将热量传递到另一种流体。加热器中蓄热体起到热交换的作用，蓄热体在工作过程中周期性地通过被预热介质（空气）或燃气，总是处于周期性的放热和吸热状态，其工作周期由加热期和冷却期组成，工作原理如图 3.12 所示：在加热期，流过蓄热体的高温燃烧产物将热量传递给蓄热材料；在冷却期，常温空气以相反的方向流过蓄热体并获得热量。在整个过程中燃烧产物温度、空气温度和蓄热体温度周期性地随时间而变化，其换热过程是包含对流、辐射和传导在内的十分复杂的非稳态传热过程。

▶ 图 3.12　蓄热体工作原理

蓄热材料服役过程中承受热、力及介质的作用，因此需要具备良好的综合性能，具体要求有热容大、热导率高、膨胀系数小、抗热震性能优、韧性好、高温强度高、耐腐蚀、抗高温氧化等。蓄热式加热器按蓄热元件不同分为三种，即金属板片式、卵石床式和空心砖式。

金属板片式蓄热体结构简单，常见的材质如 Cr25Ni20，气流流经换热后不会产生污染，不足的是受限于金属蓄热材料的高温性能，蓄热体温度一般不超过 1150K；卵石床式、空心砖式最高加热温度可达 2000K 左右，常用材料为氧化铝和氧化锆陶瓷，其经济性好，但是结构复杂。各类型加热器的适用温度范围如表 3.7 所列。

表 3.7　各类型加热器的适用温度范围

序号	加热器类型	元件的最高温度	加热器的工作范围
1	金属板片蓄热式加热器	<1150K	Ma 为 5~8
2	氧化铝卵石床蓄热式加热器	<1600K	Ma 为 5~12
3	氧化锆空心砖蓄热式加热器	<2000K	Ma 为 10~14

3.3.2.1　金属板式加热器

金属板式加热器结构如图 3.13 所示，外层为承压壳体；中间层为隔热层，包括内筒、外筒及隔热材料；内筒材料为高温合金与不锈钢组合；外筒材料采用不锈钢，隔热层外筒开有平衡孔，中间为隔热材料；内层为蓄热元件，由多组蓄热体组成，其中金属加热器蓄热体材质常用 Cr25Ni20 等高温合金钢。

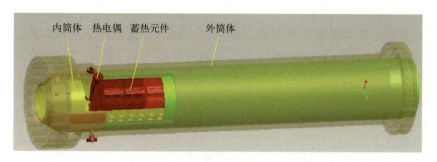

▼ 图 3.13　金属板式加热器结构示意图

蓄热段前筒体上开了温度监测装置孔位，分别连接热电偶（测量燃烧室温度）。蓄热段的主要作用为加热器预热时，将燃烧室加热的高温烟气的热量储存在蓄热元件内。加热器放热时，蓄热体传递热量给高压空气。

3.3.2.2　卵石床和空心砖式加热器

为了实现更高的风洞运行总温，需要进一步提高加热器内蓄热体的温度，蓄热体材料应能承受更高的温度，高熔点陶瓷成为优选材料，包括多种氧化物陶瓷及复合氧化物陶瓷。为了增大换热面积，陶瓷材料的结构形式通常为卵石球或者空心砖形式（蜂窝式）。对陶瓷蓄热体材料的主要性能要求如下：

1）耐高温

蓄热式陶瓷换热器的优点之一是能够克服常规金属板式加热器不能在高温下长期工作的不足。无论是高温余热回收，还是实现空气的高温加热，蓄热介质必须首先满足长期在高温下工作的要求。

2）密度高和比热大

蓄热载体应具有尽可能高的储热能力，衡量物体储热能力大小的参数为物体的密度与比热的乘积（在无相变时），该乘积量越大，表明单位体积物体的储热能力越大。蓄热能力大的物体，在额定蓄热量的条件下，可以有更小的体积，有利于加热器设备的小型化。

3）高热导率

加热器的工作特点要求蓄热体能在短时间内完成对热量的吸收和释放。热导率大的蓄热体，在燃气产物与蓄热体的热交换过程中，能够迅速将高温燃气产物的热量传递到蓄热体内部并及时释放给高压空气，充分发挥其蓄热能力。蓄热体导热性能越好,热量就越能迅速地传至中心,蓄热体的安排可以更紧凑,有利于加热器设备的小型化。

4) 良好的抗热震性

蓄热体需要在反复加热和冷却的情况下运行,其表面及其内部的温度始终随时间作周期性变化。若蓄热体的抗热震性达不到一定的要求,在反复热胀冷缩的作用下,蓄热体容易破碎而堵塞气流通道,使压力损失增加,严重时只好更换新的蓄热体。

5) 结构强度

蓄热体是在高温和承受上层及自身重量的条件下工作的,因此必须具有足够的高温结构强度。否则很容易发生变形和破碎。

6) 抗渣性要求

蓄热材料在使用过程中,由于反复的加热和冷却,容易产生粉尘和碎裂物。加热器的蓄热材料掉渣会显著影响风洞的流场品质,且风洞试验中使用的温度和压力传感器对粉尘的冲击很敏感,因此要求加热器的蓄热材料不易掉渣。通常在风洞上游的位置设置过滤装置,以过滤加热器和管路中的粉尘。如果加热器掉渣严重,将会堵塞气流通道,造成蓄热器内气流不畅,严重时气流不通,热交换器无法正常工作,不得不停止加热器运行并检修,更换材料。

风洞加热器最常使用的陶瓷材料为氧化铝和氧化锆。氧化铝基陶瓷材料是一种应用非常广泛的高温材料,具有优异的热学和力学性能,其特点是化学稳定性好、耐高温、抗侵蚀、强度高等,其缺点是脆性大、韧性较差。氧化铝和氧化锆的性能指标如表3.8所列。

表3.8 陶瓷材料性能指标

材料	熔点/℃	密度/g·cm^{-3}	热导率/W·(m·K)$^{-1}$	
			500℃	1000℃
Al_2O_3	2015	3.97	10.9	6.2
ZrO_2	2677	5.90	2.1	2.3

分析认为,采用球状蓄热材料主要存在下列问题。

加热温度受限:由于球与球之间是点接触,易造成应力集中,在高温下材料易蠕变失效。因此,为保证合适的使用寿命,必须适当降低其工作温度,使加热器加热温度远低于蓄热材料熔点。

易于产生粉尘：由于点接触的问题，陶瓷材料在较高的应力下表面易剥蚀，产生粉尘。粉尘对下游喷管及风洞试验段会造成喷砂冲刷，严重时会损害风洞结构。

卵石浮起事故：卵石在加热器中都是重力约束，因此当气动曳力大于卵石重力时，卵石就会浮起，对加热器造成严重危害，甚至危及人身安全。这是卵石蓄热加热器最严重的问题之一，国外已多次发生此类事故。

优化设计制备的陶瓷空心砖蓄热体单位体积的传热能力比陶瓷小球蓄热体高 5 倍，如图 3.14 所示，且其压力损失相当小。由于蜂窝体内气流交替往复流动，也没有流动的滞流区、低速区，结构上难以被灰尘堵塞或出现堆积现象，使用过程中基本无需维护。研究表明，采用多孔砖结构可缓解蓄热材料的应力集中，从而提高加热器工作温度，并大幅减少粉尘量。同时，多孔蓄热材料采用圆柱形气体通道，由空气在通道内的阻力而产生的浮力远低于气动曳力对球形卵石产生的浮力，因此可显著降低浮起事故的发生概率。

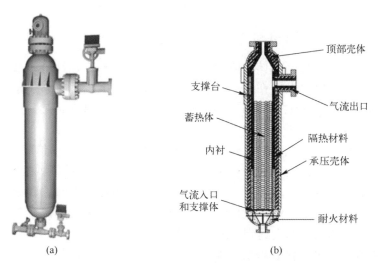

▶ 图 3.14　空心砖式加热器结构示意图
(a) 加热器外形图；(b) 加热器剖面图。

空心砖块通常采用垂直堆砌布置在加热器内，具有一系列特定孔径和孔间距的竖直圆柱形通孔从蓄热阵的底端连到顶端，试验空气将从这些通孔通过而与蓄热材料发生对流换热。需要适当的砖块镶嵌结构设计来保证气流通孔的对齐与稳定，图 3.15 为典型空心砖块蓄热体结构和传热示意图。在蓄热单元圆截面上，分布有若干呈圆形均匀分布的、紧密相间的通孔，并在截面上占有一定比例的流通面积，保证气流流通、换热性能等方面要求。

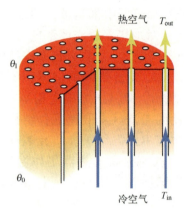

▼ 图 3.15　空心砖蓄热体结构和传热示意图

3.3.3　加热器隔热材料

　　加热器通常由钢制壳体、隔热材料、蓄热体、电热元件等组成。蓄热式加热器中的隔热材料设置在壳体与蓄热体之间，以阻隔蓄热体热量向壳体的传输。隔热材料又称绝热材料，指能阻滞热流传递的材料。其最重要的性能要求是尽量低的传热能力。

　　隔热材料分为多孔材料、热反射材料和真空材料三类。前者利用材料本身所含的孔隙隔热，因为孔隙内的空气或惰性气体的导热系数很低，如泡沫材料、纤维材料等；热反射材料具有很高的反射系数，能将热辐射能量反射出去，如金、银、镍、铝箔或镀金属的聚酯、聚酰亚胺薄膜等。真空绝热材料是利用材料的内部真空达到阻隔对流来隔热。

　　加热器用隔热材料有玻璃纤维、石棉、岩棉、硅酸盐等无机材料，原料一般呈轻质、疏松、多孔、纤维等特性，加工成板、毯、棉、纸、毡、异型件、纺织品等物理形态。导热系数是衡量隔热材料性能优劣的主要指标。导热系数越小，则通过材料传送的热量越小，隔热性能就越好，材料的导热系数决定于材料的成分、内部结构、体积密度等，也决定于传热时的平均温度等。

　　1）影响隔热材料导热系数的因素

　　从材料的导热机制看，导热系数主要受如下因素的影响。

(1) 材料的组成与结构。

一般来讲,气体的导热系数最小,仅为 0.006~0.58W/(m·K),液体的导热系数为 0.09~0.7W/(m·K),固体的导热系数比较大,为 2.8~490W/(m·K)。固体中有机高分子材料的导热系数小于无机非金属材料,无机非金属材料的导热系数又小于金属材料(也有部分无机非金属导热系数较大)。

(2) 体积密度。

体积密度是指材料在自然状态下单位体积的质量。材料在自然状态下的体积,既包括材料中固体部分的体积,又包含其中的孔隙和空隙。在低温状态下,孔隙或空隙中的气体可以看作是无对流的静止空气,因此它的传热方式只有热传导,没有热对流,又由于致密固体的导热系数均高于静止空气的导热系数,因此随着气孔率的提高或表观密度的减小,材料的导热系数也会减小。但体积密度并不能无限的减小导热系数,当体积密度小于某一临界值后,由于气孔率太高,气孔中的空气开始产生对流,同时因为气体对热辐射的阻隔能力极低,如果气孔率过高,热辐射也会相应增强,材料总的导热系数反而会增大。因此,隔热材料存在一个最佳体积密度,使材料具有最佳的隔热效果。

(3) 孔隙大小与特征。

在表观密度相同的条件下,材料中孔隙的尺寸越小,其导热系数越小。这是因为孔隙尺寸减小的同时减少了空气对流,使对流传热的效率降低。同时孔隙尺寸的减小,意味着气孔数量的增多,导致材料内部的气孔壁总表面积增加,即增加了固体反射面,从而降低辐射传热的效率。当孔隙小至一定尺寸后,气孔壁会完全吸附其中的空气,使孔隙接近于真空状态,此时导热系数降到最小。当孔隙尺寸相同时,彼此封闭孔隙的导热系数小于相互连通的孔隙。

2) 陶瓷多孔隔热材料

陶瓷多孔隔热材料具有均匀分布的孔隙,气孔率高、体积密度小,陶瓷多孔隔热瓦热膨胀系数较低,即使温差很大时,也不会产生很大的热应力使材料变形。相比柔性热防护结构,陶瓷多孔隔热瓦可承受更高的热流密度和一定的载荷,方便安装在加热器壳体的内表面。

按照材料内部结构,可将陶瓷多孔隔热材料分为陶瓷孔隙隔热材料和陶瓷纤维隔热材料两类。

陶瓷孔隙隔热材料是一类有较多孔洞的陶瓷材料,具有化学稳定性好、机械强度高、刚度高、熔点高等无机材料的特性,同时由于材料中有较多的空洞，具有良好的隔热效果。

陶瓷纤维隔热材料是使用具有耐化学腐蚀性、抗热震性、高温抗蠕变性、耐温性好、隔热性能好、蓄热小、导热系数小的陶瓷纤维与烧结助剂、黏结剂、分散剂等按一定比例混合搅拌后，通过抽滤或模压等工艺成型，再通过干燥以及高温烧结等工艺制备出的一种高效隔热材料。目前选用较多的纤维材料包括莫来石纤维、氧化铝纤维、硅酸铝纤维和石英纤维等。

3）陶瓷纤维类别

陶瓷纤维多孔隔热材料。只需要很少的陶瓷纤维多孔隔热材料就可以形成稳定的结构，相比于陶瓷孔隙隔热材料，陶瓷纤维隔热材料具有轻质、多孔、热导率低、比热容大的特性，并且可以承受更大的载荷。陶瓷纤维可分为两大类：非氧化物陶瓷纤维（如碳化硅纤维、碳纤维）和氧化物（含复合氧化物）陶瓷纤维（如硅酸铝纤维、氧化铝纤维）。其中氧化物陶瓷纤维材料在风洞加热器中应用较广泛。

硅酸铝纤维。硅酸铝纤维形状和颜色同棉花相似，是一种非晶体陶瓷纤维，主要由氧化铝和二氧化硅组成，有时还含有少量的 Fe_2O_3、TiO_2、CaO 等物质。根据组成物质及含量的不同，硅酸铝纤维可分为四类：标准（普通）硅酸铝纤维、高纯硅酸铝纤维、高纯含铝硅酸铝纤维和高纯含锆硅酸铝纤维。硅酸铝纤维直径 $1\sim10\mu m$，长度为 $5\sim25cm$，耐温性、隔热性、吸音性均较好，并且蓄热小、导热系数低、抗机械振动能力强，使用温度可达 $1200°C$，密度仅为 $0.096\sim0.128g/cm^3$。在其中加入 CrO_2 后，由于 CrO_2 阻止了纤维间接触部位的晶体析出和长大，可以提高纤维抗高温收缩性能，使用温度可达 $1400°C$。硅酸铝纤维复合材料可以制成毯、毡、纸、板等形状，目前已广泛应用于化工、机械等热能设备的保温及火箭发动机部件的隔热层等。

石英纤维。石英纤维是指杂质含量低于 0.1%、纤维直径在 $0.7\sim15\mu m$ 的高纯度特种二氧化硅玻璃纤维。其具有很高的耐热性，长期稳定的使用温度为 $1050°C$，瞬间耐温高达 $1700°C$。除此之外，石英纤维具有耐腐蚀性，高温下强度保持率高、尺寸稳定、抗热震性好、化学稳定性高，此外还具有卓越的电绝缘性能。石英纤维分为连续石英玻璃纤维和石英玻璃棉。连续石英玻璃纤维是指石英玻璃被熔融后，由外力拉引而成的长纤维。一般其单丝直径在 $3\sim10\mu m$，可以纺织加工成石英玻璃纤维纱、布等。石英玻璃棉是指采用高压气流喷吹石英玻璃熔融体而得到的一种长短不均的石英玻璃纤维，其形态蓬松，类似棉絮。一般纤维直径小于 $3\mu m$ 的称超细棉，直径为 $3\sim5\mu m$ 的称细棉。

莫来石纤维。莫来石纤维是一种多晶结构的纤维，主晶相为莫来石微晶，其作为 SiO_2 和 Al_2O_3 二元体系中唯一的稳定相，活性低、再结晶能力较差，因此莫来石纤维具有较好的耐高温性能，使用温度可达到 $1500℃$。莫来石纤维受热时膨胀均匀，抗热震稳定性能极好，热导率低，在高温下不易发生蠕变，不仅能够保持良好的弹性，收缩也比较小，且材料本身化学稳定性好，不易受到腐蚀，因此作为超轻质高温耐热纤维材料，被广泛用于各种高温产品及热防护系统中。

氧化铝纤维。氧化铝纤维是一种多晶陶瓷纤维，具有长纤、短纤等多种形式。氧化铝纤维直径 $10\sim20\mu m$，密度 $3.7\sim4.0g/cm^3$，具有良好的耐化学腐蚀性、耐氧化性、耐高温性，并有高化学稳定性和较低的热膨胀系数，熔点为 $2050℃$，可以在 $1500℃$ 高温下长期使用。氧化铝短纤维主要用于高温绝热材料，长纤维用于增强复合材料。氧化铝纤维表面活性好，与金属、陶瓷等基体材料易于复合，加之较高的使用温度，使其在一般工业与高科技领域得到了越来越广泛的应用，如可用于高温窑炉、热工设备、核反应堆及航天飞机的保温隔热材料等。

本章小结

本章围绕风洞动力材料展开，即向风洞中气流注入能量的装置的材料，主要介绍了低速风洞风机叶片材料，超声速、高超声速风洞涉及的压力容器，以及高超声速风洞的加热器材料。重点介绍了碳纤维和玻璃纤维材料在叶片中的应用，高强度钢材在压力容器中的应用。针对电加热器，介绍了 Fe-Cr-Al 合金和 Ni-Cr 合金，以及非金属电热材料；针对陶瓷蓄热式加热器，主要介绍了氧化铝和氧化锆陶瓷的基本情况。

思考题

（1）说明碳纤维复合增强材料在风洞风机叶片中的应用和生产工艺，列举 $1\sim2$ 座使用此类型叶片的风洞，调研分析其使用和维护情况。

（2）分析高压容器的主要失效类型，介绍其维护方法。

（3）设计一型加热器，满足总压 2MPa、总温 1000K、喷管当量直径 0.8m 马赫数为 6 的高超声速风洞运行需求。

参考文献

[1] 崔政斌,王明明.压力容器安全技术[M].北京:化学工业出版社,2009.

[2] 刘传辉.风洞风机叶片结构设计与强度分析[D].哈尔滨:哈尔滨工程大学,2017.

[3] 王振东,宫元生.电热合金应用手册[M].北京:冶金工业出版社,1997.

[4] 茚青.高超声速风洞带式电阻加热器强化换热数值研究[D].绵阳:空气动力研究与发展中心,2016.

[5] 赵小运.板片蓄热式加热器设计方法研究[D].长沙:国防科学技术大学,2011.

第 4 章　风洞试验模型材料

开展风洞试验需具备两个基本要素，一是风洞试验设备，二是风洞试验模型。本书第 2、3 章分别阐述了风洞试验设备的关键材料，即风洞洞体材料和风洞动力材料。开展风洞试验并获取能够用于飞行器设计的各种参数，离不开满足风洞试验要求的试验模型。风洞模型的设计制造直接影响风洞试验的数据质量、效率、周期和成本。本章重点讨论风洞试验模型材料，包括用于获取气动力参数的模型材料，以及先进飞行器的关键防隔热材料。模型材料具体又包括模型本体材料和模型支撑材料；防隔热材料则包括高温防热材料、高温隔热材料和高温透波材料。

4.1　风洞试验模型材料

4.1.1　风洞试验模型及其选材概述

风洞试验模型是在飞行器、桥梁等服役过程受到气流作用的运动或静止结构件（本章中特指飞行器）的研制过程中，根据相似理论设计生产的物理实验模型。风洞模型试验是航空航天飞行器研制过程中了解飞行器性能、降低飞行器研制风险和成本的重要手段之一。

风洞试验模型按实验方法可分为全机测力、压力分布、半模型、进气道、通气模型、喷流模型、二元翼型、铰链力矩、投放模型、颤振、静弹等 20 余种。根据模型种类和用途的不同，一般把全机测力和测压模型称为常规实验模型，其余的种类称为特种实验模型。

风洞试验模型的外形严格按理论数模缩小比例设计。模型的缩小比例受试验条件（风洞尺寸）的限制，但模型外形必须按比例真实模拟。模型设计必须满足风洞安装要求，并进行强度和刚度校核计算。模型的加工和装配精度要求较高。模型是一种高精密度的机械产品，无论是零部件，还是整机组合件，在研制生产过程中，都要求必须精准。

典型的风洞试验模型结构包括以下部分（图4.1）。

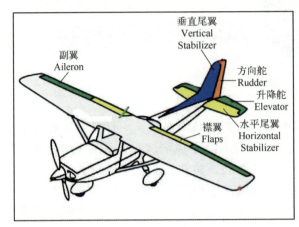

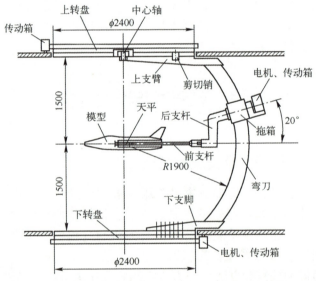

▶ 图 4.1　风洞试验模型的典型结构

（1）机身部分：是模型的承力部件，机身内有主要的受力构件，若机身较为细长，可采用分段结构。

（2）翼面部分：是模型的承力部件，包括机翼、尾翼、弹翼等。

（3）活动操纵面部分：包括机翼前后缘襟翼、副翼、升降舵、方向舵、角度片、铰链机构等。

(4) 动力及通气管路：包括唇口装置、通气管路、发动机舱、喷管和喷口等。

(5) 连接与支撑装置：主要有与风洞连接的支杆、天平等部件。

用于制造风洞试验模型各部件的材料，可称为风洞试验模型材料。具体又包括风洞模型本体材料、模型支撑材料和天平材料等。正确选材是风洞试验模型设计与制造的一项重要任务，选用的材料必须保证模型在使用过程中具有良好的服役性能，同时应保证模型便于加工制造，此外其应具有经济性。优异的使用性能、良好的加工工艺性能和经济性是风洞试验模型选材的基本原则。多数情形下，模型是由若干构件（零件）装配而成，需要安装天平（测气动力）或各类型传感器（测温测压等），因此选材时还应考虑便于组装、轻量化等因素。

4.1.1.1 使用性能原则

使用性能是保证模型完成规定功能的必要条件。在大多数情况下，它是选材首先要考虑的问题。模型的使用性能主要指模型在使用状态下材料应该具有的机械性能、物理性能和化学性能。模型使用性能的要求，是在分析其服役条件和失效形式的基础上提出来的。模型的服役条件包括三个方面。

1) 受力状况

受力状况包括载荷的类型，例如动载、静载、循环载荷或单调载荷等；载荷的大小；载荷的形式，例如拉伸、压缩、弯曲或扭转等；载荷的特点，例如均布载荷或集中载荷等。

2) 环境状况

环境状况主要包括温度特性如低温、常温、高温或变温等；介质情况，如有无腐蚀或固体粒子冲刷作用等。

3) 特殊要求

特殊要求主要是对热膨胀、密度、外观等的要求。例如，为了便于搬运组装，或是为了测气动力而需要安装天平等原因，在满足前述基本使用性能要求的情况下，还应选取轻量化材料。因此，目前的模型制作，大量采用了密度较低的铝合金。

模型的失效形式主要有过量变形、断裂和表面损伤三个方面。通过对模型工作条件和失效形式的全面分析，确定模型对使用性能的要求，然后利用使用性能与实验室性能的相应关系，将使用性能具体转化为实验室机械性能指标，例如强度、韧性或耐磨性等。这是选材最关键的步骤，也是最困难的一步。之后，根据模型的几何形状、尺寸及工作中所承受的载荷，计算出模型中的应力分布。再由工作应力、使用寿命或安全性与实验室性能指标的关系，确定对实验室性能指标要求的具体数值。

在确定具体机械性能指标和数值后，即可利用材料手册选材。需要特别注意的是，模型部件所要求的机械性能，不能简单地对照手册、书本中所给出的参考数据，还必须注意以下情况。第一，材料的性能不仅与其化学成分有关，也与冷热加工、热处理等状态有关，金属材料尤其明显。所以要分析手册中的性能指标是在什么加工、处理条件下得到的。第二，材料的性能与加工处理时试样的尺寸有关，机械性能一般随截面尺寸的增大而降低。因此必须考虑零件尺寸与手册中试样尺寸的差别，并进行适当的修正。第三，材料的化学成分加工处理的工艺参数本身都有一定波动范围。一般手册中的性能，大多是波动范围的下限值。也就是说在尺寸和处理条件相同时，手册数据是偏安全的。

在利用常规机械性能指标选材时，有两个问题必须说明。第一个问题是，材料的性能指标各有自己的物理意义。有的比较具体，并可直接应用于设计计算，例如屈服强度、疲劳强度、断裂韧性等；有些则不能直接应用于设计计算，只能间接用来估计零部件的性能，例如伸长率、断面收缩率和冲击韧性等。传统的看法认为，这些指标属于保证安全的性能指标。对于具体零件，伸长率、断面收缩率和冲击韧性的值要多大才能保证安全，至今还没有可靠的估算方法，主要依赖于经验。第二个问题是，由于硬度的测定方法比较简便，不破坏零部件，并且在确定的条件下与某些机械性能指标有大致固定的关系，所以常用来作为设计中控制材料性能的指标。但这也有很大的局限性，例如，硬度测试无法区分材料的组织，经不同处理的材料常可测得相同的硬度值，其他机械性能却相差很大，因而不能确保零部件的使用安全。所以，设计中在给出硬度值的同时，必须对处理工艺（主要是热处理工艺）作出明确的规定。

对于在复杂条件下工作的模型零件，必须采用特殊实验室性能指标做选材依据。例如采用高温强度、低周疲劳及热疲劳性能、疲劳裂纹扩展速率和断裂韧性、介质作用下的机械性能等。

特别需要说明的是，风洞试验中，风洞模型通常被视为刚性模型，模型振动或变形的影响一般被忽略。因此，风洞试验模型材料受试验气流作用，应避免发生塑性变形，同时弹性变形应处于允许的范围内。

4.1.1.2　工艺性能原则

材料的工艺性能表示材料加工的难易程度。在选材中，相较于使用性能，工艺性能常处于次要地位。但在某些特殊情况下，工艺性能也可成为选材考虑的主要依据。对于风洞模型而言，其外形尺寸必须精确地根据真实飞行器尺寸按比例缩小，因此要求材料的加工性能要好。另外，一种材料即使使用性能很好，但若加工过于困难或者加工费用太高，也是不可取的。所以，材料的工艺性能应满足模型制造工艺的要求，这是选材必须考虑的问题。

材料所要求的工艺性能与模型制造的工艺路线有密切关系，具体的工艺性能是从工艺路线中提出来的。高分子材料的工艺路线相对简单，主要的成型方法包括热压成型、喷射成型、热挤成型等。经不同工艺加工的模具表面粗糙度、尺寸精度、费用、生产率等有所差异。陶瓷材料很少用于模型制作。本节主要讨论金属材料的一般工艺路线和有关的工艺性能。

金属材料的加工工艺路线如图 4.2 所示。其工艺路线复杂多变，不仅影响零件的成型，还大大影响其最终性能。金属材料（以钢为例）的工艺路线大体可分为三类。

1) 性能要求不高的一般零件

对性能要求不高的一般零件的加工过程为：毛坯→正火或退火→切削加工→零件。

即图 4.2 中的工艺路线 1 和 4。毛坯由铸造或锻轧加工获得。如果用型材直接加工成零件，则因材料出厂前已经退火或正火处理，不必再进行热处理。一般情况下毛坯的正火或退火，不单是为了消除铸造、锻造的组织缺陷和改善加工性能，还赋予零件以必要的机械性能，因而也是最终热处理。由于零件性能要求不高，多采用比较普通的材料如铸铁或碳钢制造，它们的工艺性能都比较好。

2) 性能要求较高的零件

对性能要求较高的零件的加工过程为：毛坯→预先热处理（正火、退火）→粗加工→最终热处理（淬火回火，固溶时效等）→精加工→零件。

即图 4.2 中的工艺 2 和 4。预先热处理是为了改善机加工性能，并为最终热处理作好组织准备。大部分性能要求较高的零件采用这种工艺路线，如各种合金钢、高强铝合金制造的轴、梁等。它们的工艺性能不一定都很好，所以要重视对这些零件性能的分析。

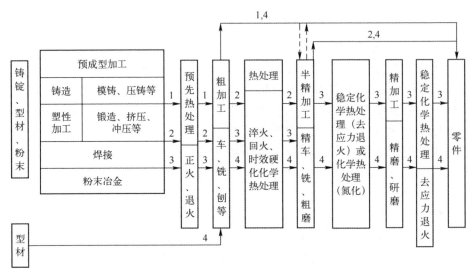

▶ 图 4.2　金属材料的加工工艺路线

3）性能要求较高的精密零件

对性能要求较高的精密零件的加工过程为：毛坯→预先热处理（正火、退火）→粗加工→最终热处理（淬火、低温回火、固溶、时效等）→半精加工→稳定化处理→精加工→稳定化处理→零件。

这类零件除了要求有较高的使用性能外，还要有很高的尺寸精度和表面光洁度。因此大多采用图 4.2 中的工艺路线 3 或 4，在半精加工后进行一次或多次精加工及尺寸的稳定化处理。由于性能和尺寸的精度要求高，加工路线复杂，零件所用材料的工艺性能应得到充分保证。对于一些对尺寸精度要求很高的场合，如天平材料，在选材时还可考虑采用热处理变形很小的马氏体时效钢，第 5 章中将具体讨论。

4.1.1.3　经济性原则

模型材料的选材中，材料的经济性也应考虑。

1）材料的价格

材料的价格在模型零部件的总成本中占较大的比重。在保证使用性能和工艺性能的前提下，零件材料的价格无疑应该尽量低。

2）零部件的总成本

模型零部件选用的材料必须保证其生产和使用的总成本达到最低。零件的总成本与其使用寿命、重量、加工费用、研究费用、维修费用和材料价格有关。

如果能准确地知道零件总成本与上述各因素之间的关系,则可以对选材的影响作精确的分析,并选出使总成本最低的材料。但是,要找出这种关系,只有在大规模工业生产中进行详尽实验分析的条件下才有可能。因此,对于用量相对较小的风洞模型材料而言,详尽的实验分析有困难,要利用一切可能得到的资料,结合经验逐项进行分析,使选材和设计工作更合理。

3) 国家的资源

一般而言,随着工业的发展,资源和能源的问题日渐突出,选用材料时必须对此有所考虑,特别是对于大批量生产的零件,所用材料来源应该丰富并顾及国家资源状况。另外,要注意生产所用材料的能源消耗,尽量选用耗能低的材料。对于材料用量较小的风洞模型材料而言,这一条原则可适当考虑,不作为最重要的原则。

4.1.2 风洞模型本体材料

为准确获取气动力参数等,风洞模型本体材料通常不可发生塑性变形,同时其弹性变形应处于允许的范围内。根据其服役环境,通过试验或有限元分析等方法,可以估算风洞模型本体材料的模量和强度要求,从而为选材提供依据。传统的跨超声速风洞模型通常采用全金属材料,用车、铣、刨、磨、钻或电加工等工艺制造,低速风洞模型一般采用非金属(如木材或树脂等)或金属与非金属结合制造。

根据不同试验类型(如低速、跨超声速等)、模型各部件所受载荷种类与大小的差异,模型材料的选材不同。结合加工性能与经济性,针对不同的具体情况,模型本体材料可以选择木材、高分子材料、铝合金、结构钢(含碳素钢与合金钢)、钛合金等。例如,模型的主要承力零部件,如机身、翼面、活动操纵面等可选用合金钢、钛合金等制造,部分试验次数较少或承载不大的零件可用 45 钢或铝合金 LY12CZ 等。同时,在满足外形尺寸的前提下,应考虑轻量化的问题。此外,随着飞行新概念和流动控制新技术在飞行器研制中的应用,为了满足模型模拟的需要,风洞模型材料也有新的发展,例如高温形状记忆合金、纤维复合材料等。

4.1.2.1 木材

木材是最经济的模型材料,常用红松、红杉、核桃木等优质木材,或高强度航空层压板。树木是生物体,由大量形状各异、大小不同、排列方式不同的细胞组成,这些细胞呈立体状态存在于木材组织中。木材有三个切面:横切面、径切面、弦切面。其中,横切面是木材最重要的切面(图 4.3)。与树干主轴相垂直的切面称为横切面。除年轮外，木材纹理的特征都暴露在这个切面上，这个切面硬度大、耐磨损。

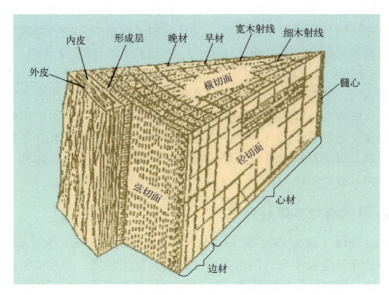

▶ 图4.3 木材的结构切面

不同木材的性能差异较大。例如，核桃木密度中等、纹理直、结构细而匀、冲击韧性高、弯曲性能良好、手工及机械加工容易、胶黏性好、握螺钉力佳、油漆后光泽度中；红松材质轻软、结构细腻、纹理密直通达、形色美观、不容易变形且耐腐朽力强，是制作模型的上等木料。表4.1给出了几种典型木材的力学性能。

表4.1 几种典型木材的力学性能

材料种类		密度/(g/cm³)	顺纹抗压强度/MPa	抗拉强度/MPa			顺纹剪切强度/MPa		弯曲强度/MPa	弯曲弹性模量/MPa
				顺纹	横纹		径向	弦向		
					径向	弦向				
红松		0.440	32.18	96.24	3.04	1.96	6.18	6.77	64.06	9.71
红杉	四川	0.452	36.30	76.03	2.45	2.16	4.81	5.10	68.87	8.53
	云南	0.519	40.32	89.37			6.08	6.38	78.68	9.81
核桃木	东北	0.526	36.00	125.18	4.12	2.75	8.63	9.81	75.34	11.58

续表

材料种类		密度/ (g/cm³)	顺纹抗压强度/MPa	抗拉强度/MPa			顺纹剪切强度/MPa		弯曲强度/MPa	弯曲弹性模量/MPa
				顺纹	横纹		径向	弦向		
					径向	弦向				
楠木	四川	0.610	39.53	159.12	4.41	3.34	7.85	9.03	79.26	9.52
	湖南	0.700	62.78		5.59	6.77	15.11	17.76	123.90	
白桦	东北	0.567	39.63	127.24	4.71	5.69	6.97	9.32	88.68	12.16
	陕西	0.643	53.46	122.53	7.06		10.10	11.77	93.98	11.18
玻璃钢		1.5~1.9	—	—	327.16	288.32	—	—	357.77	71.66

用于制作风洞试验模型的木材通常需要进行干燥处理，使其含水量不超过12%；之后加工成设计的形状用黏结剂加压黏结。必须注意的是，天平接头、操纵面与固定翼的连接部分必须用金属材料。随着飞行器的发展，对风洞试验模型的用材要求也在不断提高，木制模型越来越少。

4.1.2.2 高分子材料

高分子材料又称聚合物，是指由一种或几种低分子单元（单体）经聚合、共聚、缩聚反应，形成由许多单体重复连接的高分子化合物。常见的如聚乙烯（PE）、尼龙、聚氯乙烯（PVC）、聚碳酸酯（PC）、聚苯乙烯（PS）及硅橡胶等。与金属及陶瓷材料比较，该类材料密度小、强度刚度低，但比强度、比刚度大。高分子材料易变形、塑性好，故易制成复杂形状。一般情况下呈化学惰性、耐候性好。主要缺点是软化温度低，在较高温度下易失效或分解，限制了其应用范围。另外，大多数高分子材料电导率低、无磁性。从低速风洞模型的要求来看，可能用于模型制作的高分子材料有多种，下文简要介绍几类。

1）聚丙烯

聚丙烯是用途最为广泛的通用型热塑性塑料。聚丙烯（polypropylene，PP）是由丙烯（CH_3—CH=CH_2）经自由基聚合而成的聚合物。其分子结构式为 $-[CH_2-CH(CH_3)]_n-$。

PP的力学性能与相对分子质量及结晶度有关，相对分子质量低、结晶度高、球晶尺寸大时，制品的刚性大而韧性低。PP具有较好的力学性能，抗拉强度和刚性都比较好,但冲击韧性强烈随温度而变化,室温以上冲击韧性较高,低温时耐冲击性能差。PP 塑料制品可在 100~120℃下长时间工作;在无外力作用时,PP 制品被加热到 150℃时也不会变形。PP 的化学稳定性优异,对大多数酸、碱、盐、氧化剂都显惰性。

常见 PP 的性能如表 4.2 所列。聚丙烯由于质轻、价格低廉,综合性能良好,易于成形加工,应用日益广泛。特别是近年来聚丙烯树脂改性技术的迅速发展,使其用途和应用范围日趋扩大。

表 4.2 常见 PP 的性能

性能	数据	性能	数据
相对密度/g·cm^{-3}	0.90	缺口冲击韧性/kJ·m^{-2}	0.5
吸水率/%	0.01	热变形温度/℃	102
成形收缩率/%	1~2.5	脆化温度/℃	-8~8
抗拉强度/MPa	29	线膨胀系数/×10^{-6}K^{-1}	60~100
断裂延伸率/%	>200	热导率/W·(m·K)$^{-1}$	0.24
弯曲强度/MPa	50		

2) 聚苯乙烯

聚苯乙烯(polystyrene,PS)是指由苯乙烯单体经自由基聚合的聚合物。

PS 的分子结构式是 $\left[\begin{array}{c}CH-CH_2\end{array}\right]_n$(带苯环)。

聚苯乙烯是应用很广的热塑性塑料品种之一,也是热塑性塑料中最容易成型加工的品种之一,可用注塑、挤出、发泡、吹塑、热成型等各种成形工艺。其主要优点有透明性好(由于是非晶高聚物,透明度达 88%~92%,仅次于有机玻璃)、耐辐射、导热系数稳定等。缺点是韧性差、耐热性低(最高连续使用温度为 60~80℃)、耐化学试剂性差。常见 PS 的性能如表 4.3 所列。

用途主要有①利用其光学性质:制作装饰照明制品、仪器仪表外壳、汽车灯罩、光导纤维、透明模型等;②利用其电学性质:制作一般电绝缘用品及传输器件等;③利用其绝热保温性能:制作冷冻冷藏装置绝热层、建筑用绝热构件等;④日用品:杂品、玩具、一次性餐具等。

表4.3 常见PS（无规PS）的典型性质

性质		高耐热型	中等流动性型	高流动性型
熔体流动速率/(g/10min)		1.6	7.5	16
维卡软化点/℃		108	102	88
在负载下的热变形温度/(1.82MPa/℃)		103	84	77
抗拉强度/MPa		56	45	36
弯曲强度/MPa		83	83	—
断裂延伸率/%		2.4	2.0	1.6
拉伸模量/GPa		3.34	2.45	3.1
弯曲模量/MPa		3155	3170	—
缺口冲击韧性/(kJ·m^{-2})		24	16	19
相对分子质量/万	重均	30	22.5	21.8
	数均	13	9.2	7.4

3) ABS工程塑料

丙烯腈-丁二烯-苯乙烯共聚物（acrylonitrile-butadiene-styrene，ABS）为三种单体的共聚物。分子结构式为

$$\left[\left(CH_2-\underset{CN}{CH} \right)_x \left(C_2H_3=C_2H_3 \right)_y \left(CH_2-\underset{}{CH} \right)_z \right]_n$$

丙烯腈　　　　丁二烯　　　　苯乙烯

ABS中一般含丙烯腈23%~41%、丁二烯10%~30%、苯乙烯29%~60%，三种成分的比例可根据性能要求调整。ABS大分子链由三种结构单元重复连接而成，不同的结构单元赋予其不同的性能。丙烯腈耐化学腐蚀性好、表面硬度高；丁二烯韧性好、耐低温性能好；苯乙烯透明性好、着色性、绝缘性及加工性能好。三种单体结合在一起，就形成了坚韧、硬质、刚性等综合性能优异的ABS树脂。

ABS有优良的力学性能，其冲击韧性很好，可以在很低的温度下使用；ABS的耐磨性优良，尺寸稳定性好，又具有耐油性，可用于中等负荷和转速下的轴承。抗蠕变性能比PS强，但弯曲强度和压缩强度较差。ABS的力学性能受丁二烯含量的影响较大。ABS具有较良好的耐化学试剂性，除了浓的氧化性酸外，对各种酸、碱、盐类都比较稳定，与各种食物、药物等长期接触也不会发生变化。ABS极易电镀，可在多种场合替代金属材料。

各品级的 ABS 塑料典型性能见表 4.4。ABS 大量应用于齿轮、轴承、泵叶轮、把手、管道、电机外壳、仪表壳、汽车零部件、电器零件、纺织器材、家用电器、箱包、卫生洁具、乐器、玩具、食品包装容器、日用品等。

表 4.4　各品级的 ABS 塑料典型性能

性　　能	中冲击级	高冲击级	超高冲击级	高耐热级
抗拉强度/MPa	43~47	35~43	31~34	41~50
拉伸模量/GPa	2.35~2.6	2.1~2.35	1.5~2.1	1.8~2.4
弯曲强度/MPa	72.5~79	59~72.5	48.3~59	69~86.3
弯曲模量/GPa	2.5~3.0	1.93~2.5	1.73~1.93	2.14~2.62
缺口冲击韧性/(kJ/m^2)	7.5~21.5	21.5~32	32~49	12.3~32
热变形温度/(1.82MPa/℃)	102~107	99~107	87~91	94~110
最高使用温度/℃	60~65	60~75	60	60~75

4）聚酰胺

聚酰胺（polyamide，PA）俗称尼龙，聚酰胺大分子是由酰胺基

$$-\overset{O}{\underset{}{\overset{\|}{C}}}-\overset{H}{\underset{}{\overset{|}{N}}}-$$

和亚甲基组成的线形大分子。

由于 PA 分子间的作用力较大，使其熔点和强度均得到提高，其抗拉强度、压缩强度、冲击韧性、刚性及耐磨性都比较好。PA 具有很好的耐磨性，它是一种自润滑材料，由 PA 制成的轴承、齿轮等摩擦零件，可以在无润滑的状态下使用。此外，PA 的结晶度越高，材料的硬度越大，耐磨性也越好。

常用 PA 的性能如表 4.5 所列。由于 PA 具有优异的力学性能、耐磨、100℃左右的使用温度和较好的耐腐蚀性、无润滑摩擦性能，因此广泛用于制造各种机械、电气部件，如轴承、齿轮、滚轴、辊子、滑轮、涡轮、风扇叶片、高压密封扣卷、垫片、阀座、储油容器、绳索、渔网丝等。

表 4.5　常用尼龙的性能比较

性　能	尼龙 6	尼龙 66	尼龙 610	尼龙 1010	尼龙 11	尼龙 12
密度/(g/cm^3)	1.14	1.15	1.09	1.04	1.04	1.02
熔点/℃	215	250~265	210~220	—	185	175
吸水率/%	1.9	1.5	0.4~0.5	0.39	0.4~1.0	0.6~1.5

续表

性　能	尼龙 6	尼龙 66	尼龙 610	尼龙 1010	尼龙 11	尼龙 12
抗拉强度/MPa	76	83	60	52~55	47~58	52
延伸率/%	150	60	85	100~250	60~230	230~240
弯曲强度/MPa	100	100~110	—	89	76	86~92
缺口冲击韧性/(kJ/m^2)	3.1	3.9	3.5~5.5	4~5	3.5~4.8	10~11.5
压缩强度/MPa	90	120	90	79	80~100	—
热变形温度/(1.82MPa/℃)	55~58	66~68	51~56	—	55	51~55
线膨胀系数/(×10^{-6}/K)	79~87	90~100	90~120	105	114~124	100
脆化温度/℃	-70~-30	-25~-30	-20	-60	-60	-70

5）聚碳酸酯

聚碳酸酯（polycarbonate，PC），其分子结构式为

$$\left[O-\underset{\underset{CH_3}{|}}{\overset{\overset{CH_3}{|}}{C}}-\bigcirc-O-\overset{\overset{O}{\|}}{C}\right]_n$$

PC 是以刚性为主兼有一定柔性的材料，具有良好的综合力学性能，抗拉强度高达 50~70MPa，冲击韧性高于大多数工程塑料，抗蠕变性能也较高。PC 具有很好的耐高低温性能，120℃下具有良好的耐热性，热变形温度达 130~140℃，热分解温度为 340℃，热变形温度和最高连续使用温度高于几乎所有的热塑性通用塑料。PC 具有良好的耐寒性，脆化温度为-100℃，长期使用温度为-70~120℃。由于 PC 分子主链的刚性及苯环的体积效应，其结晶能力较差，故 PC 具有优良的透明性。双酚 A 型聚碳酸酯物理力学性能见表 4.6。

表 4.6　双酚 A 型聚碳酸酯物理力学性能

性　能	测试值	性　能	测试值
密度/(g/cm^3)	1.2	缺口冲击韧性/(kJ·m^{-2})	45~60
吸水率/%	0.15	热膨胀系数/(×10^{-6}K^{-1})	60~70
抗拉强度/MPa	58~74	热导率/W·(m·K)$^{-1}$	0.145~0.22
断裂延伸率/%	70~120	热变形温度/℃	126~135
拉伸弹性模量/GPa	2.2~2.4	最高连续使用温度/℃	120
弯曲强度/MPa	91~120	脆化温度/℃	-100
压缩强度/MPa	70~100	透光率/%	85~90

PC常用作计算机光盘（CD、DVD盘）的基础材料。也常用于制作光学透镜、照相机部件、风镜和安全玻璃，主要是利用PC相对于玻璃的低密度和高韧性。PC也广泛应用于汽车、建筑、办公设施、家用品、器具和动力工具、医疗保健设备、休闲和安全防护用品、包装及电器电子产品等。

6）聚甲基丙烯酸甲酯

聚甲基丙烯酸甲酯（polymethyl methacylate，PMMA，俗称有机玻璃或亚克力）的分子结构式：$\mathrm{+CH_2-\underset{\underset{COOCH_3}{|}}{\overset{\overset{CH_3}{|}}{C}}+_m}$。

PMMA具有优良的综合性能，特别是具有高透明度，其透光性是所有光学塑料中最佳的。PMMA具有良好的综合力学性能，一般而言，抗拉强度可达50~77MPa，弯曲强度约为90~130MPa，但其断裂延伸率仅为2%~3%。PMMA的耐热性不高，玻璃化温度虽然可达到104℃，但长期使用温度为60~80℃，热变形温度约为96℃。PMMA由于有酯基的存在使其耐溶剂性一般，可耐碱及稀无机酸、水溶性无机盐、油脂、脂肪烃，不溶于水、甲醇、甘油等。对臭氧和二氧化硫等气体具有良好的抵抗能力。PMMA还具有很好的耐候性，可长期在户外使用。

PMMA在工业和国防上有重要用途，主要用于航天、航空、汽车、舰船的窗玻璃、防弹玻璃和座舱盖，以及光导纤维、光学仪器、灯罩、医疗器械、装饰品、仪器仪表、文教用品等。

上述高分子材料的性能各有优缺点。用作低速风洞模型材料时，可根据其性能、价格等做出合理选材。

4.1.2.3 铝合金

铝合金是常见的风洞试验模型材料。低密度和高比强度是铝合金用作结构材料的优势。虽然铝合金的强度比铁合金低，但因其具有高比强度，在航空航天、交通运输等领域比钢铁材料具有较大的应用优势，在风洞模型制作中得到越来越广泛的应用。

工业纯铝的强度和硬度都很低，虽然可通过加工硬化方式强化，但其塑性会明显降低，因此必须进行合金化，目前铝合金常用的合金元素可分为主加元素和辅加元素。主加元素有Si、Cu、Mn、Zn和Li等，将这些元素单独加入或配合加入，可获得性能各异的铝合金以满足工程应用的各种需求。辅加元素有Cr、Ti、Zr、Ni、Ca、B和RE（稀土元素）等，其目的是进一步提高铝合金的综合性能，改善铝合金的某些工艺性能。由于固态铝没有同素异构转变，因此不能像钢那样借助于热处理相变强化。合金元素对铝的强化作用主要表现为固溶强化、沉淀强化、过剩相强化及晶粒细化强化。此外，铝合金可以采用冷变形强化的方法进行强化，也可以将变形强化与热处理强化相结合，进行所谓的变形热处理。这种方法既能提高强度，又能增加塑性和韧性，非常适用于沉淀强化相的析出强烈依赖于位错等晶体缺陷的铝合金。

根据铝合金的化学成分和生产工艺特点，通常将铝合金分为变形铝合金和铸造铝合金两大类。所谓变形铝合金是指合金经熔炼而成的铸锭经过热变形或冷变形加工后再使用，这类铝合金要求具有较高的塑性和良好的成形性能，它与铁碳合金中的钢对应，一般需经锻造、轧制、挤压等压力加工制成板材、带材、棒材、管材、丝材以及其他型材。铸造铝合金则是将液态铝合金直接浇铸在砂型或金属型内，制成各种形状复杂的甚至薄壁的零件或毛坯，此类合金与铁碳合金中的铸铁相对应，要求具有良好的铸造性能，如流动性好、收缩小、抗裂性高等。用于风洞试验模型的铝合金主要是变形铝合金，因此这里主要介绍变形铝合金。铝合金根据溶质原子有无固溶度的变化又可分为可热处理铝合金和不可热处理铝合金两类。在工程应用中，变形铝合金根据性能和工艺特点分为防锈铝合金（LF）、硬铝合金（LY）、超硬铝合金（LC）和锻造铝合金（LD）。

1）变形铝合金的命名方法

国际上，变形铝合金是按其主要合金元素来标记和命名的。用四位数字，第一位表示其合金系，第二位数字表示合金的改型，第三和第四位数字表示合金的编号，用以标识同一组不同的铝合金或表示铝的纯度。中国变形铝合金的牌号于1997年1月1日开始使用新标准，其表示方法与国际类似，用四位字符标识。第一、第三和第四位为数字，其意义与在国际四位数字体系牌号命名方法中的相同；第二位用英文大写字母（C、I、L、N、O、P、Q、Z字母除外）表示原始纯铝或铝合金的改型。表 4.7 为变形铝合金系列及其牌号标记方法。

表 4.7 变形铝合金系列及其牌号标记方法

1×××	工业纯铝，ω（Al）>99.00%（质量分数）	不可热处理强化
2×××	Al-Cu 合金、Al-Cu-Li 合金	可热处理强化
3×××	Al-Mn 合金	不可热处理强化
4×××	Al-Si 合金	若含镁，则可热处理强化

续表

5×××	Al-Mg 合金	不可热处理强化
6×××	Al-Mg-Si 合金	可热处理强化
7×××	Al-Zn-Mg 合金	可热处理强化
8×××	Al-Li、Al-Sn、Al-Zr 或 Al-B 合金	可热处理强化
9×××	备用合金系列	—

2）变形铝合金的状态标记和命名

变形铝合金的状态各有不同，如自由加工状态、退火状态、加工硬化状态、固溶处理状态、热处理状态五种基础状态。热处理状态又细分为自然时效、人工时效及冷热加工与时效交替进行等状态。不同状态的性能及用途也各不相同。中国已制定了变形铝合金的状态标记和命名国家标准，见表4.8~表4.10。

表4.8 变形铝合金基础状态代号、名称及说明与应用

代号	名称	说明与应用
F	自由加工状态	适用于在成形过程中，对于加工硬化和热处理条件无特殊要求的产品，该状态下产品的力学性能不作规定
O	退火状态	适用于经完全退火获得最低强度的加工产品
H	加工硬化状态	适用于通过加工硬化提高强度的产品，产品在加工硬化后可经过（或不经过）使强度有所降低的附加热处理，H代号后面必须跟有两位或三位数字，表示H的细分状态
W	固溶处理状态	一种不稳定状态，仅适用于经固溶热处理后，室温下自然时效的合金，该状态代号仅表示产品处于自然时效阶段
T	热处理状态（不同于F、O、H状态）	适用于热处理后，经过（或不经过）加工硬化达到稳定状态的产品，T代号后跟有一位或多位数字，表示T的细分状态

表4.9 变形铝合金T×细分状态代号及说明与应用

状态代号	细分状态说明	应用
T0	固溶热处理后，经自然时效再通过冷加工的状态	适用于经冷加工提高强度的产品
T1	由高温成形过程中冷却，然后自然时效至基本稳定的状态	适用于由高温成形冷却后，不再进行冷加工（可进行矫直、矫平，但不影响力学性能极限）的产品
T2	由高温成形过程中冷却，经冷加工后自然时效至基本稳定的状态	适用于由高温成形冷却后，进行冷加工或矫直、矫平以提高强度的产品

续表

状态代号	细分状态说明	应用
T3	固溶热处理后进行冷加工，再经自然时效至基本稳定的状态	适用于在固溶热处理后，进行冷加工或矫直、矫平以提高强度的产品
T4	固溶热处理后自然时效至基本稳定的状态	适用于在固溶热处理后，不再进行冷加工（可进行矫直、矫平但不影响力学性能极限）的产品
T5	由高温成形过程中冷却，然后人工时效的状态	适用于由高温成形冷却后，不经过冷加工（可进行矫直、矫平，但不影响力学性能极限）的产品
T6	固溶热处理后进行人工时效的状态	适用于在固溶热处理后，不再进行冷加工（可进行矫直、矫平但不影响力学性能极限）的产品
T7	固溶热处理后进行过时效的状态	适用于固溶热处理后，为获取某些重要特性，在人工时效时，强度在时效曲线上越过了最高峰点的产品
T8	固溶热处理后经冷加工，再进行人工时效的状态	适用于经冷加工或矫直、矫平以提高强度的产品
T9	固溶热处理后人工时效，然后进行冷加工的状态	适用于经冷加工提高强度的产品
T10	由高温成形过程中冷却后，进行冷加工，然后人工时效的状态	适用于经冷加工或矫直、矫平以提高强度的产品

表 4.10　变形铝合金 T×× 细分状态代号、说明与应用

状态代号	说明与应用
T42	适用于自 O 或 F 状态固溶热处理后，自然时效到充分稳定状态的产品，也适用于需方对任何状态的加工产品热处理后，力学性能达到了 T42 状态的产品
T62	适用于自 O 或 F 状态固溶热处理后，进行人工时效的产品，也适用于需方对任何状态的加工产品热处理后，力学性能达到了 T62 状态的产品
T73	适用于固溶热处理后，经过时效以达到规定的力学性能和抗应力腐蚀指标的产品
T74	与 T73 状态定义相同。该状态的抗拉强度大于 T73 状态，但小于 T76 状态
T76	与 T73 状态定义相同。该状态的抗拉强度分别高于 T73、T74 状态，抗应力腐蚀断裂性能分别低于 T73、T74 状态，但其抗剥落腐蚀性能仍较好
T81	适用于固溶热处理后，经 1% 左右冷加工变形提高强度，然后进行人工时效的产品
T87	适用于固溶热处理后，经 7% 左右冷加工变形提高强度，然后进行人工时效的产品

3）典型的变形铝合金

变形铝合金分为不可热处理强化铝合金和可热处理强化铝合金两大类。

(1) 不可热处理强化的铝合金。

顾名思义，这类铝合金不能通过热处理强化，主要依靠加工硬化、固溶强化（Al-Mg）、弥散强化（Al-Mn）或这几种强化机制（Al-Mg-Mn）的共同作用。其特点是具有很高的塑性、较低的或中等的强度、优良的耐蚀性能（故又称为防锈铝）和良好的焊接性能，适宜压力加工和焊接。主要包括以下几种合金系。

① Al-Mn 系合金（3000 系列）。

常用合金为 3A21 等，合金中锰为主要合金元素，含量达 1%～1.6%（质量分数）时合金具有较高的强度、良好的塑性和工艺性能。3A21 合金在室温下的组织主要为 α 固溶体和在晶界上形成的少量（α+Al_6Mn）共晶体。由于 α 固溶体与 Al_6Mn 相的电极电位几乎相等，因此合金的耐蚀性较好。热处理状态为退火时的抗拉强度≤165MPa，延伸率为 15%。适于制造中载零件、铆钉等。

② Al-Mg 系合金（5000 系列）。

常用合金为 5A03（LF3）、5A05（LF5）、5A06（LF6）等，其中镁为主要合金元素。镁在铝中的固溶度较大（在 451℃时固溶度约为 15%），但当镁含量超过 8%（质量分数）时，合金中会析出脆性很大的化合物相 Al_3Mg_2，合金的塑性很低。所以，这类合金中含镁量一般控制在 8%（质量分数）以内，并且还配合加入其他元素，如 Si、Mn、Ti 等。少量的硅可改善铝镁合金的流动性，减少焊接裂纹倾向；锰的加入能增强固溶强化，改善耐蚀性能；钒和钛的加入可细化晶粒，提高强度和塑性。

镁含量小于 2%（质量分数）的 Al-Mg 系合金在退火处理后为单相 α 固溶体。随着含镁量的增加，组织中出现 β 相 Al_3Mg_2，当大于 5%（质量分数）时，为 α+β 两相组成。随着 β 相的增加，合金的塑性下降。

上述两种防锈铝为不可热处理强化，只能根据合金特性和使用要求，进行不完全退火或完全退火。不完全退火加热温度一般为 150～300℃，而完全退火加热温度为 310～450℃。

Al-Mg 系合金的强度高于 Al-Mn 系合金。在大气和海水中耐蚀性也优于 Al-Mn 系合金，但在酸性和碱性介质中比 3A21 稍差。

5A05 和 3A21 防锈铝合金的主要化学成分、力学性能及用途见附表 C。

(2) 可热处理强化的铝合金。

这类铝合金可以通过热处理以充分发挥沉淀强化效果。这类合金的强度较高，是航空航天领域主要应用的铝合金。主要包括以下几类。

① Al-Cu-Mg 和 Al-Cu-Mn 系合金（2000 系列）。

Al-Cu-Mg 和 Al-Cu-Mn 系合金（2000 系列）又称为硬铝合金。根据合金化程度、力学性能和工艺性能的不同，又分为低强度硬铝合金（2A01、2A10）、中强度硬铝合金（2A11）、高强度硬铝合金（2A12、2024）和耐热硬铝合金（2A02、2A16、2A17）。

低强度硬铝合金（2A01、2A10）中的含镁量较低，主要强化相为 θ（Al_2Cu）相，时效强化效果较小，合金强度偏低，但塑性很好，主要用作铆钉材料。

中强度硬铝合金（2A11）亦称标准硬铝，合金的主要强化相是 θ（Al_2Cu），其次是 S（Al_2CuMg），既具有相当高的强度，又有足够的塑性，经过 350~420℃ 退火后具有良好的工艺性能，可进行冷弯、卷边、冲压等变形加工，耐蚀性能中等，是硬铝合金中应用最广的一类合金。2A11 合金可用于要求中等强度的结构件，如整流罩、螺旋桨等。

高强度硬铝合金（2A12、2024）是在中等强度硬铝合金的基础上同时提高铜和镁的含量或单独提高镁的含量而发展起来的。这类合金中的主要强化相是 S（Al_2CuMg），其次是 θ（Al_2Cu）。由于 S 相（Al_2CuMg）的强化效果高于 θ 相（Al_2Cu），且具有一定的耐热性，所以在热处理状态下，这类合金比中等强度的 2A11 合金具有更高的强度和良好的耐热性。2A12 合金广泛用于要求较高强度的结构件，如飞机蒙皮、壁板、翼梁、长桁等。2024 合金也广泛用于各种航空航天结构，它在 T3 状态断裂韧性高，疲劳裂纹扩展速率低，目前 2024 系列中最新的、性能最好的合金是 2524，其韧性和抗疲劳性能均较 2024 有重大改善，已成功用于波音 777 客机。

Al-Cu-Mn 系合金中铜和锰是主要组成元素，与 Al-Cu-Mg 合金的主要区别在于含铜量较高，含镁量很低或不含镁。合金中的铜含量高达 6%~7%（质量分数），与 Al 形成强化相 θ（Al_2Cu），在固溶+人工时效后使合金强化。铜还可提高合金的再结晶温度，增强合金的耐热性。Mn 也是提高合金耐热性的主要元素，在铝中扩散系数小，降低固溶体的分解速率和 θ（Al_2Cu）在高温下的聚集倾向。当固溶体分解时，析出相 T（Al_2CuMn_2）的形成和长大过程非常缓慢，当含 Mn 量为 0.4%~0.5%（质量分数）时，弥散析出的细小 T 相（Al_2CuMn_2）对合金耐热性有良好的作用。

常用的 2000 系列硬铝合金（2A02、2A11、2A12）的主要化学成分、力学性能及用途见附表 C。

② Al-Zn-Mg-Cu 系合金（7000 系列）。

Al-Zn-Mg-Cu 系合金（7000 系列）又称为超硬铝合金。常用的有 7075、7A03、7A04、7A05、7A09 等。该系合金中的主要合金元素为 Zn、Mg、Cu。合金中的强化相除 θ（Al_2Cu）和 S（Al_2CuMg）外，还有 T 相（$Mg_3Zn_3Al_2$）和 η 相（Mg_2Zn），其中 η 相（Mg_2Zn）和 T 相（$Mg_3Zn_3Al_2$）在铝中有较高的固溶度，并随温度的下降而减小，因而有强烈的时效强化效应，故是这类铝合金中的主要强化相。除各种强化相的沉淀强化外，合金的强化部分还来自于 Zn 的固溶强化。当合金中的（Zn+Mg）总量达到 9%（质量分数）时，合金的强度最高；超过这一数值后，析出相将以网状分布于晶界而使合金脆化。加入 Cu 既可以产生固溶强化，析出 S 相（Al_2CuMg）沉淀强化，还可提高沉淀相的弥散度，消除晶界网状脆性相，从而降低晶间腐蚀和应力腐蚀倾向。

常用的 7000 系列超硬铝合金（7A04、7A09）的主要化学成分、力学性能及用途见附表 C。

③ Al-Mg-Si 系合金（6000 系列）和 Al-Mg-Si-Cu 系合金（2000 系列）。

Al-Mg-Si 系合金常用的有 6A02、6061、6070、6013 等。该系合金中主要强化相是 Mg_2Si。为了有最大的强化效果，Mg 和 Si 的质量比应等于 1.73。由于合金中存在和硅结合生成的（Fe，Mn，Si）Al_6 相，所以为了弥补硅的消耗，合金中含硅量应适当提高。Al-Mg-Si 系合金中存在较严重的停放效应。所谓停放效应是指合金淬火后在室温停置一段时间再进行人工时效时，合金的沉淀强化效应将降低。产生停放效应的原因是合金中的镁和硅在铝中的固溶度不同，即硅的固溶度小，先于镁发生偏聚；硅原子的偏聚区小而弥散，基体中固溶的硅含量大大减少。当再进行人工时效时，那些小于临界尺寸的硅的偏聚区（GP 区）将重新溶解，导致形成介稳相 β″ 的有效核心数量减少，从而生成粗大的 β″ 相。

这类合金中，6A02 的强化相为 Mg_2Si，该合金塑性良好，在自然时效状态下，其乃是性能与 Al-Mn 系中的 3A21 相当。

为了减小 Al-Mg-Si 系合金的停放效应，在其中加入一定量的 Cu，形成了 Al-Mg-Si-Cu 系合金（2A50、2A70、2A14 等）。这类合金中加入的 Cu 可形成 θ 相（Al_2Cu）和 S 相（Al_2CuMg）等强化相。随着 Cu 含量的增加，合金的室温强度和高温强度增加，但耐蚀性和塑性降低。合金中均加入一定数量的 Mn（或 Cr），目的在于提高合金的强度、韧性和耐蚀性能。微量的 Ti 可以细化晶粒，防止形成粗晶粒，提高合金在热态下的塑性。

Al-Mg-Si-Cu 系合金铸造性能良好，同时成形工艺性能优异，适于进行自由锻造、挤压、轧制、冲压等压力加工，故称为锻铝。但该系合金的耐蚀性和焊接性能较差。因此这类合金可用于制造大型锻件、模锻件及相应的大型铸锭。2A50、2A70 合金多用于制造各种形状复杂的要求中等强度的锻件和模锻件，如各种叶轮、接头、框架等；2A14 合金则用来制造承受高负荷或较大型的锻件，是目前航空航天工业中应用最多的铝合金之一，是制造运载火箭、导弹的重要结构材料。

常用的锻铝合金（2A50、2A70、2A14）的主要化学成分、力学性能及用途见附表 C。

④ 含锂铝合金 Al-Li（Al-Li-Cu 和 Al-Li-Mg）。

铝锂合金是一种新型的以锂为主要合金元素的变形铝合金，主要有 Al-Li-Cu 和 Al-Li-Mg 两个体系，其密度低，比强度、比刚度大，疲劳性能良好，耐蚀性、耐热性较高，可用于制造航空航天构件。

附表 C 为变形铝合金的主要牌号、化学成分、力学性能及用途。

4.1.2.4 结构钢

钢也是常见的风洞试验模型材料。钢的类型有多种，从风洞模型的要求来看，可用于制作风洞模型的钢主要包括优质碳素结构钢中的低中碳钢、合金结构钢中的合金调质钢和超高强度钢，以及不锈钢等。

1）优质碳素结构钢

碳钢也称碳素钢，主要由 Fe、C、Mn、Si、S、P 等元素组成。C 含量是影响碳钢性能的主要因素。Mn、Si 有利于改善钢的力学性能。S 易使钢发生热脆（高温锻轧时开裂），P 易使钢发生冷脆（室温脆性断裂），故 S、P 含量对钢材性能和质量影响很大，必须严格控制其含量。碳素钢按用途可分为碳素结构钢和碳素工具钢两类。

碳素结构钢含碳量 $w(C)=0.06\%\sim0.38\%$（质量分数），用来制造各种金属结构和零部件。按冶金质量等级，碳素结构钢包括普通质量碳素结构钢和优质碳素结构钢。用于制造风洞模型的多为优质碳素结构钢。优质碳素结构钢牌号开头的两位数字表示钢的含碳量，以平均含碳量的万分之几表示。例如平均碳含量为 0.45%（质量分数）的钢，牌号为"45"。如果钢中含锰量较高，应将锰元素标出，如 50Mn，含锰量约为 0.70%~1.00%（质量分数）。优质碳素结构钢的牌号、化学成分见表 4.11。

表4.11 可用于风洞模型制造的优质碳素结构钢的牌号、化学成分（GB/T 699—2015）

序号	统一数字代号	牌号	化学成分（质量分数）/%							
			C	Si	Mn	P	S	Cr	Ni	Cu[a]
						≤				
1	U20082	08[b]	0.05~0.11	0.17~0.37	0.35~0.65	0.035	0.035	0.10	0.30	0.25
2	U20102	10	0.07~0.13	0.17~0.37	0.35~0.65	0.035	0.035	0.15	0.30	0.25
3	U20152	15	0.12~0.18	0.17~0.37	0.35~0.65	0.035	0.035	0.25	0.30	0.25
4	U20202	20	0.17~0.23	0.17~0.37	0.35~0.65	0.035	0.035	0.25	0.30	0.25
5	U20252	25	0.22~0.29	0.17~0.37	0.50~0.80	0.035	0.035	0.25	0.30	0.25
6	U20302	30	0.27~0.34	0.17~0.37	0.50~0.80	0.035	0.035	0.25	0.30	0.25
7	U20352	35	0.32~0.39	0.17~0.37	0.50~0.80	0.035	0.035	0.25	0.30	0.25
8	U20402	40	0.37~0.44	0.17~0.37	0.50~0.80	0.035	0.035	0.25	0.30	0.25
9	U20452	45	0.42~0.50	0.17~0.37	0.50~0.80	0.035	0.035	0.25	0.30	0.25
10	U20502	50	0.47~0.55	0.17~0.37	0.50~0.80	0.035	0.035	0.25	0.30	0.25
11	U20552	55	0.52~0.60	0.17~0.37	0.50~0.80	0.035	0.035	0.25	0.30	0.25
12	U20602	60	0.57~0.65	0.17~0.37	0.50~0.80	0.035	0.035	0.25	0.30	0.25
13	U20652	65	0.62~0.70	0.17~0.37	0.50~0.80	0.035	0.035	0.25	0.30	0.25
14	U20702	70	0.67~0.75	0.17~0.37	0.50~0.80	0.035	0.035	0.25	0.30	0.25
15	U20702	75	0.72~0.80	0.17~0.37	0.50~0.80	0.035	0.035	0.25	0.30	0.25
16	U20802	80	0.77~0.85	0.17~0.37	0.50~0.80	0.035	0.035	0.25	0.30	0.25
17	U20852	85	0.82~0.90	0.17~0.37	0.50~0.80	0.035	0.035	0.25	0.30	0.25
18	U21152	15Mn	0.12~0.18	0.17~0.37	0.70~1.00	0.035	0.035	0.25	0.30	0.25
19	U21202	20Mn	0.17~0.23	0.17~0.37	0.70~1.00	0.035	0.035	0.25	0.30	0.25
20	U21252	25Mn	0.22~0.29	0.17~0.37	0.70~1.00	0.035	0.035	0.25	0.30	0.25
21	U21302	30Mn	0.27~0.34	0.17~0.37	0.70~1.00	0.035	0.035	0.25	0.30	0.25
22	U21352	35Mn	0.32~0.39	0.17~0.37	0.70~1.00	0.035	0.035	0.25	0.30	0.25
23	U21402	40Mn	0.37~0.44	0.17~0.37	0.70~1.00	0.035	0.035	0.25	0.30	0.25
24	U21452	45Mn	0.42~0.50	0.17~0.37	0.70~1.00	0.035	0.035	0.25	0.30	0.25

续表

序号	统一数字代号	牌号	化学成分（质量分数）/%							
			C	Si	Mn	P	S	Cr	Ni	Cu[a]
						≤				
25	U21502	50 Mn	0.48~0.56	0.17~0.37	0.70~1.00	0.035	0.035	0.25	0.30	0.25
26	U21602	60 Mn	0.57~0.65	0.17~0.37	0.70~1.00	0.035	0.035	0.25	0.30	0.25
27	U21652	65 Mn	0.62~0.70	0.17~0.37	0.90~1.20	0.035	0.035	0.25	0.30	0.25
28	U21702	70 Mn	0.67~0.75	0.17~0.37	0.90~1.20	0.035	0.035	0.25	0.30	0.25

未经用户同意不得有意加入本表中未规定的元素。应采取措施防止从废钢或其他原料中带入影响钢性能的元素

a 热压力加工用钢铜含量应不大于0.20%；
b 用铝脱氧的镇静钢，碳、锰含量下限不限，锰含量上限为0.45%，硅含量不大于0.03%，全铝含量为0.020%~0.070%，此时牌号为08Al

　　优质碳素结构钢主要用于制造各种机器零件。20钢冷冲压性与焊接性能良好，可用作冲压件及焊接件。35、40、45、50钢统称为碳素调质钢，经调质处理（淬火+高温回火）得到回火索氏体组织，可获得良好的综合力学性能，但碳素调质钢的淬透性较差，仅用于制造小尺寸的齿轮、轴类、套筒等零件。60、65、70等钢主要用于制造弹簧，也称为碳素弹簧钢，热处理工艺一般为淬火加中温回火，显微组织为回火屈氏体，同样碳素弹簧钢的淬透性较差，只能用于制备直径（厚度）小于15mm的弹簧。

　　2）合金结构钢

　　碳钢的综合性能满足不了使用要求时，可采用合金化的方法提高其性能。可用于制造风洞模型材料的多为合金结构钢和不锈钢。不锈钢在模型支撑材料部分详细介绍，此处略去不谈。合金结构钢可细分为两类，一类用于制造各种工程结构（建筑、桥梁、船舶、车辆、锅炉、高压容器、输油输气管道、大型结构等），常被称为工程结构合金钢；另一类用于制造机械零件（轴、齿轮、弹簧等），常被称为机械零件合金钢。此处主要讨论机械零件合金钢。机械零件合金钢主要包括合金调质钢、合金弹簧钢、滚动轴承钢、超高强度钢、合金渗碳钢等。用于制造风洞模型材料的主要是合金调质钢、超高强度钢。

　　(1) 合金调质钢。

　　① 用途。

　　合金调质钢主要用于制造各类轴类零件、连杆、高强度螺栓等重要机械零件。

② 服役条件。

合金调质钢制造的机械零件通常承受多种工作负荷，受力情况复杂，要求具有高的强度和良好的塑性、韧性，即所谓高的综合力学性能。如轴类零件既传递转矩，又承受弯曲负荷；还有的轴要与其他配合件有相对运动，产生摩擦和磨损。有时还会受到一定的冲击负荷作用。

③ 力学性能要求。

合金调质钢的用途及服役条件要求其具有良好的综合力学性能，即强度、塑性、韧性等。力学性能均较高且兼顾。力学性能要求大致为：抗拉强度：800~1200MPa，屈服强度：700~1000MPa，延伸率：8%~15%，冲击韧性：60~120J·cm^{-2}，韧—脆转变温度：低于-40℃。

④ 成分特点。

a. 中碳：碳含量一般在 0.25%~0.45%（质量分数）之间，以保证有足够的碳化物起弥散强化作用。含碳量过低，则不易淬硬，强度较低；含碳量过高则韧性不足。

b. 合金元素：主要加入的合金元素有 Si、Mn、Cr、Ni、B 等，辅助加入的合金元素有 W、Mo、V、Ti 等。主加合金元素是为了提高钢的淬透性，使机械零件整体上获得良好的综合力学性能。调质钢一般用来制作大尺寸构件，所以淬透性至关重要。辅加元素一般为碳化物形成元素，主要作用是细化晶粒、提高回火稳定性及强韧性。加入 W、Mo 等元素可以有效抑制第二类回火脆性，因为调质钢的回火温度正好处于第二类回火脆性的温度范围。

⑤ 常用合金调质钢。

根据淬透性的高低，调质钢大致可分为三类：a. 低淬透性调质钢，油淬临界淬火直径为 30~40mm，如 45MnV、40Cr、38CrSi、40MnVB 钢等。b. 中淬透性调质钢，油淬临界淬火直径 40~60mm，如 40CrMn、40CrNi、35CrMo、30CrMnSi 钢等。c. 高淬透性调质钢，油淬临界淬火直径 60~100mm，如 40CrNiMo、40CrMnMo、25Cr2Ni4WA 钢等。

常用合金调质钢的牌号、成分、热处理、机械性能及用途见附表 D。

（2）超高强度钢。

超高强度钢具有极高的比强度（强度/密度）和良好的韧性，是航空航天领域的关键结构材料，用于制造航空航天结构的重要承力件。例如飞机上高负荷的承力构件起落架、大梁等，以及战术导弹固体火箭发动机壳体等。目前一般将最低屈服强度超过 1380MPa 的结构钢称为超高强度钢，随着结构钢的发展，超高强度钢的强度级别将逐步提高。

按合金元素含量的多少将超高强度钢分为低合金超高强度钢（合金元素含量<5%（质量分数）），中合金超高强度钢（合金元素含量5%~10%（质量分数）），高合金超高强度钢（合金元素含量>10%（质量分数））三类。

① 低合金超高强度钢。

该类超高强度钢合金元素含量少、经济性好、强度高，但屈强比（屈服强度/抗拉强度）低，韧性相对较差。一些重要的低合金超高强度钢的名义成分和典型性能见表4.12。

表4.12　一些低合金超高强度钢的名义成分和典型性能

牌号	化学成分/%（质量分数）							R_m/MPa	K_{IC}/MPa·m$^{1/2}$
	C	Si	Mn	Ni	Cr	Mo	V		
40CrNi2Mo（4340）	0.4	0.3	0.7	1.8	0.8	0.25	—	1800~2100	57
300M	0.4	1.6	0.8	0.8	0.8	0.4	0.08	1900~2100	74
35NCD16	0.35	—	0.15	4.0	1.8	0.5	—	1860	91
D6AC	0.4	0.3	0.9	0.7	1.2	1.1	0.1	1900~2100	68
30CrMnSiNi2A	0.3	1.0	1.2	1.6	1.0	—	—	1760	64
40CrMnSiMoVA	0.4	1.4	1.0	—	1.4	0.5	0.1	1800~2100	71

该类钢的成分特点是含碳量适中（0.27%~0.45%（质量分数）），合金元素种类多但含量低，目的是完全淬透得到马氏体。采用的热处理为淬火和低温回火，获得的组织为回火马氏体，牺牲塑性以保证其超高强度。

30CrMnSiNi2A钢曾在航空工业中广泛应用，如用于制造飞机起落架和梁等，但其韧性相对较低。40CrMnSiMoVA钢是在30CrMnSiNi2A钢成分的基础上改进发展的，其强度和韧性均有提高。

② 中合金超高强度钢。

典型的有4Cr5MoVSi（H-11）、4Cr5MoV1Si（H-13）等，属二次硬化钢。它们含5%（质量分数）Cr，是常用的热作模具钢，也广泛用作结构材料。这类钢在高温回火后弥散析出M_7C_3、M_3C和MC特殊碳化物，产生二次硬化效应，具有较高的中温强度，在400~500℃范围内使用时，钢的瞬时抗拉强度仍可保持1300~1500MPa，屈服强度为1100~1200MPa。主要缺点是塑性差、断裂韧性较低，焊接性和冷变形性较差。主要用于制造飞机发动机承受强度的零部件、紧固件等，这类钢还具有大截面时可空冷强化的特点。

③ 高合金超高强度钢。

按热处理强化机制可将高合金超高强度钢分为三类：二次硬化马氏体钢系列，包括 9Ni-4Co、9Ni-5Co、10Ni-8Co（HY180）、10Ni-14Co（AF1410）、AerMet100 等；18Ni 马氏体时效钢系列，包括 18Ni（250）、18Ni（300）、18Ni（350）等；沉淀硬化不锈钢系列，包括 PH13-8Mo 等。其中二次硬化马氏体钢系列综合性能最好。AerMet100 具有极其优秀的综合性能。在 AerMet100 基础上发展的 AerMet1310 具有更高的强度。其名义成分为 0.25C-2.4Cr-11Ni-15Co。与 AerMet100 相比，其 C 和 Mo 含量提高，Cr 含量降低，强度可达 2170MPa。后两类在天平中较常用，将在后文讨论。

4.1.2.5　钛合金

钛合金是优异的风洞模型材料。钛的密度为 4.5g·cm^{-3}，只有铁的 57%。钛合金的强度可与高强度钢媲美，具有很好的耐热和耐低温性能，抗氧化能力优于大多数奥氏体不锈钢，具有很好的耐盐类、海水和酸类腐蚀的能力。钛合金的这些优点使其当之无愧地被称为"太空"金属及"海洋"金属。钛资源也非常丰富，故被称为继钢铁、铝之后崛起的"第三金属"。钛及钛合金的加工条件较复杂、成本昂贵，限制了对其的应用，以往较少用于制作风洞模型。但近年来，随着 3D 打印技术的兴起，钛合金用来制作风洞模型的潜力越来越大。

钛合金按在室温下的组织不同，分为 α 钛合金、β 钛合金和 α+β 钛合金三类，分别用 TA、TB、TC 作为字头表示。

(1) α 钛合金（TA）。

主要含有 α 稳定化元素，在室温稳定状态基本为 α 相单相，如 TA6（Ti-5Al）。α 钛合金是耐热钛合金的基础，具有良好的焊接性。α 相弹性模量比 β 相大 10%，因而 α 钛合金适于制作耐高温蠕变的构件。

(2) 近 α 钛合金（TA）。

近 α 钛合金是在 α 钛合金中加入少量 β 稳定化元素的钛合金，在室温稳定状态 β 相数量一般小于 10%。根据添加元素的性质，退火组织中将包含少量 β 相和金属化合物，称为近 α 钛合金，如 TA15（Ti-6.5Al-2Zr-1Mo-1V）、Ti-8Al-1Mo-1V 和 Ti-2.5Cu（α 相+金属间化合物）。

(3) α+β 钛合金（TC）。

含有较多的 β 稳定化元素，在室温稳定状态由两相组成，β 相数量一般为 10%~50%。α+β 钛合金具有中等强度，与钢一样是具有淬透性的合金，合金的热处理温度通常在 α+β 两相区，两相的体积分数和各相中的元素质量分数可通过不同的热处理温度来调节。α+β 钛合金可通过热处理强化，即固溶+时效强化，其强度与化学成分、淬火冷却速率及工件尺寸密切相关，但焊接性较差。常用的 α+β 钛合金有 TC1（Ti-2Al-1.5Mn）、TC2（Ti-4Al-1.5Mn）、TC4（Ti-6Al-4V）等。其中 TC4 应用最为广泛，研究表明，经 844℃ 淬火后，可获得最大延展性和最佳成形性；经 955℃ 淬火+482℃ 时效，可获得最好的综合性能。一般认为，若固溶处理时的冷却速率快，则时效后的强度较高。

（4）β 钛合金（TB）。

含有足够多的 β 稳定化元素，在适当冷却速率下其室温组织全部为 β 相，具有体心立方晶体结构。β 钛合金通常又可分为可热处理强化 β 钛合金（亚稳定 β 钛合金）和热稳定 β 钛合金。可热处理强化 β 钛合金的固溶强化效果明显，还可以通过热处理实现析出强化。β 钛合金在淬火状态下有非常好的成形工艺性能，并能通过时效处理获得高达 1300~1400MPa 的室温抗拉强度。常用的 β 钛合金有 TB2 等。

部分纯钛及钛合金的牌号、化学成分、力学性能及用途见附表 E。

4.1.2.6 新材料

近年来飞行新概念和流动控制新技术在飞行器研制中的应用增多，为了满足模型模拟的需要，风洞模型材料也有新的发展。例如，变形体飞机（morphing aircraft）是一种能在飞行中重构其气动布局的先进概念飞机，它能以最优布局执行两个或多个不相容的任务。为了在风洞中开展变形体飞机试验，需要研发新型模型材料，实现机翼蒙皮无缝连接变形。美国洛克希德·马丁公司，开展了形状记忆聚合物（SMP）和增强硅树脂弹性橡胶研究，制作了可折叠翼变形体模型，在 NASA 兰利研究中心跨声速动态风洞（TDT）进行了试验（图 4.4）。

目前，NASA 积极致力于对具有结构重构能力的高温形状记忆合金（SMA）进行研究。NASA 格林研究中心与波音、NASA 兰利研究中心、得克萨斯州的 A&M 等联合成立了一个新机构，加速发展基于高温形状记忆合金的可重构航空结构。在 NASA 的 40ft×80ft 风洞，波音、空军、NASA、陆军、麻省理工学院和马里兰大学等在全尺寸旋翼上验证了智能材料控制的调整片。佛罗里达大学演示验证了离子聚合合金用于飞行中致动的可行性。图 4.5 展示了部分模型新材料。美国 NASA 兰利研究中心研制了国家跨声速风洞（NTF）的模型动态阻尼系统，有效降低了风洞试验时模型的振动，扩大了试验迎角范围。该系统主要包括 12 个压电陶瓷作动器，作动器分 4 组，每组 3

个正交分布，由驱动放大器驱动。2010年1月成功进行了风洞试验。试验表明，当不使用阻尼器时，由于运输机模型的振动，模型试验最大迎角只能做到6°；使用阻尼器后，模型试验最大迎角提高到了12°。

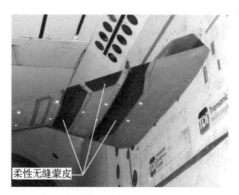 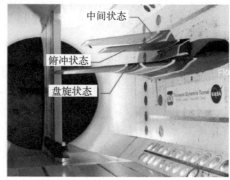

▶ 图4.4 采用形状记忆聚合物制作的变形体飞机风洞模型

金属橡胶　　　　　自展聚合物制作的记忆机翼模型　　　　　压电致动模型部件

▶ 图4.5 新材料在风洞模型中的应用

4.1.3 风洞模型3D打印成型技术及材料

随着计算流体力学（CFD）技术和计算机网络技术的发展，飞行器研制周期缩短。模型快速成型技术（RP），或称为3D打印成型技术，能使飞行器设计者的设想或计算模拟的结果迅速通过风洞试验得到验证，从而加快了飞行器研制速度。

传统模型制造工艺通常是减材制造，即根据模型设计图纸，从零件毛坯去除多余部分成型组装而成。3D打印成型技术则与之相反，是一种用材料逐层或逐点堆积出模型的增材制造方法。它是将计算机辅助设计（CAD）、计算机辅助制造（CAM）、计算机数字控制（CNC）、精密伺服驱动和材料科学等先进技术集于一体的新技术，其基本构思是：任何三维零件都可以看作是许多等厚度的二维平面轮廓沿某一坐标方向叠加而成。因此依据计算机上构成的产品三维设计模型,可先将 CAD 系统内的三维模型切分成一系列平面几何信息,即对其进行分层切片,得到各层截面的轮廓,按照这些轮廓,激光束选择性地切割层叠的纸(或按层固化液态树脂、烧结金属或非金属粉末材料),或喷射源选择性地按层喷射黏结剂或热熔材料等,形成各截面轮廓并逐步叠加成三维产品。几种常见的快速成型技术介绍如下。

(1) 立体光固化(stereo lithography appearance,SLA)。该方法是目前世界上研究最深入、技术最成熟、应用最广泛的一种快速成型方法。SLA 技术原理是,计算机控制激光束对光敏树脂为原料的表面进行逐点扫描,被扫描区域的树脂薄层产生光聚合反应而固化,形成零件的一个薄层,之后工作台下移一层厚的距离,以在固化好的树脂表面再敷上一层新的液态树脂,如此反复,直到整个模型制造完毕。该方法只能够快速制造树脂类的模型,因而在风洞试验中主要应用于低速风洞。

(2) 熔融层积成型(fused deposition modeling,FDM)。FDM 熔融层积成型技术是将丝状的热熔性材料加热融化,同时三维喷头在计算机的控制下,根据截面轮廓信息,将材料选择性地涂敷在工作台上,快速冷却后形成一层截面,完成后,机器工作台下降一个高度(分层厚度)再成型下一层,直至形成整个实体造型。其成型材料种类多,成型件强度高、精度较高,主要适用于成型小塑料件,也有金属材料的 FDM 成型机。

(3) 选择性激光烧结(selective laser sintering,SLS)。SLS 选区激光烧结技术是通过预先在工作台上铺一层粉末材料(金属粉末或非金属粉末),然后让激光在计算机控制下按照界面轮廓信息对实心部分粉末进行烧结,不断循环这一过程,层层堆积成型。该方法制造工艺简单、材料选择范围广、成本较低、成型速度快,适用于钛合金、不锈钢等的快速成型,因而正在成为快速制造风洞模型的主要方法之一。除了 SLS,近些年又发展出多种类型的金属 3D 打印技术,为风洞模型的快速制造提供了更多途径。

美国空军实验室飞行器部分别采用立体光固化和选择性激光烧结技术加工了无人战斗机 X-45A 和空中攻击机(Strike Tanker)风洞试验模型(图 4.6、图 4.7),并在空军实验室亚声速风洞进行了试验。

材料是 3D 打印技术的关键之一。材料既决定了 3D 打印的应用趋势,也决定了 3D 打印的发展方向。目前,3D 打印的材料包括聚合物、金属和陶瓷等,也有一些新兴的材料。其中,陶瓷材料目前不太适合作为风洞模型材料(除了正在研究的 3D 打印防隔热陶瓷材料),本节略去不谈。

4.1.3.1 聚合物材料

聚合物材料密度低、比性能好、成本低廉，长期以来都是3D打印最常用材料。聚合物材料主要包括塑料类材料、光敏树脂材料等。

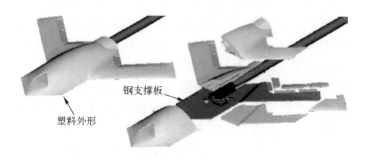

▶ 图 4.6　SLA 技术加工的 X-45A 模型

▶ 图 4.7　SLS 技术加工的 Striker Tanker 模型

1) 塑料类材料

目前最常用的塑料类材料为丙烯腈-丁二烯-苯乙烯（ABS）树脂、聚碳酸酯（PC）、尼龙（PA）。ABS 通过加入添加剂很容易实现材料颜色改变，是3D打印技术中广泛应用的材料，如桌面式打印机最常采用的就是 ABS 材料。同 ABS 树脂相比，PC 的机械强度更高，并且其耐燃性高，不易收缩变形，因此更适合用于制造强度要求高的产品。德国拜耳公司自主研发出了 PC2605 聚碳酸酯，其 3D 打印产品已应用于机械齿轮、防弹玻璃等领域。相比前两种材料，PA 在力学性能方面的优势更明显。PA 树脂家族中的 PA66，在韧性、延展性和耐磨性方面都表现出极好的性能。科研人员也常对 PA 进行改性加工，如加入 PVA 等改性材料，使得 PVA 同 PA 的分子链产生结合，络合形成网状结构，覆盖在 PA 材料的表面，进而提升 PA 材料的弯曲强度、分子黏度与内聚力。

2) 光敏树脂材料

光敏（UV）树脂材料是一种常见的 3D 打印材料。光敏树脂材料一般为液态，是由光引发剂与单体或预聚合物构成的材料。在一定波长的紫外线照射下，存在于光敏树脂材料中的光引发剂对紫外线产生吸收作用，进而形成激发态分子，之后急速分解，触发光敏树脂中的聚合物发生聚合反应，整个引发过程时间短，光敏树脂材料可以在短时间内实现固化。若要实现块体固化，可以利用 3D 打印设备对光敏树脂材料进行逐层扫描、逐层堆结，从而得到预期的 3D 打印成品。光敏树脂材料的性能类似于 ABS 树脂，具有机械强度高、无挥发性气味、适用领域广、便于储存等特点，适合用于精密部件的成型。不过与大多数高分子聚合物相比，UV 树脂的生产成本较高，一定程度上限制了 UV 树脂材料在 3D 打印领域中的应用，但其对于预算较高的风洞试验通常是可接受的。

3) 新型聚合物材料

在传统聚合物材料发展的基础上，许多新兴的聚合物材料正逐步走入我们的视野。如 Shapeways 公司 2023 年公布的新型 3D 打印材料 EP（elasto plastic）。EP 材料具有物理性质优良、材质柔软、易于成型的优点。在利用该种材料进行成品制造时，其 3D 打印成型原理类似于 ABS 树脂材料的"逐层烧结"原理，即逐层堆积进而成型。相比 ABS 树脂材料，利用 EP 材料打印出来的成型品具有较好的弹性，在产品变形后易于恢复原来的形貌，解决了传统材料打印出的产品脆性高的难题。杜邦公司新研发出 Dupont Hytrel 热塑性弹性体、DuPont Zytel 尼龙和 DuPont Surlyn 高聚物，表现出了较传统 3D 打印材料更出色的性质，更适合在 3D 打印领域进行应用。

聚合物类材料是 3D 打印最常见的材料，也已被用于快速制造风洞试验模型。但聚合物的缺点是强度低，因而用其制造的模型只能用于低速风洞试验。对于高速风洞试验，可考虑采用金属材料 3D 打印模型。

4.1.3.2 金属材料

通过 3D 打印金属材料可以获得结构复杂的金属零部件，设计得当的话可以降低零件制造的成本、缩短加工周期、提高制造效率，其已被越来越广泛地应用于国防、航空等领域。3D 打印所使用的金属粉末应具有较高的纯净度和球形度、较窄的粒径分布和较低的氧含量。目前比较常见的 3D 打印金属类材料主要包括钛合金、高温合金、不锈钢和贵金属等。

1) 钛合金

钛合金的物理化学性质决定了其很适合用于 3D 打印。北京航空航天大学研究人员通过 3D 打印钛合金制备了"飞机钛合金大型复杂整体构件"，在 2013 年获得了国家技术发明奖一等奖。中国 C919 大飞机机翼结构中的主要承重部件机翼中央翼缘条，也是 3D 打印技术的成果。将 3D 打印钛合金用于风洞试验模型的制作，可以大幅提高工作效率，并有望降低试验总成本。

2) 高温合金

高温合金材料具有高温机械性能好、化学性质稳定的优点，但是通过传统方法制备的高温合金材料，其制备成本高且不易成形。3D 打印高温合金已在航空工业领域得到了较多应用。美国的研究人员通过 3D 打印技术制备了 IN718 镍基高温合金转子。不锈钢也是一类耐热性能较好的金属材料，被誉为"高温合金家族中的性价比之王"，以不锈钢材料为原料、通过 3D 打印得到的产品强度高，很适合在产业上进行应用。

此外，镁铝合金由于质量轻、强度高，近年来在 3D 打印材料领域被使用。日本佳能公司的顶级单反相机，其壳体上的曲面顶盖的制造就利用了 3D 打印技术。

根据风洞试验模型的具体要求，合理选择 3D 打印技术及相关材料，可以大幅提升风洞试验的效率。如今 3D 打印技术及相关材料在风洞模型的制造中已经得到了越来越广泛的应用。

4.1.4 模型支撑材料

模型支撑结构是风洞试验模型的重要组成。模型支撑结构主要可分为腹部支撑和尾部支撑两大类（图 4.8，图 4.9），此外有张线支撑等方式。腹部支撑由模型接头、支杆、风挡及机械天平上的模型支架和角度机构构成。支撑系统分为单支杆支撑、双支杆支撑或三支杆支撑，由机械天平的迎角机构和偏航角机构改变模型迎角和偏航角。尾部支撑由尾撑支杆、拖箱、弯刀、传动箱、下支角和上支臂组成，通过天平、尾撑支杆由拖箱沿弯刀在垂直平面内绕试验段中心做弧形运动，实现迎角变化。

模型支撑结构的服役环境主要是静载荷、冲击载荷和粒子冲刷、腐蚀环境，要求其材料的弹性变形量在可接受的范围内，且不发生塑性变形、断裂、腐蚀，因此应具有高强度、高刚度、耐腐蚀、易加工成形、便于维护等性能。综合分析，不锈钢是较为合适的模型支撑材料。不锈钢是在大气和一般介质中具有很高耐腐蚀性的钢种。腐蚀是在外部介质的作用下金属逐渐破坏的过程。通常分两大类，一类是化学腐蚀，是金属材料与介质发生化学反应而破坏的过程，其特点是在腐蚀过程中不产生电流，如钢的高温氧化、脱碳以及在石油燃气中的腐蚀等；另一类是电化学腐蚀，是金属材料在电解质溶液中发生原电池作用而破坏的过程，特点是在腐蚀过程中有电流产生，如金属材料在大气条件下的锈蚀以及在各种电解液中的腐蚀等。

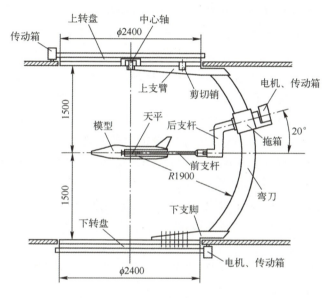

▼ 图 4.8 风洞模型支撑系统示意图

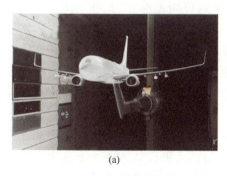
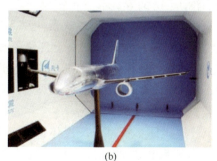

(a)　　　　　　　　　　　(b)

▼ 图 4.9 波音 P8A 模型的尾部支撑照片（a）和 C919 模型的腹部支撑照片（b）

金属材料腐蚀多数为电化学腐蚀。根据腐蚀原电池构成要素（阳极、阴极、电解液、阳极与阴极互联）及腐蚀过程的基本原理，要提高金属材料的耐蚀能力，可以采用以下三种方法：①尽可能使金属材料单相化，不易形成腐蚀原电池，并尽可能提高单相（纯金属或固溶体）的电极电位；②尽可能降低阳极与阴极之间的电极电位差，减小腐蚀电流，降低腐蚀速率；③尽可能使金属表面形成绝缘层与电解液隔离，如在金属表面形成致密稳定的绝缘膜层使其表面"钝化"。

为了实现耐腐蚀，不锈钢的成分通常有两个特点：含碳量低且含有 Cr、Ni 等合金元素。①耐蚀性要求越高，含碳量应越低。碳与铁或合金元素形成的碳化物其电极电位比铁素体高，为阴极相。由于不锈钢中主要合金元素为 Cr，C 与 Cr 形成（FeCr）$_3$C 颗粒在晶界析出，使晶界邻近区域严重贫 Cr，当 Cr 含量低于 12%（质量分数）时，晶界区域电极电位急剧下降，耐蚀性能大大降低。多数耐蚀性优良的不锈钢其含碳量均低于 0.2%（质量分数）。但高强度高硬度的不锈钢，含碳量可适当增加。②加入合金元素 Cr、Ni、Ti、Nb、Mo 等。Cr 的主要作用是提高基体相的电极电位。随 Cr 含量的增加，钢的电极电位有突变式的提高。研究表明，当含 Cr 量超过 12%（质量分数）时，电极电位急剧升高。Cr 是扩大铁素体区的元素，含量超过 12.7%（质量分数）时可使钢形成单一的铁素体组织。同时 Cr 在氧化性介质中极易钝化，生成致密的氧化膜，将钢基体与电解液隔离，大大提高耐蚀性。Ni 的作用主要是获得奥氏体组织，同时可提高韧性、强度以及改善焊接性能。Ti 或 Nb 与 C 的亲和力大于 Cr 和 C，可与 C 生成稳定的碳化物，在不锈钢中可避免晶界贫 Cr，减轻晶间腐蚀倾向。

按正火状态的组织可将不锈钢分为马氏体型不锈钢、铁素体型不锈钢、奥氏体型不锈钢等；部分不诱钢的牌号与成分如表 4.13 所列。

① 铁素体型不锈钢。铁素体型不锈钢中含 Cr 量约为 17%（质量分数），其典型钢种为 1Cr17 钢。由于含铬量较高，正火状态下不发生相变，始终保持铁素体单相，无需热处理。其耐蚀性优于马氏体不锈钢，但强度较低。主要用于耐蚀性要求较高、强度要求不高的构件，如化工设备中的容器、管道等。

② 奥氏体不锈钢。奥氏体不锈钢中含 Cr 量约为 17%~19%（质量分数），含 Ni 量约为 8%~11%（质量分数），Ni 是扩大奥氏体区的主要元素，正火状态下同样不发生相变，始终保持奥氏体单相。典型钢种有 1Cr18Ni9Ti 钢，简称 18-8 不锈钢。其耐蚀性优于铁素体不锈钢，主要用于制造在强腐蚀介质中

③ 马氏体型不锈钢。最常用的马氏体型不锈钢是 Cr13 型钢，牌号有 1Cr13、2Cr13、3Cr13、4Cr13，含碳量分别为 0.1%（质量分数）、0.2%（质量分数）、0.3%（质量分数）、0.4%（质量分数）。Cr13 型不锈钢可通过淬火得到高硬度的马氏体组织，故称为马氏体不锈钢。热处理工艺为淬火加低温回火，显微组织为回火马氏体。广泛应用于制造腐蚀性介质中承载的零件，如汽轮机叶片、各种泵的机械零件、水压机阀等。还可用来制造医用手术工具、测量工具、不锈钢轴承等在弱腐蚀介质中工作的耐蚀零件。常用不锈钢的牌号、化学成分、热处理、力学性能和用途见附表 F。

风洞试验模型支撑材料作为非易损的承载构件，除了应有较好的抗腐蚀能力外，还应具有较高的强度和韧性。一般而言，在上述三种不锈钢中，马氏体不锈钢是较为合适的选材。马氏体不锈钢习惯上可按含碳量大体分为以下三类，即低碳类：$C \leqslant 0.15\%$、$Cr = 12\% \sim 14\%$，如 1Cr13；中碳类：$C = 0.2\% \sim 0.4\%$、$Cr = 12\% \sim 14\%$，如 2Cr13、3Cr13；高碳类：$C = 0.6\% \sim 1\%$、Cr18%，如 9Cr19。

前文提到，Cr 是不锈钢的重要合金元素。通常来说，铬含量越高，不锈钢耐腐蚀性越好。但是当 Cr 大于 13% 时，不存在 γ 相（奥氏体相），此类合金为单相铁素体合金，在任何热处理制度下也不能产生马氏体，即无法通过热处理调整其力学性能（无法通过热处理增加硬度），为此必须在内 Fe-Cr 二元合金中加入奥氏体形成元素，C、N 是有效元素，就扩大 γ 相来看，C、N 元素的添加使得合金允许更高的铬含量。因碳和铬亲和性好，容易产生稳定的碳化铬，导致不锈钢中铬含量降低，从而降低其耐腐蚀性。所以当铬含量相同时，碳含量越低，则耐腐蚀性越好，碳含量越高，则耐腐蚀性越差。比如 1Cr13、2Cr13、3Cr13、4Cr13，耐腐蚀性高低排列为 1Cr13>2Cr13>3Cr13>4Cr13（暂去除热处理、抛磨处理等其他加工因素影响）。因碳是影响不锈钢硬度的主要因素，所以，通常碳含量越高则热处理后的硬度就越高。上述三种材质在同样的热处理条件下硬度高低排列为 1Cr13<2Cr13<3Cr13<4Cr13。

所以要得到更高的硬度，需相应增加碳含量，而为了保证其耐腐蚀性，则又要相应增加铬含量。反过来看，要得到更好的耐腐蚀性能，就需相应增加铬含量，而为了热处理时得到稳定的奥氏体组织，则又要相应增加碳含量，二者相辅相成。由表 4.8 可看出，马氏体不锈钢（3Cr13、3Cr14、5Cr14Mo、

5Cr15MoV、7Cr17Mo）的碳含量与铬含量基本成正比。此情况的出现，是追求更高硬度又保持良好的耐腐蚀性能的结果。常用马氏体不锈钢硬度：3Cr13大致为53±2HRC，5Cr15MoV大致为55±2HRC。

表4.13 不同牌号不锈钢的成分

序号	牌号	化学成分/%								备注
		C	Si	Mn	P	S	Cr	Mo	V	Ni	
1	1Cr17	≤0.12	≤0.75	≤1.00	≤0.035	≤0.030	16.00~18.00	—	—	≤0.60	中国
	SUS430	≤0.12	≤0.75	≤1.00	≤0.040	≤0.030	16.00~18.00	—	—	≤0.60	日本
2	3Cr13	0.26~0.35	≤1.00	≤1.00	≤0.035	≤0.030	12.00~14.00	—	—	≤0.60	中国
	SUS420J2	0.26~0.40	≤1.00	≤1.00	0.040	≤0.030	12.00~14.00	—	—	≤0.60	日本
3	3Cr14	0.27~0.40	≤1.00	≤1.00	≤0.035	≤0.035	13.00~14.50	—	—	≤0.60	中国
4	5Cr14Mo (1.4110)	0.48~0.60	≤1.00	≤1.00	≤0.040	≤0.015	13.00~15.00	0.50~0.60	≤0.15	≤0.60	德国
5	5Cr15MoV (1.4116)	0.45~0.55	≤1.00	≤1.00	≤0.040	≤0.015	14.00~15.00	0.50~0.80	0.1~0.2	≤0.60	德国
6	7Cr17Mo (440A)	0.60~0.75	≤1.00	≤1.00	≤0.040	≤0.030	16.00~18.00	≤0.75	—	≤0.60	美国

4.2 热防护模型材料

在飞行器的设计中，特别是高速或超高速飞行器的设计中，热防护是一项极为关键的技术。检验热防护材料与结构能否在飞行器服役过程中有效发挥作用，地面风洞试验模拟考核是一个重要手段。常见的用于考核材料防隔热性能的特种风洞包括电弧风洞、电弧加热器、高频等离子体风洞等，在开展风洞考核试验时，通常把考核对象以原尺寸或缩比件的形式制作成模型进行考核，以获取相应的实验数据。本节首先简单介绍气动热的概念，接着主要讨论高温防热、高温隔热和高温透波三类常见的防隔热模型材料。

4.2.1 气动热

物体在大气中高速运动时,气体与飞行物体发生摩擦会产生很大的热量。这种物体在大气层中运动产生热的现象称为气动加热(图 4.10)。气动热温度大体与马赫数成正比(表 4.14),因此必须采取有效的防隔热措施,才能保证高马赫数飞行器的正常飞行,如为飞行器"穿上"防隔热的"外衣",即防隔热材料。防隔热材料的设计必须以气动热数据为参考依据,并应对其进行防隔热性能的考核。如何获取气动热并考核材料的防隔热性能呢?主要是通过风洞模型试验(如高频等离子体风洞、电弧风洞等)。准备好用于模拟局部或者全飞行器在高速气流下的气动热环境的试验模型(此处简称"气动热模型"),开展风洞模型试验,可测试飞行器表面热流/温度分布,考核飞行器防热结构及材料的抗烧蚀及冲刷性能、隔热结构及材料的隔热与耐热性能等,为飞行器防隔热结构设计及选材提供参考。

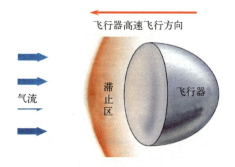

▶ 图 4.10 气动加热原理示意图

表 4.14 飞行马赫数和驻点温度的对应关系

马赫数(Ma)	驻点温度/℃
2~3	400
4	800
8~12	2400
23	7000~10000

气动热模型材料根据其在热防护系统中发挥的功能,主要包括高温防热材料、高温隔热材料和高温透波材料三大类。

4.2.2 高温防热材料

根据防热机理不同,高温防热材料可分为吸热式防热材料、发汗式防热材料、烧蚀式防热材料、辐射式防热材料、热疏导式防热材料几大类。

1) 吸热式防热材料

利用热容量大的金属(如钨、钼等)做成钝头形吸热帽装在弹头上以吸收气动热,具有结构简单、再入后弹头外形不变的优点。如1957年美国的MK-1弹道导弹弹头上即采用了吸热式防热材料与结构。吸热式防热材料的缺点是,吸收热量有限、长时间防热效果差,且增加了弹头质量,影响导弹射程,目前已经基本放弃了这种方式。

2) 发汗式防热材料

根据动植物的呼吸和排汗可以散热的原理,用氨、水、氟利昂、铜等作为发汗剂,在压力或蒸发的作用下,发汗剂从弹头高温的多孔材料中排出,在分解和气化过程中吸收并带走热量。发汗式防热能保持弹头的气动外形不变,其防热能力大,所形成的气膜对弹头抵抗雨雪、风沙等粒子云的侵蚀也很有利。其缺点是结构重量较大、技术复杂、可靠性差,且随着发汗剂的不断消耗,弹头的质量和重心会发生变化,影响命中精度,目前仍处于试验阶段。

3) 烧蚀式防热材料

烧蚀式防热材料主要为酚醛树脂、高硅氧/酚醛、碳纤维/酚醛树脂等,在气动加热热流作用下,树脂不断发生分解、熔化、气化、升华和质量流失,从而消耗和带走热量,防止气动加热的热流传入弹头内部。早期的弹道导弹都采用了烧蚀防热。其缺点是烧蚀率大,即弹头迎风面和背风面烧蚀不同步引起的外形尺寸变化大,显著影响导弹控制和打击精度。

4) 辐射式防热材料

为了使高马赫数、长时间飞行工况下导弹的姿态控制和飞行轨道尽可能不受到影响,必须发展零烧蚀或低烧蚀、抗氧化、抗热震的辐射式防热材料,通过辐射散热来实现飞行器或导弹端头帽和机翼前缘等结构部件的防热。其性能要求包括高的热强性能、耐烧蚀(微烧蚀甚至零烧蚀)、高热导率、低膨胀系数。典型的辐射式防热材料包括C/C复合材料、C/SiC复合材料、难熔金属、超高温陶瓷及其复合材料等。

(1) C/C复合材料。

C/C复合材料是指以碳纤维为增强项、热解碳为基体的复合材料。C/C复合材料具有耐高温,高温强度、模量高的优点,作为耐烧蚀材料,最早应用于导弹鼻锥帽、高速和再入航天飞行器鼻锥和前缘以及固体火箭发动机燃烧室、喉衬等受气动加热最严重的部位。可采用树脂浸渍炭化法、化学气相渗透法等方法制备。C/C 复合材料的缺点是抗氧化性能差，在有氧环境中，于 350℃ 左右开始氧化，500℃ 以上发生燃烧，性能急剧下降。一般采用涂层或掺杂的方法来改善 C/C 复合材料的抗氧化性能。抗氧化涂层早期主要为含硅陶瓷，以 SiC 及其他含 Si 化合物为主，高温下含 Si 化合物氧化形成连续的玻璃态 SiO_2 保护层，能够阻止氧气的侵蚀。

（2）C/SiC 复合材料。

C/SiC 复合材料以抗氧化性优良的 SiC 取代 C/C 复合材料中的 C 基体。由于基体是 SiC，因而具有较好的抗氧化性能，在 1750℃ 的空气中可以使用约 30 分钟，可以考虑用作飞行器机身大面积防热或导弹弹头翼面、舵面等部位的候选材料。C/SiC 复合材料的制备工艺主要有三种：液相硅浸渍法、先驱体浸渍裂解法和化学气相渗透法。

（3）难熔金属。

难熔金属及其合金具有熔点高、蒸气压低、耐高温、抗腐蚀等突出优点，在较高温度下能够保持较好的力学性能，是最早用于超高温环境的材料之一。典型的材料如金属钨，其熔点高达 3410℃。但钨的密度高达 $19.3g/cm^3$，且抗氧化性较差，一般在 W 中掺杂其他材料来提高它的性能。比较常用的是钨中添加铜作为发汗剂，通过 Cu 的挥发带走热量，降低 W 表面温度。

（4）超高温陶瓷及其复合材料。

超高温陶瓷一般指熔点高于 3000℃ 的陶瓷材料，主要包括过渡金属 Ta、Zr、Hf、Nb 的难熔化合物，如硼化物、碳化物及氮化物等（表 4.15）。与碳化物相比，硼化物具有高热导率，因此具有高的抗热震性能。HfO_2 和 ZrO_2 具有较高的熔点（表 4.16），因此 ZrB_2 和 HfB_2 是研究较多的两种超高温陶瓷材料。从目前研究情况来看，超高温陶瓷的研究还不成熟，需要在材料制备、复杂构件成型及相关应用方面开展大量的攻关工作。超高温陶瓷基复合材料由于熔点高、密度低、耐氧化烧蚀性能好、力学性能优良，是最有潜力用于高超声速飞行器尖锐前缘、滑翔机动弹头端头帽、超燃冲压发动机燃烧室等耐超高温领域的材料。

表 4.15　常见耐超高温陶瓷

超高温陶瓷	熔点/K	密度/(g/cm³)	氧化起始温度/K
HfB_2	3250	10	773
ZrB_2	3245	6.2	1173

续表

超高温陶瓷	熔点/K	密度/(g/cm³)	氧化起始温度/K
HfC	4223	12.6	873
ZrC	3805	6.7	1173
TaC	4163	14.5	1073
NbC	4153	12.7	1073
SiC	3103	3.21	1773

表4.16 常见耐超高温陶瓷对应氧化物基本性能

性能	HfO_2	ZrO_2	Y_2O_3	SiO_2
熔点/℃	2800	2700	2460	1728
密度/(g/cm³)	9.68	5.6	5.3	2.32
热膨胀系数/(×10⁻⁶/K)	6.8	7.5	6.8	0.5

高温防热材料除了上述四种，还有热疏导式防热材料等。此外，飞行器热防护系统的研究人员从材料组成和结构上进行创新设计，以提升热防护效果，如波音X-37B使用的TUFROC（新型韧化单体纤维增强抗氧化复合材料防热系统）等。

4.2.3 高温隔热材料

隔热材料又称绝热材料，指能阻滞热流传递的材料。通常具有密度低、孔隙率高、热导率低的特点。常见的军用高温隔热材料如表4.17所示。

表4.17 军用高温隔热材料性能参数

分类	商标	成分	热导率/(W/m·K)	使用温度/℃	代表性生产商
纤维毡	Quartz wool	SiO_2	0.273（800℃）	1200	Heraeus
	Nextel	Al_2O_3、SiO_2、B_2O_3	0.182（800℃）	1600	3M
	Saffil	Al_2O_3	—	1750	Aaffil Ltd.
	Zircar	Al_2O_3	0.300（1425）	1650	Zircar Ceramic
	Zirconia ZYF	ZrO_2、Y_2O_3	0.330（1650℃）	1930	Zircar Zirconia
隔热瓦	LI	SiO_2	0.034	1100	AMES
	FRCI	Al_2O_3、SiO_2、B_2O_3	0.420（1400℃）	1540	AMES
	AETB	Al_2O_3、SiO_2、B_2O_3	0.280（1600）	1600	AMES
纳米孔	Microtherm	SiO_2、TiO_2	0.034（800℃）	1000	Microtherm
	Pyrogel	SiO_2、TiO_2	0.033（480℃）	650	Aspen

隔热材料按材质、使用温度、形态等可有多种分类方式，如图4.11所示。有机隔热材料热导率低，但耐温低；无机隔热材料耐温高，但热导率高，且随着温度升高，热导率增幅加大。隔热材料种类众多，本节重点介绍在飞行器上应用越来越广泛的耐高温气凝胶材料。

```
        ┌ 材质：有机、无机
        │
        │ 使用温度：高温、中温、低温
        │
        │       ┌ 多孔纤维质隔热材料：纤维毡、纤维布、玻璃棉、岩棉
        │       │
        └ 形态 ─┤ 多孔颗粒类隔热材料：膨胀蛭石、膨胀珍珠岩
                │
                │ 发泡类隔热材料：泡沫玻璃、聚氨酯泡沫
                │
                └ 新型纳米孔超级隔热材料：氧化硅、氧化铝气凝胶
```

▶ 图4.11 隔热材料的分类

气凝胶是一种以纳米量级胶体粒子相互聚集构成纳米多孔网络结构，并在孔隙中充满气态分散介质的一种高分散固态材料。气凝胶材料因其独特的纳米多孔网络结构，具有高孔隙率（最高可达99%以上）、高表面活性、高比表面能和比表面积（高达1000m^2/g以上）等特殊性质，在电学、光学、催化、隔热保温等领域具有广阔的应用前景。

气凝胶根据其组分一般可分为以下几类：①无机氧化物气凝胶，如SiO_2、Al_2O_3、TiO_2、ZrO_2、CuO、W_2O_3等气凝胶；②有机气凝胶，如间苯二酚-甲醛（RF）、三聚氰胺-甲醛（MF）、苯酚-甲醛（PF）、纤维素及其衍生物、聚酰亚胺、聚氨酯等气凝胶及其衍生炭气凝胶；③有机-无机杂化气凝胶，如二异氰酸酯、苯乙烯、烷基三烷氧基硅烷基、聚壳糖等聚合物增强氧化硅气凝胶；④碳化物气凝胶，如SiC、TiC、MoC等气凝胶及石墨烯气凝胶。⑤多组分气凝胶，如Al_2O_3/SiO_2、TiO_2/SiO_2、C/SiC、C/SiO_2、C/Al_2O_3、SiCO、AlCO、硅酸铝气凝胶等。

气凝胶具有众多的特殊性质，表4.18给出了典型的SiO_2气凝胶的特性。

表4.18 典型的SiO_2气凝胶的特性

参数	值
表观密度	0.003~0.35g/cm^3
比表面积	600~1000m^2/g
平均孔径	约20nm

续表

参　　数	值
平均粒径	2~5nm
耐热度	500℃
导热系数	约0.013W/(m·K)(常温)
热膨胀系数	$(2.0~4.0)\times10^{-6}$
杨氏模量	1~10MPa
抗拉强度	16kPa ($\rho=0.1g/cm^3$)
断裂韧度	约0.8kPa·m$^{1/2}$ ($\rho=0.1g/cm^3$)

目前制备气凝胶主要是首先通过溶胶—凝胶法制备凝胶，再经过老化、超临界干燥等工艺手段制备气凝胶。其典型工艺过程为，将制备气凝胶所需原料（如正硅酸乙酯（TEOS）、仲丁醇铝（ASB）等）溶解到适量溶剂中，在适量水和催化剂的作用下，经水解、缩聚过程得到凝胶，再经过老化、干燥过程去除凝胶中的水和溶剂后，得到具有纳米孔径的气凝胶。

① 溶胶的制备。溶胶是指微小的固体颗粒悬浮分散在液相中，并不停地做布朗运动的体系。溶胶是热力学不稳定体系，若无其他条件限制，胶粒倾向于自发凝聚，即为凝胶化过程。利用化学反应产生不溶物（如高分子聚合物），并控制反应条件即可得到凝胶。溶胶的制备是制备气凝胶材料的关键，溶胶的质量直接影响最终所得气凝胶的性能。

② 凝胶的制备。凝胶是一种由细小粒子聚集成三维网状结构和连续分散相介质组成的具有固体特征的胶态体系。按分散相介质不同而分为水凝胶（hydrogel）、醇凝胶（alcogel）和气凝胶（aerogel）等，而沉淀物（precipitate）是由孤立粒子聚集体组成的。溶胶向凝胶的转变过程可简述为，缩聚反应形成的聚合物或粒子聚集体长大为小粒子簇（cluster）逐渐相互连接成三维网状结构，最后凝胶硬化。因此可以把凝胶化过程视为两个大的粒子簇组成的一个横跨整体的簇，形成连续的固体网络。

③ 老化及干燥。凝胶形成初期网络骨架较细，需要经过一段时间的老化后才能进行干燥。干燥前的凝胶具有纳米孔隙的三维网状结构，孔隙中充满溶剂。气凝胶的制备过程中的干燥过程，是用气体取代溶剂而尽量保持凝胶网络结构不被破坏的过程。为了降低干燥过程中凝胶所承受的毛细管张力、避免凝胶结构破坏，必须采用无毛细管张力或低毛细管张力作用过程进行干燥。常用的干燥手段有超临界干燥、亚临界干燥、真空冷冻干燥和常压干燥

等。超临界干燥是气凝胶干燥手段中研究最成熟的工艺。超临界流体一般是指用于溶解物质的超临界状态溶剂。当溶剂处于气液平衡状态时，液体密度和饱和蒸汽密度相同，气液界面消失，该消失点称为临界点。当流体温度和压力均在临界点以上时，称为超临界流体。这时流体的密度相当于液体，黏度和流动性却相当于气体，有液体般的溶解能力和气体般的传递速率。在超临界流体状态，气液相界面消失，毛细管力不复存在，干燥介质替换凝胶内的溶剂，然后缓慢降低压力将流体释放，即可得到纳米多孔网络结构的气凝胶。这种利用超临界流体的特点，实现在零表面张力下将流体分离排出的干燥工艺，称为超临界流体干燥。更多的相关资料可查阅《气凝胶高效隔热材料》一书。

气凝胶的力学性能差。为提高其力学性能，可制备气凝胶复合材料。气凝胶复合材料一般是指以陶瓷纤维、晶须、晶片或颗粒为增强体，以气凝胶为基体，通过适当复合工艺制备性能设计的一类复合材料。气凝胶复合材料通常针对隔热保温领域进行应用，具有较好的力学性能和超低热导率。目前制备气凝胶复合材料主要有凝胶整体成型和颗粒混合成型等方法。

若将气凝胶用于飞行器的防隔热结构，需要进一步提高其隔热材料的耐高温性能。

① 氧化物气凝胶。

SiO_2、Al_2O_3 及 ZrO_2 等氧化物气凝胶具有低密度和很低的常温热导率，但其耐温性远低于相对应的致密氧化物陶瓷（如 SiO_2 气凝胶长期使用温度低于 650℃，Al_2O_3 气凝胶长期使用温度不超过 1000℃，ZrO_2 气凝胶在 600~800℃ 使用时比表面积急剧下降），其原因在于气凝胶是由纳米颗粒形成的网络结构，纳米级颗粒活性较高，在高温应用环境中其纳米颗粒易发生烧结、纳米孔结构易塌陷。抑制氧化物气凝胶纳米颗粒烧结，是进一步提高其耐高温性能的重要手段。有学者采用气相六甲基二硅氮烷（HMDS）在氧化铝颗粒表面进行改性，形成的核壳结构，将氧化铝气凝胶的耐温性能提高到 1300℃。深入、系统地研究现有 SiO_2、Al_2O_3 以及 ZrO_2 等氧化物气凝胶在高温环境下微观结构演化规律，弄清其高温失效机制，设计新的工艺路线，可进一步提高现有氧化物气凝胶的耐高温性能。

② 炭气凝胶。

炭气凝胶在 2800℃ 的惰性气体氛围中仍能保持其介孔结构，2200℃ 下仍具有较低的热导率，但是在有氧环境下容易发生氧化。如何提高炭气凝胶在有氧环境下的高温抗氧化性能并保持其低热导率，是炭气凝胶应用研究的主要方向。某美国公司在炭泡沫复合炭气凝胶材料表面设计了抗氧化陶瓷复合材料壳层，使其在有氧环境下的最高使用温度达到2000℃左右。另外，可在炭气凝胶表面涂覆耐高温抗氧化涂层，通过优化涂层配比、调控涂层与基底材料的结合程度等来提高炭气凝胶材料的高温抗氧化性能。

③ 碳化物气凝胶。

相对于炭气凝胶隔热材料，碳化物气凝胶具有更好的高温抗氧化性，因此，开发碳化物气凝胶材料是耐高温气凝胶材料的主要发展趋势。当前研究较多的碳化物材料主要有碳化钛、碳化钼以及碳化硅等，但国内外对于碳化物材料的研究主要集中在纳米颗粒、晶须及多孔陶瓷上，对于完整块状的碳化物气凝胶的制备与研究较少。

4.2.4 高温透波材料

航天透波材料是一种保护航天飞行器在恶劣环境中通信、遥测、制导、引爆等系统正常工作的多功能介质材料，在运载火箭、空天飞机、导弹及返回式卫星等领域有着广泛的应用。天线窗和天线罩是两种常见的航天透波材料结构件。其中，天线窗一般位于飞行器的侧面或者底部，采用平板或带弧面的板状结构，是飞行器电磁传输和通信的窗口，对飞行器的飞行轨迹控制及跟踪至关重要。天线窗的位置通常不会处在最恶劣的热力环境中，因此相比于天线罩，对其性能的要求并不十分严苛。天线罩位于导弹头部，多为锥形或半球形，它既是弹体的结构件，又是无线电寻的制导系统的重要组成部分，是一种集承载、导流、透波、防热、耐蚀等多功能为一体的结构/功能部件。

高马赫数导弹及飞行器在高速飞行过程中，将会受到强烈的气动载荷和剧烈的气动加热，其制导系统的关键部件——天线罩/天线窗将面临极为恶劣的工作环境。例如，当远程弹道导弹再入大气层时，天线罩承受严重的高温、高压、噪声、振动、冲击和过载；高速可重复使用飞行器天线窗则面临长时间的持续气动加热和冲刷，以及可重复使用的苛刻要求；在恶劣的工况下，天线罩/天线窗还需实现电磁信号的高效传输，以满足制导与控制的要求。因此，研制具有耐高温、抗烧蚀、高强度、低介电、低损耗、易成型、高可靠的高温透波材料，对于新型导弹与高速飞行器的发展具有重要意义。

天线罩/天线窗透波材料的发展经历了一个从有机材料到陶瓷材料，从单相陶瓷材料到陶瓷基复合材料的过程。有机透波材料的耐温性能受材料本身性质所限，在高温环境中的应用有限。陶瓷材料由于具有优异的高温性能成为高温透波领域的主要候选材料。考虑到透波材料对介电性能的特殊要求，即介电常数较低，介电损耗角正切小等因素，可作为候选的材料屈指可数。目前陶瓷透波材料主要包括 Si 与 Al 的氧化物、氮化硅和氮化硼，以及由上述物质组成的复相陶瓷等。部分候选材料的主要物理性能如表 4.19 所列。

表 4.19 主要陶瓷透波材料的基本性能

性能	Al_2O_3	AlN	石英	Si_3N_4		BN	
				热压	反应烧结	热压	热解
密度/(g/cm³)	3.9	3.26	2.2	3.2	2.4	2.0	1.25
介电常数（10GHz）	9.6	8.6~9.0	3.42	7.9	5.6	4.5	3.1
损耗角正切（10GHz）	0.0001	0.0001	0.0004	0.004	0.001	0.0003	0.0003
相变温度/℃	2040	2230	1713	1899		3000	
弯曲强度/MPa	275	300	43	391	171	96	96
弹性模量/GPa	370	308	48	290	98	70	11
泊松比（0~800℃）	0.28	—	0.15	0.26	—	—	0.23
热导率/(W/m·K)	37.7	320	0.8	20.9	8.4	25.1	29.3
线膨胀系数（10^{-6}/K）	8.1	4.7	0.54	3.2	2.5	3.2	3.8
比热/(kJ/kg·K)	1.17	0.73	0.75	0.8	0.8	1.3	1.2
抗热震性能	不好	好	好	好	好	好	好

陶瓷材料本身存在韧性和可靠性差的缺点，因此对各种陶瓷材料进行优化设计应综合考虑各组分的特点，制备出整体性能更为优异的陶瓷基透波复合材料。按照增强相的状态，可分为颗粒（晶须）增强陶瓷基透波复合材料和纤维增强陶瓷基透波复合材料两类。

1) 颗粒（晶须）增强陶瓷基透波复合材料

针对 Al_2O_3 陶瓷脆性大、抗热冲击性能差的缺点，有学者采用 BN 颗粒进行增强。弥散的 BN 颗粒显著地改善了 Al_2O_3 的脆性，使陶瓷获得了良好的抗热冲击性能。为克服石英陶瓷力学性能和抗雨蚀性能较差的缺点，同时保持其优异的介电性能，许多学者进行了颗粒增强石英陶瓷的研究。

2) 纤维增强陶瓷基透波复合材料

纤维增强陶瓷基透波复合材料按基体的成分不同主要可分为氧化物基透波材料、磷酸盐基透波材料及氮化物基透波材料等系列。

（1）氧化物基透波材料。

为提高石英陶瓷的断裂韧性和可靠性，美国某公司采用无机先驱体浸渍烧成工艺，用硅溶胶浸渍石英织物，并在一定温度下烧结，制备了三维石英纤维织物增强氧化硅复合材料。SiO_{2f}/SiO_2复合材料的表面熔融温度与石英玻璃接近（约1735℃），是高状态再入型天线罩材料的理想选择之一。

（2）氮化物基透波材料。

Al_2O_3、BN陶瓷凭借其自身的诸多优异性能，日益引起人们的关注。近二十年来，氮化物天线罩材料一直是研究的热点。国防科技大学自2003年以来积极开展氮化物基透波复合材料的研究工作，在国内率先以聚硅氮烷、聚硼氮烷及聚硼硅氮烷为先驱体，采用聚合物先驱体浸渍裂解（precursor infiltration and pyrolysis，PIP）工艺分别制备出SiO_2氮化物、氮化物纤维/氮化物以及SiO_{2f}/Si-B-N复合材料，显示出良好的热、力、电综合性能。该制备工艺的主要流程如图4.12所示。其基本工艺过程为，以纤维预制体为骨架，浸渍聚合物先驱体（熔融物或溶液），在惰性气体保护下使其交联固化，然后在一定气氛中进行高温裂解，重复浸渍（交联）裂解过程可使复合材料致密化。

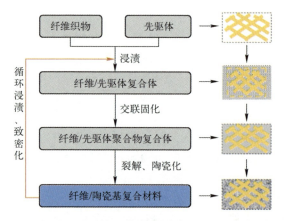

▼ 图4.12　先驱体浸渍裂解（PIP）工艺

本章小结

本章第一部分重点讨论了风洞试验模型材料，包括模型本体材料和模型支撑材料，讨论了选材的基本原则，列举了常见的模型材料，并介绍了模型制造的新工艺（3D打印技术）和材料的新发展。随着飞行器的速度越来越快，风洞试验除增设了获取气动力参数的功能，还增设了考核飞行器热防护材料与结构的可靠性等功能。因此，本章第二部分简要介绍了先进飞行器常见的关键防隔热材料，包括高温防热材料、高温隔热材料和高温透波材料。这类模型材料主要通过电弧风洞、高频等离子体风洞等特种风洞试验进行考核，读者可以阅读参考资料进一步了解相关内容。

思考题

（1）模型支撑材料的服役环境有什么特点，对模型支撑材料有什么要求？举例说明一种常见的模型支撑材料，并说出其加工工艺路线。

（2）3D 打印的特点是什么？如果让你采用 3D 打印技术制备超高速风洞试验模型，你会选择什么材料和哪种 3D 打印技术？为什么？

（3）请列举高温防热材料的种类及其主要特点。

参考文献

[1] 堵永国. 工程材料学 [M]. 北京：高等教育出版社，2015.
[2] 朱张校，姚可夫. 工程材料 [M]. 5 版. 北京：清华大学出版社，2011.
[3] 战培国，赵昕. 风洞试验模型技术新发展 [J]. 航空科学技术，2011(5)：8-11.
[4] 王维. 3D 打印材料发展现状研究 [J]. 新材料产业. 2019，(2)：7-11.
[5] 李斌，李端，张长瑞，等. 航天透波复合材料：先驱体转化氮化物透波材料技术 [M]. 北京：科学出版社，2019.
[6] 冯坚，等. 气凝胶高效隔热材料 [M]. 北京：科学出版社，2016.
[7] Tropea C，Yarin A L，Foss J F. Springer Handbook of Experimental Fluid Mechanics [M]. Berlin Heidelberg：Springer，2007.

第 5 章　风洞传感测试材料

5.1　风洞测试技术

风洞通常包括洞体、驱动系统、运动机构、控制系统、测量系统以及辅助系统等组成部分。在风洞试验过程中，驱动装置和模型支撑装置在控制系统的协调下，在试验段产生近似真实条件的气流，通过模型支撑机构的精确运动控制，测得模型在不同姿态下的气动特性参数，为飞行器空气动力特性预测研究以及飞行器研制提供保障。

风洞试验中需要测试的气流参数很多，根据类型主要可分为压力、温度、流速、马赫数、流向、紊流度和噪声等。对这些气流参数的测量离不开各类高精度传感器和测试设备，其中传感测试材料作为构成传感器和测试设备的基础，在各类风洞试验中起着极其关键的作用，其性能的优劣直接影响风洞实验数据的可靠性和准确度。

传感器（transducer 或 sensor）是将各种非电量（包括物理量、化学量、生物量等）按一定规律转换成便于处理和传输的另一种物理量（一般为电量）的装置。传感器检测（传感）原理指传感器工作时所依据的物理效应、化学反应和生物反应等机理，各种功能材料则是传感技术发展的物质基础，从某种意义上讲，传感器是能感知外界各种被测信号的功能材料。传感技术的研究和开发，不仅要求原理正确、选材合适，而且要求有先进、高精度的加工装配技术。此外，传感技术包括如何更好地把传感元件用于各领域的所谓传感器软件技术，如传感器的选择、标定以及接口技术等。总之，随着科学技术的发展，传感技术的研究开发范围正在不断扩大。

传感器的种类很多，根据输入量和测量对象的不同，大致可以分为压力传感器、温度传感器、位移传感器、速度传感器、加速度传感器、湿度传感器等。对于风洞试验来说，压力传感器和温度传感器是最常用的传感器。

第5章 风洞传感测试材料

风洞试验对压力传感器和温度传感器的选型需要特别考虑传感器的各类特性参数，这些参数反映了传感器的输入量和输出量之间的对应关系。表征传感器的特性参数很多，大部分特性参数是各类传感器通用的，但也有少数参数为某一类传感器所特有，如迟滞就是压力传感器的特有参数。传感器的特性参数及其含义大致如下。

（1）测量范围。在允许误差限内，由被测量的两个值确定的范围称为测量范围。被测量的最高值和最低值分别称为测量范围的上限值和下限值。

（2）线性度。传感器的线性度是指传感器输出（y）与输入（x）间的线性程度。如果输出-输入特性是线性的，则只要知道线性输出-输入特性上的两点（一般为零点和满度值）就可以确定其余各点，这可使仪表刻度盘刻度均匀，因而制作、安装、调试容易，能提高测量精度。此外可以避免非线性补偿环节。

（3）灵敏度。灵敏度是指传感器在稳定工作条件下，输出微小变化增量与引起此变化的输入微小变量的比值。常用 S_n 表示传感器灵敏度，对于输入与输出关系为线性的传感器，灵敏度为一常数，即为特性曲线的斜率，如图 5.1（a）所示，表达式为

$$S_n = \Delta y / \Delta x \tag{5.1}$$

而非线性传感器的灵敏度如图 5.1（b）所示，各处不同，灵敏度为一变量，可表示为

$$S_n = dy / dx \tag{5.2}$$

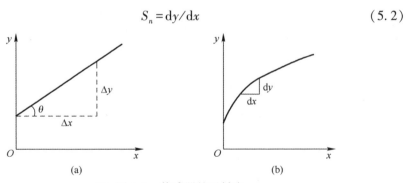

▶ 图 5.1 传感器的灵敏度
（a）灵敏度特性；（b）非线性传感器的灵敏度。

（4）迟滞。迟滞（或称迟环）特性表明传感器在正（输入量增大）反（输入量减小）行程期间输出-输入特性曲线不重合的程度。热迟滞是指在传感器测量范围内的某一点上，当温度以逐渐上升和逐渐下降的两种方式接近并达到某一温度时，传感器输出的最大差值。

（5）精度。表征传感器在其全量程内任一点的输出值与其理论输出值的偏离程度，是评价传感器静态性能的综合性指标。测量误差越小，传感器的精度越高。

（6）稳定性。稳定性是传感器在长时间内仍保持其性能的能力。测试时先将传感器输出调至零点或某一特定点，相隔4h、8h或一定的工作次数后，再读出输出值，前后两次输出值之差即为稳定性误差。稳定性一般以室温条件下经过规定时间间隔后，传感器的输出与起始标定时的输出之间的差异来表示，有时也有用标定的有效期来表示；可用相对误差表示，也可用绝对误差表示。

（7）分辨率。当传感器的输入从非零值缓慢增加时，在超过某一增量后，输出发生可观测的变化，这个输入增量称为传感器的分辨率，即最小输入增量。

（8）响应时间。当温度出现阶跃变化时，传感器的输出信号变化达到最终数值90%所需要的时间。响应时间属于传感器的动态特性，指输入量随时间变化时输出和输入之间的关系。

在风洞试验中，传统的压力场测量和温度场测量常应用离散的压力传感器和温度传感器等进行，这种测量方案受限于其测量特点，在实施的过程中存在着很多不足。对于利用离散的压力/温度传感器测量压力/温度场分布，只能利用有限的离散点进行面的推演，误差较大。此外，采用传感器进行测量属于接触测量技术，往往会对测试目标的表面结构造成破坏，同时在测量高速运动（转动）的目标时存在困难。

随着新材料技术、电子技术和计算机技术的发展，风洞试验逐渐发展出一些行之有效的非接触测量技术，例如，用于测量模型表面压力的压敏漆技术（PSP），用于测量模型温度的温敏漆技术（TSP）和红外热成像技术，用于测量流速的粒子图像测速技术（PIV）等。这些技术主要通过光学方法对风洞中的流场进行显示以及对模型参数进行测量，极大克服了接触测量技术的局限性，已经被广泛地应用于各种风洞试验中，从低速、跨声速、高速以及超高速风洞都有相应的非接触测量技术被应用。

5.2 气动力测量及材料

5.2.1 气动力的测量

物体与空气做相对运动时作用在物体上的力简称气动力。开展风洞试验的目的之一是获取飞行器的气动力参数，从而指导飞行器的设计。那么，风洞试验模型是如何获得气动力参数的呢？这就需要用到气动力的测量装置——风洞试验天平（见图5.2）。

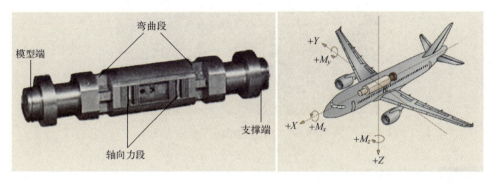

图5.2　天平的外观及其在模型中的位置

风洞试验天平又称空气动力天平，在风洞中用以测量作用在模型上的空气动力和力矩。模型在风洞中做测力试验时，这种天平将作用在模型上的总的空气动力按一定的坐标轴系分解成几个分量，其通常被分解为三个互相垂直的力和绕互相垂直轴的三个力矩，并把各分量传递到各测量元件，然后把它们精确地测量出来并给出数据。

风洞天平按工作原理可分为机械天平、应变天平、压电天平与磁悬挂天平等。机械天平是通过天平上的机械构件进行力的分解与传递，用机械平衡元件或力传感器来测量作用在模型上的空气动力载荷的测力装置。应变天平是通过天平上的弹性元件表面的应变，用应变计组成的惠斯顿电桥来测量作用在模型上的空气动力载荷的测力装置。压电天平是通过天平上的压电元件的压电效应来测量作用在模型上的空气动力载荷的测力装置。磁悬挂天平是利用磁力将模型悬挂在风洞中，通过电流、位置测量来测量作用在模型上的空气动力载荷的测力装置。

应变天平（又称电阻应变式天平，如图5.3所示）用应变片为敏感元件测量模型空气动力。应变天平的测量元件由应变梁表面的应变来确定空气动力分量。

测量元件包括弹性元件、电阻应变片、测量电路和电子放大器几部分。弹性元件的作用是通过弹性梁产生的应变来感受空气动力分量。电阻应变片的作用是将弹性梁产生的应变转变为电阻的变化。测量电路的作用是将电阻的变化转变为电压的变化作为天平的最终输出量。本节主要讨论测量时产生应变的弹性梁材料以及电阻应变片及材料。

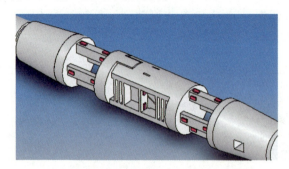

▶ 图 5.3 电阻应变式天平的示意图

5.2.2 弹性梁及材料

常见的弹性梁材料为金属材料，如表 5.1 所示，包括马氏体时效钢、沉淀硬化不锈钢、钛合金、铍青铜和铝合金。钛合金和铝合金前文已有介绍，此处不再赘述。天平服役时，弹性梁不能发生塑性变形，其弹性变形大小可以反映气动力的数值。不同金属材料的弹性模量、密度和热膨胀系数不同，适合于不同的风洞试验类型。

表 5.1 测力单元典型材料

材料	简称	杨氏模量 /(N/mm^2)	剪切模量 /(N/mm^2)	密度 /(kg/m^3)	热膨胀系数 /(μm/mK)
马氏体	X2 Ni Co Mo 18 8 5	186000	71400	7920	11.6
马氏体	X2 Ni Co Mo 18 9 5	191000	74600	8080	10.3
马氏体	X2 Ni Co MoTi 18 12 4	190000	74600	8020	11.7
马氏体	X2 Ni Co Mo 18 8 3	181300	68000	7920	9.0
不锈钢	17-4-PH	190000	75000	7780	10.0
不锈钢	PH 13-8 Mo	190000	75000	7760	10.0
钛	TI AL 6 V 4	110000	43000	4430	8.6
Cu-Be	Cu Be 2	123000	44000	8260	17.9
铝	Al Cu Mg Mn	72400	27600	2800	23.0
铝	Al Zn Mg Cu Cr	71000	27000	2800	23.0

5.2.2.1 马氏体时效钢

马氏体时效钢，是以无碳（或微碳）马氏体为基体、时效时能产生金属间化合物沉淀硬化的超高强度钢。与传统高强度钢不同，它不用碳而靠金属间化合物的弥散析出强化。马氏体时效钢具有以下独特的性能：高强韧性、热处理工艺简单（在较小的冷却速度下也能淬火获得马氏体组织）、时效时几乎不变形以及很好的焊接性能。因其特性，马氏体时效钢很适合用作天平材料。表 5.1 中的 X2 Ni Co Mo 18 9 5 就是一种马氏体时效钢，该牌号为德国牌号，其成分为 C≤0.02%、Ni=18%、Co=9%、Mo=5%。

从表 5.2 中可以看到，马氏体时效钢的抗拉强度很高，是超高强度钢的一种。具有工业应用价值的马氏体时效钢，是 20 世纪 60 年代初由国际镍公司（INCO）首先开发出来的。1961—1962 年该公司 B0.F0.Decker 等人，在铁镍马氏体合金中加入不同含量的钴、钼、钛，通过时效硬化得到屈服强度分别达到 1400、1700、1900MPa 的 18Ni（200）、18Ni（250）和 18Ni（300）钢，并首先将 18Ni（200）和 18Ni（250）应用于火箭发动机壳体。

表 5.2　几种典型的马氏体时效钢

钢号	固溶温度/℃	时效温度/℃	硬度 HRC	抗拉强度/MPa
18Ni（250）	815	482	50~52	1850
18Ni（300）	816	482	53	2060
18Ni（350）	816	510	57~60	2490

5.2.2.2　沉淀硬化不锈钢

沉淀硬化不锈钢（precipitation hardening stainless steel）是指在不锈钢化学成分的基础上添加不同类型、数量的强化元素，通过沉淀硬化过程析出不同类型和数量的碳化物、氮化物、碳氮化物和金属间化合物，提高钢的强度且保持足够韧性的一类高强度不锈钢，简称 PH 钢。表 5.1 中的 17-4PH 是一种美国牌号的马氏体沉淀硬化不锈钢，相当于中国牌号 0Cr17Ni4Cu4Nb。沉淀硬化不锈钢根据其基体的金相组织可以分为马氏体型、半奥氏体型和奥氏体型三类。

（1）马氏体沉淀硬化不锈钢，含碳一般低于 0.1%。通过加入硬化元素（铜、铝、钛和铝等）进行强化，以弥补强度不足。铬含量一般高于 17%，并加入适量镍以改善耐蚀性。

（2）马氏体时效不锈钢，含碳不高于 0.03% 以保证马氏体基体的韧性、耐蚀性、焊接性和加工性，含铬不少 12% 以确保耐蚀性。另外通过加入合金元素钴，进一步改善钢的热处理效果。

（3）半奥氏体型，即过渡型沉淀硬化不锈钢，含铬不少于 12%。含碳低，并且以铝作为其主要沉淀硬化元素。这类型钢比马氏体沉淀硬化不锈钢有更好的综合性能。

（4）奥氏体沉淀硬化不锈钢，是在淬火状态和时效状态都为稳定奥氏体组织的不锈钢，含镍（高于25%）和锰都高，含铬高于13%，通常添加钛、铝、钒或磷作为沉淀硬化元素以确保良好的耐蚀性和抗氧化性，同时加入微量硼、钒、氮等元素，以获得优良的综合性能。

5.2.2.3 铍青铜

铍青铜是以铍作为主要合金组元的一种不含锡青铜，含有1.7%~2.5%铍及少量镍、铬、钛等元素，经过淬火时效处理后，强度极限可达1250~1500MPa，接近中等强度钢的水平。在淬火状态下塑性很好，可以加工成各种半成品。铍青铜具有很高的硬度、弹性极限、疲劳极限和耐磨性，还具有良好的耐蚀性、导热性和导电性，受冲击时不产生火花，广泛用作重要的弹性元件、耐磨零件和防爆工具等。常用牌号有 QBe2、QBe2.5、QBe1.7、QBe1.9等。

铍青铜具有良好的综合性能。其力学性能，即强度、硬度、耐磨性和耐疲劳性居铜合金之首。在导电、导热、无磁、抗火花等性能方面，其他铜材无法与之相比。在固溶软态下铍青铜的强度与导电性均处于最低值，加工硬化以后，强度有所提高，但电导率仍是最低值。经时效热处理后，其强度及电导率明显上升。

铍青铜的机加工性能、焊接性能、抛光性能与一般的高铜合金相似。为改善该合金的机加工性能、适应精密零件的精度要求，各国均开发了一种含铅0.2%~0.6%的高强铍青铜（C17300），其各项性能等同于C17200，但合金的切削系数由原来的20%提高到60%（易切削黄铜为100%）。

铍青铜是典型的时效析出强化型合金。高强铍青铜的典型热处理工艺是，在760~830℃温度保温适当时间（每25mm厚的板材至少保温60min），使溶质原子铍充分固溶于铜母体中，形成面心立方晶格的α相过饱和固溶体。随后，在320~340℃温度下保温2~3h，完成脱溶析出过程，形成γ′相（$CuBe_2$ 亚稳定相）。该相与母体共格造成应力场而强化了基体。高导铍青铜典型的热处理工艺是，在900~950℃的高温下保温一段时间，完成固溶过程，而后在450~480℃下保温2~4h，实现脱溶析出过程。由于合金中含较多的钴或镍，其弥散强化质点多为钴或镍与铍形成的金属间化合物。为进一步提高合金的强度，往往在固溶热处理之后和时效热处理之前，对合金施行一定程度的冷加工，旨在实现冷作硬化和时效硬化的综合强化效果。其冷加工度一般不超过37%。固溶热处理一般应由合金生产厂进行。用户将经过固溶热处理及冷轧的带材冲制成零件后，自行作时效热处理，以获得高强度的弹簧元件。近年来，美国开发了由铍铜生产厂家完成时效热处理的带材，客户可直接将其冲制成零件使用。铍青铜经各种工艺处理后，欧美对于合金状态的字母表示是：A 表示固溶退火态（annealed），合金处于最软状态，易于冲压加工成形，有待于下一步的冷加工或直接时效强化处理；H 表示加工硬化态（hard），以冷轧板材为例，37% 的冷加工度为全硬态（H）、21% 的冷加工度为半硬态（1/2H）、11% 的冷加工度为 1/4 硬态（1/4H），用户可根据所要冲制零件形状的难易程度而选择适宜的软硬状态；T 表示已经时效强化热处理状态（heat treatment）。如采用形变与时效综合强化的工艺则其状态以 HT 表示。

5.2.3 电阻应变片及材料

5.2.3.1 金属应变片的结构与工作原理

1）金属应变片的结构

利用金属丝的电阻应变效应，可以制成测量构件表面由压力引起的应变用的转换元件，将构件表面应变转换成金属丝的电阻相对变化，这种元件称为电阻应变片，简称应变片。电阻应变片品种繁多、形式多样，常见的有丝式电阻应变片和箔式电阻应变片。

金属电阻应变片的大体结构基本相同，图 5.4 是丝式金属电阻应变片的基本结构，由敏感栅、基片、覆盖层和引线等部分组成。敏感栅是应变片的核心部分，粘贴在绝缘的基片上，于其上再粘贴起保护作用的覆盖层，两端焊接引出导线。

图 5.5 是丝式电阻应变片和箔式电阻应变片的几种常用形式。丝式电阻应变片有回线式和短线式两种形式。回线式应变片是将电阻丝绕制成敏感栅粘贴在绝缘基层上，图 5.5（a）为常见回线式应变片的基本形式；短线式应变片如图 5.5（b）所示，敏感栅由电阻丝平行排列，两端用比栅丝直径大 5~10 倍的镀银丝短接构成。

箔式应变片的工作原理基本和电阻丝式应变片相同。它的电阻敏感元件不是金属丝栅，而是通过光刻、腐蚀等工序制成的薄金属箔栅，故称箔式电阻应变片。金属箔的厚度一般为 0.003~0.010mm，可制成各种形状的敏感栅（即应变花），其优点是表面积和截面积之比大、散热条件好、允许通过的电流较大、可制成各种所需的形状、便于批量生产。图 5.5 中的（c）、（d）、（e）及（f）为常见的箔式应变片形状。金属箔式应变片和丝式应变片相比较，有如下特点。

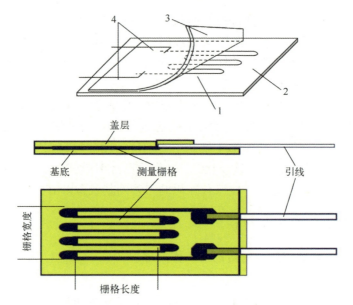

1—电阻丝（敏感栅）；2—基底；3—盖层；4—引线。
▶ 图 5.4 金属应变片的结构示意图

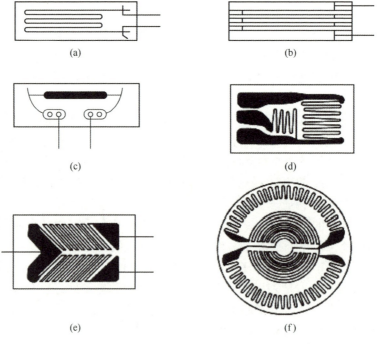

▶ 图 5.5 常用应变片的形状

(1) 金属箔栅很薄,因而它所感受的应力状态与试件表面的应力状态更接近。当箔材和丝材具有同样的截面积时,箔材与黏结层的接触面积比丝材大,使其能更好地和试件共同工作。箔栅的端部较宽,横向效应较小,因而提高了应变测量的精度;

(2) 箔材表面积大、散热条件好,故允许通过较大电流,因而可以输出较大信号,提高了测量灵敏度;

(3) 箔栅的尺寸准确、均匀,且能制成任意形状,特别是为制造应变花和小标距应变片提供了条件,从而扩大了应变片的使用范围;

(4) 便于成批生产。

箔式应变片的缺点是:生产工序较复杂,因引出线的焊点采用锡焊,因此不适于高温环境下测量;价格较贵。

2) 金属应变片工作原理

金属应变片是以金属材料为转换元件的应变计,其转换原理是基于金属电阻丝的电阻"应变效应",即金属导体(电阻丝)的电阻值随变形而发生变化的一种物理现象,如图5.6所示。

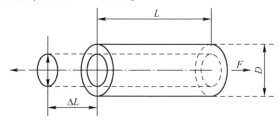

▶ 图5.6 金属导线的电阻应变效应(D为金属丝的直径)

设有一根长度为 L、截面积为 S、电阻率为 ρ 的金属丝(图5.6),其电阻 R 为

$$R = \rho \frac{L}{S} \tag{5.3}$$

为了求得 ρ、L、S 变化引起电阻 R 变化的关系,对式(5.3)进行全微分,得到

$$dR = \frac{L}{S}d\rho + \frac{\rho}{S}dL - \frac{\rho L}{S^2}dS \tag{5.4}$$

用相对量表示可写成

$$\frac{dR}{R} = \frac{d\rho}{\rho} + \frac{dL}{L} - \frac{dS}{S} \tag{5.5}$$

金属丝在轴向力 F 作用下长度伸长 ΔL、面积缩小 ΔS、电阻率变化 $\Delta \rho$

时，电阻相对变化量可按式（5.5）写成增量形式，即

$$\frac{\Delta R}{R} = \frac{\Delta \rho}{\rho} + \frac{\Delta L}{L} - \frac{\Delta S}{S} \tag{5.6}$$

$$\frac{\Delta S}{S} = \frac{\frac{\pi}{4}(D+\Delta D)^2 - \frac{\pi}{4}D^2}{\frac{\pi}{4}D^2} = \frac{2D \cdot \Delta D + \Delta D^2}{D^2} \tag{5.7}$$

由于 ΔD 很小，略去高次项后得到

$$\frac{\Delta S}{S} = 2\frac{\Delta D}{D} = -2\mu\varepsilon \tag{5.8}$$

式中：μ 为金属材料的泊松比（或称横向变化系数 $\mu = (\Delta D/D)/(\Delta L/L)$）；$\varepsilon$ 为轴向相对变形，或称应变，$\varepsilon = \Delta L/L$，是无量纲量。在应变测量技术中，其值一般很小，所以常用微应变（$\mu\varepsilon$）表示。$1\mu\varepsilon$ 相当于 $1m$ 长的试件，其变形为 $1\mu m$ 时的相对变形量，显然 $1\mu\varepsilon = 10^{-6}\varepsilon$。故式（5.6）可写成

$$\frac{\Delta R}{R} = (1+2\mu)\varepsilon + \frac{\Delta \rho}{\rho} \tag{5.9}$$

或

$$\frac{\Delta R}{R\varepsilon} = (1+2\mu) + \frac{\Delta \rho}{\rho \varepsilon} \tag{5.10}$$

令

$$K_0 = (1+2\mu) + \frac{\Delta \rho}{\rho \varepsilon} \tag{5.11}$$

将式（5.11）代入式（5.10）可得

$$\frac{\Delta R}{R} = K_0 \varepsilon \tag{5.12}$$

式中：K_0 为单根金属丝的灵敏系数，其物理意义是：当金属丝发生单位长度变化（应变）时，其电阻变化率与其应变的比值，亦即单位应变的电阻变化率。目前各种材料的灵敏系数 K_0 均由实验标定。

式（5.11）表明单根金属丝的灵敏系数 K_0 的大小是由两个因素引起的。一是金属丝的几何尺寸改变，即（$1+2\mu$）项。一般金属丝的 μ 在 0.3 左右，因此（$1+2\mu$）= 1.6；二是导体受力后，材料的电阻率 ρ 发生变化引起，由 $\Delta\rho/\rho\varepsilon$ 表示。对金属材料而言，以前一项为主，而对半导体材料而言，则是以后一项为主，对于大多数电阻丝而言（$1+2\mu$）、$\Delta\rho/\rho\varepsilon$ 都是常数，因此 K_0 也是常数。由实验得知，对大多数金属材料，$K_0 = (-12 \sim 4)$，但在弹性变形

范围内，$K_0 = 2$。

式（5.12）所表达的电阻丝电阻变化率与应变的线性关系，是电阻应变计测量应变的理论基础。因此，当测得 $\Delta R/R$ 并已知 K_0 后，从式（5.12）即可求得金属丝材料的应变值。

5.2.3.2 金属应变片用材料

1) 敏感栅

敏感栅是应变片最重要的组成部分，由金属细丝绕成栅形（或金属箔腐蚀成栅形）。一般用于制造应变片的金属细丝的直径在 $\Phi 0.015 \sim 0.05$mm 之间。电阻应变片的电阻值有 60Ω、120Ω、200Ω 等各种规格，以 120Ω 最为常用。

对敏感栅的材料有如下要求。

（1）应变灵敏系数大，并在所测应变范围内变化小；
（2）电阻率高而稳定，以便于制造小栅长的应变片；
（3）电阻温度系数小，在使用温度范围内变化小；
（4）易于焊接，对引线（主要为铜）材料的热电势小；
（5）抗氧化能力和耐腐蚀性能强；
（6）加工性能良好，易于拉制成丝或轧压成箔材。

对于上述要求需根据应变片的实际使用情况，合理地加以选择。

康铜是目前应用最广泛的应变丝材料，它有很多优点：灵敏系数稳定性好，不但在弹性变形范围内能保持为常数，进入塑性变形范围内也基本上能保持为常数；电阻温度系数较小且稳定，当采用合适的热处理工艺时，可使电阻温度系数在 $\pm 50 \times 10^{-6}/\text{℃}$ 的范围内；加工性能好，易于焊接。因而国内外多以康铜作为应变丝材料。常用敏感栅材料如表 5.3 所列。

表 5.3 常用敏感栅材料的主要性能

种类	材料名称	化学成分/%	应变灵敏系数	电阻率/($\Omega \cdot \text{mm}^2/\text{m}$)	电阻温度系数/(ppm/℃)	对铜热电势/(μV/℃)	使用温度/℃
铜镍合金	康铜	Cu55, Ni45	1.9~2.1	0.45~0.52	±20	4.3	200（S）250（D）
镍铬合金	镍铬 V	Ni80, Cr20	2.1~2.3	1.0~1.1	110~130	3.8	400（S）550（D）
	卡玛合金 6J22	Ni74, Cr20, Al3, Fe3	2.4~2.6	1.24~1.42	±20	3	400（S）800（D）
	伊文合金 6J23	Ni75, Cr20, Al3, Cu2	2.4~2.6	1.24~1.42	±20	3	400（S）800（D）

续表

种类	材料名称	化学成分/%	应变灵敏系数	电阻率/($\Omega \cdot mm^2/m$)	电阻温度系数/(ppm/℃)	对铜热电势/(μV/℃)	使用温度/℃
铁铬铝合金	Armour-A	Fe70, Cr25, Al5	2.6~2.8	1.3~1.5	127	1	800（S）1000（D）
铂基合金	铂	Pt	4~6	0.09~0.11	3900	7.6	800（S）1000（D）
	铂钨合金	Pt91.5, W8.5	3.0~3.2	0.74~0.76	192~227	6.1	800（S）1000（D）

2) 基底材料

应变片基底材料有纸和聚合物两大类，纸基逐渐被胶基（有机聚合物）取代，因为胶基各方面性能都好于纸基。胶基是由环氧树脂、酚醛树脂和聚酰亚胺等制成的胶膜，厚约 0.03~0.05mm。

对基底材料性能的要求为：①机械强度好，挠性好；②黏结性能好；③电绝缘性能好；④热稳定性好；⑤无滞后和蠕变。

3) 黏结剂

黏结剂用于将敏感栅固定于基底上，并将盖片与基底黏结在一起。使用金属应变片时，也需用黏结剂将应变片基底黏贴在构件表面某个方向和位置上，以便将构件受力后的表面应变传递给应变计的基底和敏感栅。

4) 引线

引线是连接应变片敏感栅和外部测量导线的中继连线。对引线材料的性能要求为。

（1）低而稳定的电阻率和电阻温度系数；

（2）良好的焊接性能；

（3）与应变敏感栅之间的热电势小；

（4）良好的抗氧化性和稳定性；

（5）一定的柔韧性等。

常用直径 0.1~0.15mm 的镀锡铜线，或扁带形的其他金属材料制成。表5.4为常用的引线材料。

表5.4 常用引线材料

材料种类	使用温度范围/℃	焊接方式
镀锡紫铜丝	-200~160	钎焊（锡焊）
镀银紫铜丝	-269~200	钎焊（银铅焊料）

续表

材 料 种 类	使用温度范围/℃	焊 接 方 式
镍铬扁带	-269~800	熔焊
卡玛扁带	-269~800	熔焊
铁铬铝扁带	-269~1000	熔焊
康铜扁带	-269~300	钎焊或熔焊
锰铜扁带	-269~200	钎焊
镍扁带	-269~700	熔焊

5.2.3.3 金属应变片的特点与应用

金属应变片在风洞测试中的应用非常广泛，其中最典型的应用就是应变天平。

应变天平的测量电路是信号输出的关键部分，该电路通过粘贴在天平元件上的应变计形成测量电桥（惠斯顿电桥），将应变计电阻值的变化量转换成与其成正比的电压信号。

应变计受到载荷后产生变形时，将引起电阻值的变化，这种电阻值的变化要通过测量电桥转换为电信号。

应变天平使用的测量电桥是惠斯顿电桥。应变天平的惠斯顿电桥一般采用直流电源恒压供电，将应变计的电阻变化值转换为电压变化值。惠斯顿电桥具有灵敏度高、测量范围宽、电路结构简单、测量精度高与容易补偿等优点。根据应变计在桥臂中的数量，应变测量电桥有单臂电桥、双臂电桥（半桥）与四臂电桥（全桥）三种（图5.7）。

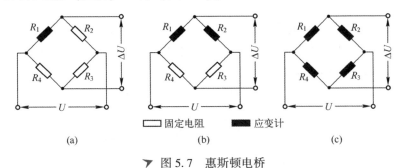

▶ 图 5.7 惠斯顿电桥
(a) 单臂电桥；(b) 双臂电桥；(c) 四臂电桥。

图 5.7 中 R_1、R_2、R_3 与 R_4 为桥臂电阻，U 为供桥电压，ΔU 为输出电压。由图可知，输出电压与供桥电压有如下关系。

$$\Delta U = \frac{R_1 R_3 - R_2 R_4}{(R_1 + R_2)(R_3 + R_4)} U \tag{5.13}$$

当 $R_1 R_3 = R_2 R_4$ 时，即 $\Delta U = 0$ 时，电桥处于平衡状态。当连接在 R_1 桥臂上的应变计受到载荷后产生变形时，R_1 将发生变化，产生电阻增量 ΔR，这时，电桥失去平衡状态，并产生电压输出（图 5.7（a））。由图可知，输出电压与供桥电压有如下关系。

$$\Delta U = \frac{(R_1 + \Delta R) R_3 - R_2 R_4}{(R_1 + \Delta R + R_2)(R_3 + R_4)} U \tag{5.14}$$

假设 $R_1 = R_3 = R_2 = R_4 = R$，则式（5.14）可写成

$$\Delta U = \frac{\Delta R}{4R} \left(1 + \frac{\Delta R}{2R}\right)^{-1} U \tag{5.15}$$

应变天平的设计应变一般为 $150 \sim 1000 \mu\varepsilon$，因此，对于灵敏度系数 $K_0 = 2$ 的应变计来说，$\Delta R/2R = 0.00015 \sim 0.001$，可忽略。式（5.15）可写成

$$\Delta U = \frac{\Delta R}{4R} U \tag{5.16}$$

全桥工作时为

$$\Delta U = \frac{\Delta R}{R} U \tag{5.17}$$

由式（5.12），可知

$$\Delta U = K_0 U \varepsilon \tag{5.18}$$

应变天平测量电路一般采用全桥电路［图 5.7（c）］，在相同灵敏度系数 K_0 与供桥电压 U 下，全桥电路的输出电压与测量元件产生的应变之间为线性关系。

图 5.8 是应变天平的测量原理，悬臂梁为测量元件，R_1、R_2、R_3 与 R_4 分别为粘贴在测量元件上、下表面的电阻值相同的应变计，将 $R_1 \sim R_4$ 连成图 5.7 所示的恒压源电桥电路。

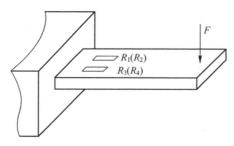

▶ 图 5.8 应变天平测量原理图

图 5.8 中，在载荷 F 作用下，测量元件上表面产生拉伸应变 $\varepsilon_1 = \varepsilon_3 = \varepsilon$，下表面产生压缩应变 $\varepsilon_2 = \varepsilon_4 = -\varepsilon$。同时，黏贴在测量元件上的应变计产生相应的电阻值变化，R_1 和 R_3 的电阻值增加，R_2 和 R_4 的电阻值减少，于是测量电桥失去平衡，产生电压输出 $\Delta U = K_0 U \varepsilon$。输出电压经过放大器放大后，经模/数（A/D）转换后成为数字信号，由微型计算机采集处理。应变天平通过静态校准得出输出电压与被测分量载荷（力和力矩）的函数关系，从而得到所测量的载荷值。

图 5.9 显示了通过位于天平上的应变计检测模型受力的原理图。

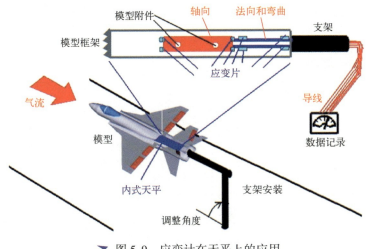

▼ 图 5.9 应变计在天平上的应用

5.3 风洞压力测试与材料

5.3.1 风洞的压力测量

压力是单位面积上所受到的作用力，对气体而言是大量分子连续不断运动和撞击壁面的宏观体现。压力是描述流体状态及其运动的主要参数之一，压力测量技术是实验流体力学领域应用最广泛的技术之一。

压力是风洞试验的主要测量参数之一。通过测量压力可以确定一些重要的试验参数，如风速、马赫数、动压、稳定段总压、参考点静压、模型表面压力、模型底部压力等；通过测量压力分布可以确定风洞的流场品质；在变压力风洞中,通过测量压力可以确定试验的模拟条件;测量试验模型表面的压力可以作为飞行器部件强度和气动设计的依据。

测量压力的方法很多,按照工作原理大体可以分为液体式压力计、弹性式压力计、活塞式压力计、电测式压力计等。常见的测压方法、工作原理及其特点如表 5.5 所示。考虑测量对象以及测量范围、准确性等要求,风洞的压力测量一般采用电测式压力计。

表 5.5 常见测压方法

测压方法	工作原理	测压范围/MPa	特点	压力计类型
液体式压力计	液体静力平衡	$10^{-6} \sim 0.3$	构造简单、制造容易、测量可靠、直观、准确度高	U 形管压力计,单管压力计,斜管微压计
弹性式压力表	弹性敏感元件来测量压力	$0 \sim 10^3$	结构简单、维护方便、测量范围宽、价格便宜、安全可靠、体积小;准确度不高	弹簧管式压力表
活塞式压力计	流体静力平衡	$10^{-3} \sim 2.5 \times 10^3$	兼有液体式压力计及弹性式压力表的优点,准确度高、体积适中	液压活塞压力计,气动活塞压力计
电测式压力计	压力转换成电量	$0 \sim 10^5$	测量范围宽,准确度高,体积小,适用于远距离测量和动态压力测量	电阻式传感器、电感式传感器、电容式传感器、压电式传感器、霍尔式传感器、谐振式传感器

把压力转换成电量,然后通过测量电量来反映被测压力大小的压力计,统称为电测式压力计。电测式压力计一般是由压力传感器、测量电路和指示器(或记录仪、数据处理系统)三个部分组成。压力传感器是电测式压力计的主体,主要作用是感受压力,并把压力参数转换成与它有确定对应关系的电量,送到测量电路进行测量。压力传感器种类繁多,根据其作用原理可分为电阻式传感器、电感式传感器、电容式传感器、压电式传感器、霍尔式传感器、谐振式传感器等种类。

在风洞的压力测量中,压阻式压力传感器和压电式压力传感器应用最广泛,因此在本节中主要介绍这两类传感器。除了压力传感器,也有一些风洞在研究和采用压敏涂料(PSP)的光学压力测量方法,用来测量模型表面压力,这部分内容将在本章 5.5 节中介绍。

5.3.2 压阻式压力传感器

金属丝式和箔式电阻应变片的性能稳定、精度较高,在一些高精度应变式传感器中得到了广泛的应用。这类传感器的主要缺点是应变丝的灵敏系数小。为了弥补这一不足，在 20 世纪 50 年代末出现了半导体应变片。应用半导体应变片制成的传感器，称为压阻式压力传感器。

5.3.2.1　压阻式压力传感器的结构与工作原理

1）压阻式压力传感器的结构

压阻式压力传感器采用半导体材料制作，结构形式多样、工艺复杂。在结构特征上，半导体式应变片有：体型、薄膜型、扩散型、外延型、PN 结型等，结构较简单的是条状半导体硅膜片制作的半导体体型应变片，如图 5.10 所示。

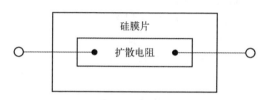

▼ 图 5.10　半导体体型应变片

利用半导体应变片制作的扩散硅压阻式压力传感器的结构如图 5.11 所示，主体结构由硅杯和硅膜片组成。传感器利用集成电路工艺，在硅膜片上设置四个相等的电阻扩散，构成应变电桥。膜片两边有两个压力腔，分别为低压腔和高压腔，低压腔与大气相通，高压腔与被测系统相连接。当两边存在压差时，就有压力作用在膜片上。膜片上的四个电阻在应力作用下，阻值发生变化，电桥失去平衡，其输出的电压与膜片两边压力成正比。

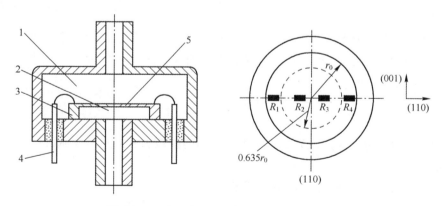

1—低压腔；2—高压腔；3—硅杯；4—引线；5—硅膜片。

▼ 图 5.11　压阻式压力传感器结构简图

2) 压阻式压力传感器的工作原理

压阻式压力传感器的工作原理为半导体材料的压阻效应,即半导体材料受到应力作用时,其几何尺寸变化较小,而电阻率会发生较大变化。实际上,任何材料会都呈现不同程度的压阻效应,但半导体材料的压阻效应特别强。半导体的压阻效应不仅与掺杂浓度、温度和材料类型有关,还与晶向有关(对晶体的不同方向上施加力时,其电阻的变化大小不同)。目前,使用最多的是单晶硅半导体。对于 P 型单晶硅半导体,当应力在[111]晶轴方向时,压阻效应最大;而对 N 型单晶硅半导体,当应力在[100]方向时,可得到最大的压阻效应。制造半导体应变片时,沿所需的晶轴方向(图 5.12)从硅锭上切出一小条作为应变片的电阻材料。

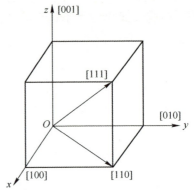

▶ 图 5.12 半导体的晶相

压阻效应的微观理论建立在半导体的能带理论基础上。本节只对压阻式压力传感器作简单介绍。从宏观上得到的金属电阻应变效应分析式也适用于半导体电阻材料,故仍可用该式来表达。对于金属材料来说,$\Delta\rho/\rho$ 比较小,通常可以忽略;对于半导体材料,$\Delta\rho/\rho \gg (1+2\mu)\varepsilon$,即因机械变形引起的电阻变化可以忽略,电阻的变化主要由 $\Delta\rho/\rho$ 引起,即

$$\frac{\Delta R}{R} = (1+2\mu)\varepsilon + \frac{\Delta\rho}{\rho} \approx \frac{\Delta\rho}{\rho} \qquad (5.19)$$

因此,半导体电阻材料的电阻随压力的变化主要取决于电阻率的变化,而金属应变片的电阻变化则主要取决于几何尺寸的变化。对于半导体材料,$\Delta\rho/\rho$ 可以表示为

$$\frac{\Delta\rho}{\rho} = \pi E \varepsilon = \pi \sigma \qquad (5.20)$$

式中:π 为半导体的压阻系数;σ 为沿某晶向的应力;E 为半导体材料的弹性模量。

由式(5.19)和式(5.20)可知

$$\frac{\Delta R}{R} = \pi E \varepsilon$$

半导体材料的灵敏系数为

$$K_0 = \frac{\Delta R/R}{\varepsilon} = (1+2\mu) + \pi E \approx \pi E \tag{5.21}$$

如半导体硅，$\pi = (40 \sim 80) \times 10^{-11} \text{m}^2/\text{N}$，$E = 1.67 \times 10^{-11} \text{m}^2/\text{N}$，则

$$K_0 = \pi E = 50 \sim 100 \tag{5.22}$$

半导体材料的灵敏系数通常要比金属材料高一个数量级。

由前述可知，半导体材料电阻的相对变化近似等于电阻率的相对变化，而电阻率的相对变化与应力成正比，二者的比例系数就是压阻系数。即

$$\pi = \frac{\mathrm{d}\rho/\rho}{\sigma} = \frac{\mathrm{d}\rho/\rho}{E\varepsilon} \tag{5.23}$$

单晶硅的压阻系数矩阵为

$$\begin{bmatrix} \pi_{11} & \pi_{12} & \pi_{12} & 0 & 0 & 0 \\ \pi_{12} & \pi_{11} & \pi_{12} & 0 & 0 & 0 \\ \pi_{12} & \pi_{12} & \pi_{11} & 0 & 0 & 0 \\ 0 & 0 & 0 & \pi_{11} & 0 & 0 \\ 0 & 0 & 0 & 0 & \pi_{41} & 0 \\ 0 & 0 & 0 & 0 & 0 & \pi_{11} \end{bmatrix}$$

多向应力作用在单晶硅上，由于压阻效应，硅晶体的电阻率变化，引起电阻的变化，其相对变化 $\mathrm{d}R/R$ 与应力的关系如式（5.24）所示。在正交坐标系中，坐标轴与晶轴一致时，有

$$\frac{\mathrm{d}R}{R} = \pi_l \sigma_l + \pi_t \sigma_t + \pi_s \sigma_s \tag{5.24}$$

式中：σ_l 为纵向应力；σ_t 为横向应力；σ_s 为与 σ_l、σ_t 垂直方向上的应力；π_l、π_t、π_s 分别为 σ_l、σ_t、σ_s 相对应的压阻系数；π_l 为应力作用方向与通过压阻元件电流方向一致时的压阻系数；π_t 为应力作用方向与通过压阻元件电流方向垂直时的压阻系数。

当坐标轴与晶轴方向有偏离时，再考虑到 $\pi_s \sigma_s$，一般扩散深度为数微米，垂直应力较小可以忽略。因此电阻的相对变化量可由下式计算。

$$\frac{\mathrm{d}R}{R} = \pi_l \sigma_l + \pi_t \sigma_t \tag{5.25}$$

式中：π_l、π_t 值可由纵向压阻系数 π_{11}、横向压阻系数 π_{12}、剪切压阻系数 π_{44} 的代数式计算，即

$$\pi_l = \pi_{11} - 2(\pi_{11} - \pi_{12} - \pi_{44})(l_1^2 m_1^2 + l_1^2 n_1^2 + m_1^2 n_1^2) \qquad (5.26)$$

$$\pi_t = \pi_{12} + (\pi_{11} - \pi_{12} - \pi_{44})(l_1^2 l_2^2 + m_1^2 m_2^2 + n_1^2 n_2^2) \qquad (5.27)$$

式中：l_1、m_1、n_1 为压阻元件纵向应力相对于立方晶轴的方向余弦；l_2、m_2、n_2 为横向应力相对于立方晶轴的方向余弦；π_{11}、π_{12}、π_{44} 为单晶硅独立的三个压阻系数，它们由实测获得，在室温下，其数值见表 5.6。

表 5.6 硅单晶 π_{11}、π_{12} 和 π_{44} 的数值　　　　单位：$\times 10^{-11} \mathrm{m}^2/\mathrm{N}$

晶体	导电类型	电阻率/($\Omega \cdot \mathrm{m}$)	π_{11}	π_{12}	π_{44}
Si	P	7.8	6.6	-1.1	138.1
Si	N	11.7	-102.2	53.4	-13.6

从上表可以看出，对于 P 型硅，π_{44} 远大于 π_{11} 和 π_{12}，因而计算时只取 π_{44}；对于 N 型硅，π_{44} 较小，π_{11} 最大，$\pi_{12} \approx -1/2\pi_{11}$，因而计算时只取 π_{11} 和 π_{12}。

影响压阻系数的因素主要是扩散电阻的表面杂质浓度和温度。扩散杂质浓度 N_S 增加时，压阻系数就会减小。压阻系数与扩散电阻表面杂质浓度 N_S 的关系如图 5.13 所示。

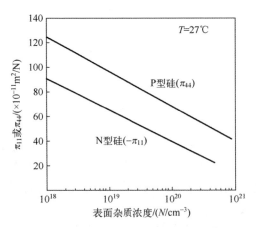

▶ 图 5.13 压阻系数与扩散电阻表面杂质浓度 N_S 的关系

表面杂质浓度低时，温度增加，压阻系数下降得快；表面杂质浓度高时，温度增加，压阻系数下降得慢，如图 5.14 所示。为了降低温度影响，扩散电阻表面杂质浓度应升高，但扩散电阻表面杂质浓度高时，压阻系数应降低。N 型硅的电阻率不能太低，否则，扩散 P 型硅与衬底 N 型硅之间 PN 结的击穿电压将降低，使绝缘电阻降低。因此，要采用多大的表面杂质浓度进行扩散需全面考虑。

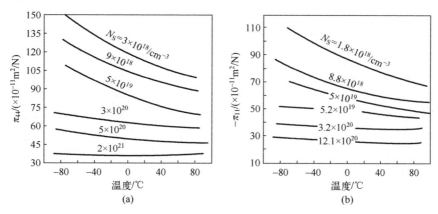

图 5.14　压阻系数与温度的关系

5.3.2.2　压阻式压力传感器用材料

1）硅、锗半导体材料

用于制作压阻式压力传感器的半导体材料主要有硅、锗、锑化铟、砷化镓等。其中最常用的是硅和锗。硅和锗是应用最广泛的半导体材料，也是第一代半导体材料的典型代表。硅与锗在晶体结构和一般理化性质上颇为类似，它们都具有金刚石立方晶体结构，如图 5.15 所示，化学键为共价键，每一个原子贡献 4 个价电子。

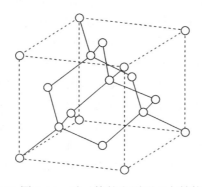

图 5.15　硅、锗的金刚石立方结构

硅和锗都是具有灰色金属光泽的固体，硬而脆。两者相比，锗的金属性更显著。硅和锗的主要性能如表 5.7 所列。

表5.7 硅、锗主要物理性能

项目	符号	单位	硅	锗
原子序数	Z		14	32
原子量	W_{at}		28.0855	72.64
晶体结构			金刚石	金刚石
晶格常数	a	10^{-10} m	5.431	5.657
密度	d	g/cm^3	2.329	5.323
熔点	T_m	℃	1417	937
热导率	κ	W/(cm·℃)	1.57	0.60
禁带宽度				
0K	E_g	eV	1.153	0.75
300K			1.106	0.67
电子迁移率	μ_n	m^2/(V·s)	0.135	0.39
空穴迁移率	μ_p	m^2/(V·s)	0.048	0.19
电子扩散系数	D_n	m^2/s	0.00346	0.01
空穴扩散系数	D_p	m^2/s	0.00123	0.00487
本征载流子浓度	$(np)^{1/2}$	m^{-3}	1.5×10^{16} (300K)	2.4×10^{19}
本征电阻率	ρ_i	Ω·m	2.3×10^5	46.0
光发射功函数	φ	eV	5.05	4.8
相对介电常数	ε_r		11.7	16.3

  压阻式压力传感器所用的半导体材料对纯度要求很高。硅、锗等单晶半导体的制取一般包括两个过程：首先是制备高纯硅、锗多晶体，然后采用直拉法、区熔法、定向结晶法等方法制取单晶材料。

  超纯硅和锗的制取，可采用化学和物理两种方法。化学法主要是硅、锗卤化物的还原和热分解，如三氯氢硅（$SiHCl_3$）的氢还原法，四氯化硅（$SiCl_4$）和四氯化锗（$GeCl_4$）的锌还原法或镉、氢还原法，硅烷热分解法，四碘化硅（SiI_4）、四溴化硅（$SiBr_4$）的热分解和氢还原等，纯度一般能达到99.99%，若采用多次碘化物热分解，可得到6个9的纯度。而最广泛应用和最有效的物理精炼法是区域熔炼提纯，它被认为是制取高纯度半导体材料的划时代工艺方法。

  以上方法所得到的超纯硅和锗均是多晶体，但压阻式压力传感器所用的硅、锗半导体材料几乎都是单晶体。在制备单晶硅或单晶锗的方法中，常用的是直拉法、区熔法、定向结晶法等，其中，直拉法是制备大单晶的最主要的方法。图 5.16 为直拉单晶设备的示意图。

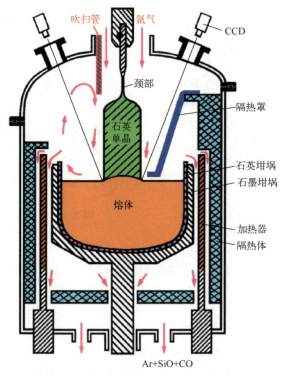

图 5.16 直拉法制备单晶设备示意图

在硅和锗中掺入元素硼、铝、镓等，可以形成 P 型半导体。以掺入硼为例，硼在周期表中是第 III 类主族元素，硼原子的最外层电子有三个，比硅原子的最外层电子少一个。当硅中掺入硼原子时，每个硼原子周围虽有四个硅原子，但它只能和其中的三个硅原子各共有一对电子形成共价键，而在第四个硅原子方向上留下一个空穴，如图 5.17 所示，所以硼可作受主（P 型）型杂质。

如掺入磷、锑、砷等，则形成 N 型半导体。以掺入磷为例，磷在周期表中是第 V 类主族元素，磷原子的最外层电子有五个，比硅原子的最外层电子多一个。当硅中掺入磷原子时，每个磷原子和周围的四个硅原子各共用一对电子形成共价键后，还剩余一个电子，如图 5.18 所示。这个电子易脱离磷原子而成为晶体中的自由电子，所以磷可作施主（N 型）型杂质。

掺入成分的浓度越大，半导体材料的电阻率就越低。半导体单晶的灵敏系数的符号随单晶材料的导电类型而异，一般 P 型为正（伸长形变时电阻增大），N 型为负（伸长形变时电阻减小）。而金属应变片的灵敏系数均为正值。

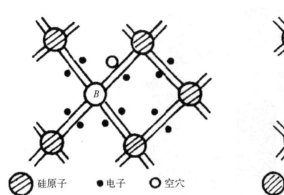 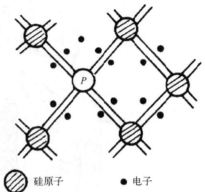

▶ 图 5.17 硅单晶中硼原子示意图　　▶ 图 5.18 硅单晶中磷原子示意图

2）制备工艺

具体来说，压阻式压力传感器的制备可以分为敏感元件（芯片）的制备和外壳封装两大部分。

（1）芯片的制备。

芯片的制备工艺流程为单晶衬底制备→氧化→光刻电阻条→硼扩散→光刻引线孔→蒸铝→光刻铝电极→挖硅杯。

单晶衬底制备：选择电阻率和晶向合适的 N 型单晶，进行定向、切割、双面研磨和抛光，加工成一定形状的衬底基片。

氧化：在衬底硅片一面生长一层二氧化硅薄层，为扩散 P 型电阻作掩蔽。

光刻电阻条：用光刻的方法将电阻条上的 SiO_2 腐蚀掉，形成电阻扩散窗口。

硼扩散：在光刻去掉 SiO_2 的电阻条上扩散硼，形成 P 型电阻条。

光刻引线孔：通过光刻的方法将需要用铝条连接的地方的氧化层腐蚀掉。

蒸铝：在光刻出引线孔的硅片表面蒸发一层铝膜。

光刻铝电极：用光刻的方法将除了连线以外的铝膜腐蚀掉，使 4 个力敏电阻连成一个电桥电路，并与外电路相连引出线的压焊点。

挖硅杯：按需要的形状用研磨或腐蚀的方法形成周边固支的力敏膜片（硅杯）。

（2）装配工艺。

经测试合格的硅杯芯片装配成的传感器如图 5.19 所示，压力传感器可用来测量与一个密封的参照空腔相对的压力或测量两个端口输入的压差。对于密封的空腔，必须注意到，真空为首选，因为其参照压力不会随温度而变化。

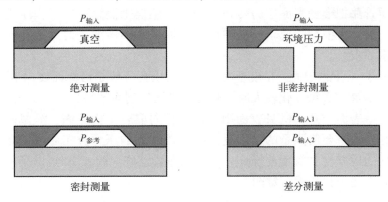

图 5.19　常见的压力传感器装配类型

封装工艺流程为静电封接→划片→装配→压焊引线→焊接装配。

静电封接：采用静电封接技术将硅片和玻璃封接在一起。

划片：一个大硅片上有多个硅压力敏感芯片，划开成单个硅压力敏感芯片。

装配：将硅压力敏感芯片装配在底座上。

压焊引线：将芯片上的压焊点用导线引出到底座的管脚上。

焊接装配：采用氩弧焊、等离子焊等工艺焊接隔离膜片，然后充灌硅油密封。

5.3.2.3　压阻式压力传感器的特点与应用

压阻式压力传感器的优点如下。

(1) 灵敏度高，比金属应变片大 50～100 倍，有时无需放大可直接测量；

(2) 测量范围宽，可测 10Pa 的微压到 60MPa 的高压；

(3) 精度高，工作可靠，其精度可达±0.02%～0.2%；

(4) 易于微小型化，目前国内生产出直径为 1.8～2mm 的压阻式压力传感器。

压阻式压力传感器的突出优点使其在风洞试验中的应用越来越广泛，比如机翼气流压力分布，发动机进气口处的动压畸变测量多采用压阻式压力传感器。当然，压阻式传感器也存在温度特性差、工艺复杂等缺点；此外，由于半导体元件对温度变化敏感，在很大程度上限制了压阻式压力传感器的应用。

目前，测量压力的压阻式压力传感器由于体积较大，一般都放在风洞外。

测量模型表面压力分布主要采用在模型表面布设测压孔的方法，即通过测压孔和测压管路把模型表面压力传送到压力传感器来测量。这样测压模型除了要满足一般测力模型的要求外，在设计与加工上还增加了对测压孔和测压管路的技术要求。

（1）测压孔的布置。在模型表面布置测压孔一般是沿翼面展向取 4~5 个剖面（若沿展向翼型变化较大时，则可适当增加剖面数目），在每个剖面处沿弦向上、下表面布孔。机身表面则沿机身轴向取若干横截面，沿截面周线上布孔。孔的数量要使测量的压力足以描绘该截面的压力分布曲线。在压力变化较剧烈的地方（如翼面前缘处）可适当布置密些。图 5.20 给出了一个三角形机翼表面测压孔布置示意图。

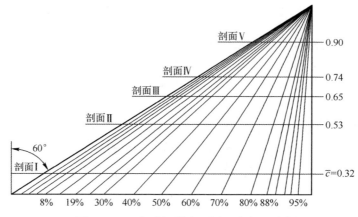

▶ 图 5.20　三角形机翼表面测压孔布置示意图

截至 2012 年，中国 1.2m 量级高速风洞（如 FL-2、FL-24、FD-12 等）全机模型上布置的测压孔数量已超过 1000 个。

（2）测压孔的技术要求。测压孔的直径一般取 0.4~0.8mm，最大不得超过 1.0mm。测压孔的轴线应垂直于模型当地型面。孔周无倒角、无毛刺、无凹凸不平，孔口与表面保持平齐。

（3）测压管路的技术要求及敷设。通常选内径和测压孔直径对应的金属管（现多用外径为 1mm 的不锈钢管）与测压孔牢固连接，再将金属管与塑料管（一般选用内径为 0.8mm、外径为 1.6mm 的塑料管）连接，最后将塑料管从模型处引出。由于模型的测压管路较长，特别要注意管路的敷设，使测压孔与传感器之间的压力能在较短的时间内达到平衡，以缩短风洞的运转时间。

5.3.3 压电式压力传感器

压电式传感器是一种电量型传感器，它的工作原理以某些电介质的压电效应为基础，在外力的作用下，电介质的表面会产生电荷，从而实现了力到电荷的转换。因此，压电式传感器可以测量那些最终能转换为力（动态）的物理量，如压力、应力、加速度等。

由于压电元件不仅具有自发电和可逆两种主要性能，还具备体积小、质量小、结构简单、可靠性高、固有频率高、灵敏度和信噪比高等优点，故压电式传感器得到了飞速发展，被广泛应用于声学、力学、医学、航空航天等领域。压电式传感器的主要缺点是无静态输出，电输出阻抗要求很高，需要使用低电容的低噪声电缆，并且许多压电材料的工作温度只有250℃左右。

5.3.3.1 压电式压力传感器的结构与工作原理

1）压电式压力传感器的结构

压电式压力传感器的结构多样，可以适应各种不同场合的要求，但其工作原理基本相同。图5.21所示为膜片式压电压力传感器的结构原理图。这种传感器主要由本体弹性敏感元件和压电转换元件组成，它结构紧凑、小巧轻便。膜片式压电压力传感器的本体，由于用途不同，大小和形状也各不相同。其压电元件常用的材料有石英晶体或压电陶瓷，其中石英晶体片应用最广泛。石英压电元件是由两片 $x0°$ 切型石英晶片并联连接而成。为了消除因接触不良而引起的非线性误差，以保证传感器在交变力的作用下正常工作，装配时要

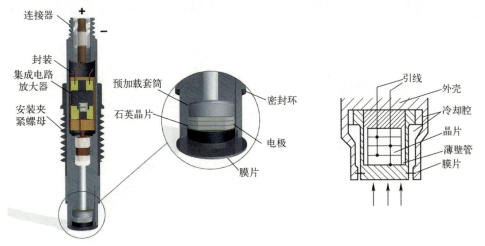

▼ 图5.21 膜片式压电压力传感器

通过拧紧芯体施加一预压缩力。当膜片上受到压力 p 作用后，通过传力块加到石英晶片上，两片石英压电晶体输出的总电荷量 q 为

$$q = 2d_{11}Ap \qquad (5.28)$$

式中：d_{11} 为石英晶体的压电系数；A 为膜片的有效面积。

这种结构的压力传感器优点是有较高的灵敏度和分辨率，有利于小型化。缺点是压电元件的预压缩应力是通过拧紧芯体施加的。这将使膜片产生弯曲，造成传感器的线性度和动态性能变坏。此外，当膜片受环境影响发生变形时，压电元件的预压缩应力将发生变化，这将使输出不稳定。要解决上述问题，可以采取预紧筒加载结构，克服压电元件在预加载过程中引起的膜片变形。

2) 压电式压力传感器的工作原理

某些电介质，当沿着一定方向对其施力使它变形时，内部就产生极化现象，同时在它的两个表面上产生符号相反的电荷；当外力去掉后，又重新恢复不带电状态，这种现象称为压电效应。当作用力方向改变时，电荷极性也随着改变。相反，在电介质的极化方向施加电场，这些电介质也会产生变形，这种现象称为逆压电效应（电致伸缩效应）。具有压电效应的物质很多，如天然形成的石英晶体，人工制造的压电陶瓷、锆钛酸铅陶瓷等。现以石英晶体和压电陶瓷为例来说明压电现象。

(1) 石英晶体的压电效应。

图 5.22 展示了理想的天然结构石英晶体外形。它是一个正六面体，在晶体学中它可用三根互相垂直的轴来表示。其中纵向轴 $Z\text{-}Z$ 称为光轴；经过正六面体棱线，并垂直于光轴的 $X\text{-}X$ 轴称为电轴；与 $X\text{-}X$ 轴和 $Z\text{-}Z$ 轴同时垂

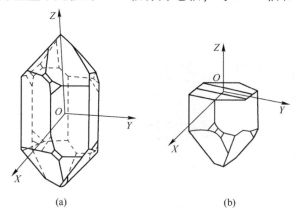

图 5.22　石英晶体

(a) 理想石英晶体的外形；(b) 坐标系。

直的 $Y\text{-}Y$ 轴（垂直于正六面体的棱面）称为机械轴。通常把沿电轴 $X\text{-}X$ 方向的力作用下产生电荷的压电效应称为"纵向压电效应"，而把沿机械轴 $Y\text{-}Y$ 方向的力作用下产生电荷的压电效应称为"横向压电效应"，沿光轴 $Z\text{-}Z$ 方向受力则不产生压电效应。

石英晶体的压电效应是由其内部结构决定的。组成石英晶体的硅离子 Si^{4+} 和氧离子 O^{2-} 在 Z 平面的投影如图 5.23（a）所示。为方便讨论，将这些硅、氧离子等效为图 5.23（b）中正六边形排列，图中"⊕"代表 Si^{4+}，"⊖"代表 $2O^{2-}$。

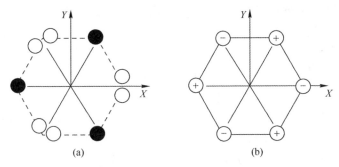

▶ 图 5.23　硅氧离子的排列示意图
（a）硅氧离子在 Z 平面上的投影；（b）等效为正六边形排列的投影。

下面讨论石英晶体受外力作用时晶格的变化情况。当作用力 $F_X = 0$ 时，正、负离子（Si^{4+} 和 $2O^{2-}$）正好分布在正六边形顶角上，形成三个互成 $120°$ 夹角的偶极矩 P_1、P_2、P_3，如图 5.24（a）所示。此时正负电荷中心重合，电偶极矩的矢量和等于零，即

$$P_1 + P_2 + P_3 = 0$$

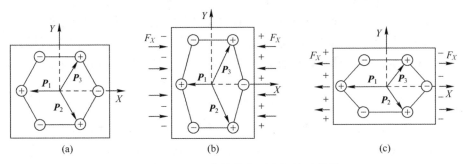

▶ 图 5.24　石英晶体的压电机构示意图
（a）$F_X = 0$；（b）$F_X < 0$；（c）$F_X > 0$。

当晶体受到沿 X 方向的压力（$F_X<0$）作用时，晶体将沿 X 方向收缩，正、负离子相对位置随之发生变化，如图5.24（b）所示。此时正、负电荷中心不再重合，电偶极矩在 X 方向的分量为

$$(P_1+P_2+P_3)_X>0$$

在 Y、Z 方向的分量为

$$(P_1+P_2+P_3)_Y=0$$
$$(P_1+P_2+P_3)_Z=0$$

由上式可看出，在 X 轴的正向出现正电荷，在 Y、Z 轴方向不出现电荷。当晶体受到沿 X 方向的拉力（$F_X>0$）作用时，其变化情况如图5.24（c）所示。此时电极矩的三个分量为

$$(P_1+P_2+P_3)_X<0$$
$$(P_1+P_2+P_3)_Y=0$$
$$(P_1+P_2+P_3)_Z=0$$

由上式可知，在 X 轴的正向出现负电荷，在 Y、Z 方向不出现电荷。

由此可见，当晶体受到沿 X（即电轴）方向的力 F_X 作用时，它在 X 方向产生正压电效应，而 Y、Z 方向则不产生压电效应。

晶体在 Y 轴方向力 F_Y 作用下的情况与 F_X 相似。当 $F_Y>0$ 时，晶体的形变与图5.24（b）相似；当 $F_Y<0$ 时，则与图5.24（c）相似。由此可见，晶体在 Y（即机械轴）方向的力 F_Y 作用下，在 X 方向产生正压电效应，在 Y、Z 方向则不产生压电效应。

晶体在 Z 轴方向力 F_Z 的作用下，因为晶体沿 X 方向和沿 Y 方向所产生的正应变完全相同，所以正、负电荷中心保持重合，电偶极矩矢量和等于零。这就表明，沿 Z（即光轴）方向的力 F_Z 作用下，晶体不产生压电效应。

假设从石英晶体上切下一片平行六面体—晶体切片，使它的晶面分别平行于 X、Y、Z 轴，并在垂直 X 轴方向两面用真空镀膜或其他方法得到电极面。

当晶片受到沿 X 轴方向的压缩应力 σ_{XX} 作用时，晶片将产生厚度变形，并发生极化现象。在晶体线性弹性范围内，极化强度 P_{XX} 与应力 σ_{XX} 成正比，即

$$P_{XX}=d_{11}\sigma_{XX}=d_{11}\frac{F_X}{lb} \tag{5.29}$$

式中：F_X 为沿晶轴 X 方向施加的压缩力；d_{11} 为压电系数，当受力方向和变形不同时，压电系数也不同，石英晶体 $d_{11}=2.3\times10^{-12}\text{C}\cdot\text{N}^{-1}$；$l$、$b$ 分别为石英晶片的长度和宽度。

极化强度 P_{XX} 在数值上等于晶面上的电荷密度，即

$$P_{XX} = \frac{q_X}{lb} \tag{5.30}$$

式中：q_X 为垂直于 X 轴平面上电荷。

将式 (5.30) 代入式 (5.29)，得

$$q_X = d_{11} F_X \tag{5.31}$$

其极间电压为

$$U_x = \frac{q_x}{C_x} = d_{11} \frac{F_x}{C_x} \tag{5.32}$$

式中：C_X 为电极面间电容

$$C_X = \varepsilon_0 \varepsilon_r lb/t \tag{5.33}$$

根据逆压电效应，晶体在 X 轴方向将产生伸缩，即

$$\Delta t = d_{11} U_X \tag{5.34}$$

或用应变表示，则

$$\frac{\Delta t}{t} = d_{11} \frac{U_X}{t} = d_{11} E_X \tag{5.35}$$

式中：E_X 为 X 轴方向的电场强度。

在 X 轴方向施加压力时，左旋石英晶体的 X 轴正向带正电；如果作用力 F_X 改为拉力，则在垂直于 X 轴的平面上仍出现等量电荷，但极性相反，如图 5.25（a）、（b）所示。

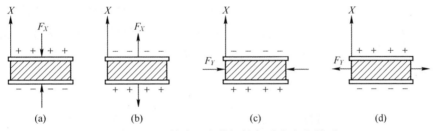

▶ 图 5.25　晶片上电荷极性与受力方向关系

如果在同一晶片上作用力是沿着机械轴的方向，其电荷仍在与 X 轴垂直平面上出现，其极性见图 5.25（c）（d），此时电荷的大小为

$$q_{XY} = d_{12} \frac{lb}{tb} F_Y = d_{12} \frac{l}{t} F_Y \tag{5.36}$$

式中：d_{12} 为石英晶体在 Y 轴方向受力时的压电系数。

根据石英晶体轴对称条件：$d_{11} = -d_{12}$，则式 (5.36) 为

$$q_{XY} = -d_{11} \frac{l}{t} F_Y \tag{5.37}$$

式中：t 为晶片厚度。

则其电极间电压为

$$U_X = \frac{q_{XY}}{C_X} = -d_M \frac{l}{t} \frac{F_Y}{C_X} \qquad (5.38)$$

根据逆压电效应，晶片在 Y 轴方向将产生伸缩变形，即

$$\Delta l = -d_{11} \frac{l}{t} U_X \qquad (5.39)$$

或用应变表示

$$\frac{\Delta l}{l} = -d_{11} E_X \qquad (5.40)$$

无论是正或逆压电效应，其作用力（或应变）与电荷（或电场强度）间呈线性关系；晶体在哪个方向上有正压电效应，则在此方向上一定存在逆压电效应。

（2）压电陶瓷的压电效应。

压电陶瓷属于铁电体一类，是人工制造的多晶压电材料。它具有类似铁磁材料磁畴结构的电畴结构。电畴是分子自发形成的区域，具有一定的极化方向，从而存在一定的电场。在无外电场作用时，各电畴在晶体上杂乱分布，它们的极化效应相互抵消，因此原始的压电陶瓷内极化强度为零，见图 5.26（a）。在外电场的作用下，电畴的极化方向发生转动，趋向于按外电场的方向排列，从而使材料得到极化，如图 5.26（b）所示。极化处理后陶瓷内部仍存在有很强的剩余极化强度，如图 5.26（c）所示。为简单起见，图中把极化后的晶粒画成单畴（实际上极化后晶粒往往不是单畴）。

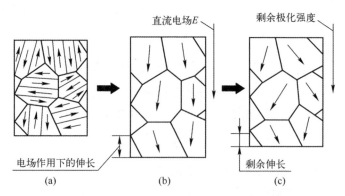

▶ 图 5.26　压电陶瓷中的电畴变化示意图
（a）极化处理前；（b）极化处理过程中；（c）极化处理后。

但是，当把电压表接到陶瓷片的两个电极上进行测量时，却无法测出陶瓷片内部存在的极化强度。这是因为陶瓷片内的极化强度总是以电偶极矩的形式表现出来，即在陶瓷的一端出现正束缚电荷，另一端出现负束缚电荷，如图 5.27 所示。由于束缚电荷的作用，在陶瓷片的电极面上吸附了一层来自外界的自由电荷。这些自由电荷与陶瓷片内的束缚电荷符号相反而数量相等，它起着屏蔽和抵消陶瓷片内极化强度对外界的作用。所以电压表不能测出陶瓷片内的极化程度。

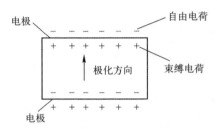

▼ 图 5.27 陶瓷片内束缚电荷与电极上吸附的自由电荷示意图

如果在陶瓷片上加一个与极化方向平行的压力 F，如图 5.28 所示，陶瓷片将产生压缩形变（图中虚线），片内的正、负束缚电荷之间的距离变小，极化强度也变小。因此，原来吸附在电极上的自由电荷，有一部分被释放，而出现放电现象。当压力撤销后，陶瓷片恢复原状（为膨胀过程），片内的正、负电荷之间的距离变大，极化强度也变大，因此电极上又吸附一部分自由电荷而出现充电现象。这种由机械效应转变为电效应，或者由机械能转变为电能的现象，就是正压电效应。

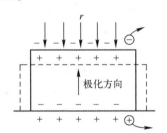

▼ 图 5.28 正压电效应示意图
（实线代表形变前的情况，虚线代表形变后的情况）

同样，若在陶瓷片上加一个与极化方向相同的电场，如图 5.29 所示，由于电场的方向与极化强度的方向相同，所以电场的作用使极化强度增大，陶瓷片内的正负束缚电荷之间距离也增大，即陶瓷片沿极化方向产生伸长形变

（图中虚线）。同理，如果外加电场的方向与极化方向相反，则陶瓷片沿极化方向产生缩短形变。这种由于电效应而转变为机械效应或者由电能转变为机械能的现象，就是逆压电效应。

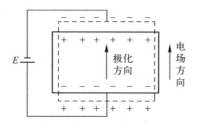

▼ 图 5.29　逆压电效应示意图
（实线代表形变前的情况，虚线代表形变后的情况）

由此可见，压电陶瓷的压电效应与其内部存在自发极化有关。如果这些自发极化经过极化工序处理而被迫取向排列后，陶瓷内即存在剩余极化强度。如果外界的作用（如压力或电场的作用）能使此极化强度发生变化，陶瓷即出现压电效应。此外，可以看出，陶瓷内的极化电荷为束缚电荷，而不是自由电荷，这些束缚电荷不能自由移动。所以在陶瓷中产生的放电或充电现象，是通过陶瓷内部极化强度的变化，引起电极面上自由电荷的释放或补充的结果。

3）压电式传感器的测量电路

当压电传感器中的压电晶体承受被测机械应力的作用时，在它的两个极面上出现极性相反、电量相等的电荷。显然可以把压电传感器看成一个静电发生器，如图 5.30（a）所示，也可将其视为两极板上聚集异性电荷，中间为绝缘体的电容器，如图 5.30（b）所示。其电容量为

$$C_\mathrm{a} = \frac{\varepsilon S}{t} = \frac{\varepsilon_\mathrm{r} \varepsilon_0 S}{t} \tag{5.41}$$

式中：S 为极板面积（m^2）；t 为晶体厚度（m）；ε 为压电晶体的介电常数（F/m）；ε_r 为压电晶体的相对介电常数（石英晶体为 4.58）；ε_0 为真空介电常数（$\varepsilon_0 = 8.85 \times 10^{-12}$ F/m）。

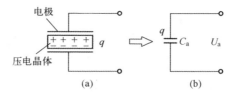

▼ 图 5.30　压电传感器的等效原理

当两极板聚集异性电荷时,则两极板就呈现出一定的电压,其大小为

$$U_a = q/C_a \tag{5.42}$$

式中:q 为极板上聚集的电荷电量(C);C_a 为两极板间等效电容(F);U_a 为两极板间电压(V)。

因此,压电传感器可以等效地看作一个电压源 U_a 和一个电容器 C_a 的串联电路,如图 5.31(a)所示;也可以等效为一个电荷源 q 和一个电容器 C_a 的并联电路,如图 5.31(b)所示。

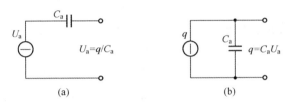

▶ 图 5.31 压电传感器的等效原理
(a) 电压等效电路;(b) 电荷等效电路。

5.3.3.2 压电式压力传感器用材料

应用于压电式传感器中的压电材料主要有两种:一种是压电晶体,如石英等;另一种是压电陶瓷,如钛酸钡、锆钛酸铅等。

应用于压电式传感器中的压电材料应具有以下特性。

(1) 转换性能。要求具有较大压电常数。

(2) 力学性能。压电元件作为受力元件,应力学强度高、刚度大,以获得宽线性范围和高固有振动频率。

(3) 电性能。应具有高电阻率和大介电常数,以减弱外部分布电容的影响并获得良好的低频特性。

(4) 环境适应性强。温度和湿度稳定性要好,要求具有较高的居里点,获得较宽的工作温度范围。

(5) 时间稳定性。要求压电性能不随时间变化。

1) 压电晶体

(1) 石英晶体。

石英晶体是各向异性体,在 $Oxyz$ 笛卡儿坐标中,沿不同方位进行切割,可得到不同的几何切型。根据石英晶体在 $Oxyz$ 笛卡儿坐标系中的方位可分为两大切族:x 切族和 y 切族,如图 5.32 所示。

x 切族:以厚度方向平行于晶体 x 轴,长度方向平行于 y 轴,宽度方向平行于 z 轴这一原始位置旋转出来的各种不同的几何切型。

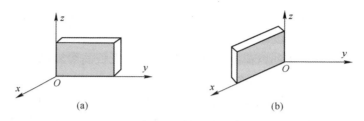

▶ 图5.32 石英晶体的切族
(a) x 切族原始位置；(b) y 切族原始位置。

y 切族：以厚度方向平行于晶体 y 轴，长度方向平行于 x 轴，宽度方向平行于 z 轴这一原始位置旋转出来的各种不同的几何切型。

石英晶体是压电式传感器中常用的一种性能优良的压电材料。石英即二氧化硅（SiO_2），压电效应最早就是在这种晶体中发现的，它是一种天然晶体，不需要人工极化处理，也没有热释电效应。它的压电常数 $d_{11} = 2.3 \times 10^{-12}$ C/N，其压电常数和介电常数使其具有良好的温度稳定性，在常温范围内，这两个参数几乎不随温度变化。在 20~200℃ 范围内，温度每升高 1℃，压电常数仅减少 0.016%，温度上升到 400℃ 后，每升高 1℃ 其压电常数 d_{11} 也只减少 5%。但当温度超过 500℃ 时，d_{11} 值会急剧下降，当温度达到 573℃（居里温度）时，石英晶体就会完全失去压电特性。石英的熔点为 1750℃，密度为 2.65×10^3 kg/m³，具有很大的机械强度和稳定的机械特性。

石英晶体的突出优点是性能非常稳定，力学强度高，绝缘性能也相当好。但石英材料价格昂贵，且压电系数比压电陶瓷低得多，因此一般仅用于标准仪器或要求较高的传感器中。

（2）水溶性压电晶体。

最早发现的水溶性压电晶体是酒石酸钾钠（$NaKC_4H_4O_6 \cdot 4H_2O$），它具有很高的压电灵敏度，压电常数 $d_{11} = 2.3 \times 10^{-9}$ C/N。但由于酒石酸钾钠具有易于受潮、机械强度低、电阻率低等缺点，对其的使用受到很大限制，一般仅限于室温（小于 45℃）或温度低的环境。

（3）铌酸锂晶体。

铌酸锂（$LiNbO_3$）晶体是一种无色或浅黄色的单晶体，但内部是多畴结构，为了使其具备压电效应，需要进行极化处理。其压电常数达 8×10^{-11} C/N，比石英晶体的压电常数大 35 倍左右，相对介电常数（$\varepsilon_r = 85$）也比石英晶体高得多。由于是单晶体，其时间稳定性很好。它还是一种压电性能良好的电声换能材料，居里温度比石英晶体和压电陶瓷要高得多，可达 1200℃。铌酸锂晶体在机械性能方面具有明显的各向异性，晶体较脆弱，并且热冲击性能较差，故在加工装配和使用中要特别注意，尽量避免用力过猛和急冷急热。所以，将铌酸锂应用于非冷却型耐高温的压电式传感器会有广泛的前景。

2）压电陶瓷

(1) 钛酸钡压电陶瓷。

钛酸钡（$BaTiO_3$）是由碳酸钡（$BaCO_3$）和二氧化钛（TiO_2）在高温下合成的，具有较高的压电常数（$d_{33}=1.90\times10^{-10}$ C/N）。介电常数和体电阻率均较高。但它的居里温度点较低，仅为115℃左右，此外其温度稳定性、长时期稳定性及机械强度都比石英低。但由于其压电常数高，在传感器中被广泛应用。

(2) 锆钛酸铅压电陶瓷（PZT）。

锆钛酸铅压电陶瓷是由钛酸铅（$PbTiO_3$）和锆酸铅（$PbZrO_3$）组成的固溶体。它具有较高的压电常数 [$d_{33}=(2\sim4)\times10^{-10}$ C/N] 和居里温度点（300℃以上），各项机电参数随温度和时间等外界因素的变化较小。它在压电性能和温度稳定性等方面都远远优于钛酸钡压电陶瓷，是目前最普遍使用的一种压电材料。此外，根据各种不同的用途对压电性能提出的不同要求，在锆钛酸铅材料中再少量添加一到两种其他元素，如镧（La）、铌（Nb）、锑（Sb）、锡（Sn）、锰（Mn）、钨（W）等，可以获得不同性能的PZT压电陶瓷。

(3) 铌酸盐压电陶瓷。

这种压电陶瓷是以铌酸钾（$KNbO_3$）和铌酸铅（$PbNbO_3$）为基础的。

铌酸铅具有很高的居里温度（570℃）和低的介电常数。如果在铌酸铅中用钡、锶等金属代替一部分铅，可以得到具有较高机械品质因素的铌酸盐压电陶瓷。

铌酸钾是通过热压过程制成的，它具有较高的居里温度点（480℃），特别适用于制作10~40MHz的高频换能器。

3）聚偏二氟乙烯

聚偏二氟乙烯（PVF_2）是有机高分子半晶态聚合物，结晶度约50%。根据使用要求，可将PVF_2原材料制成薄膜、厚膜和管状等形状。PVF_2压电薄膜具有极高的电压灵敏度，比PZT压电陶瓷大17倍，而且频率在10^{-5} Hz~500MHz范围内具有平坦的响应特性。此外，其具有机械强度高、柔性、不脆、耐冲击、容易加工成大面积元件和阵列元件、价格便宜等优点。

PVF_2压电薄膜在拉伸方向的压电常数最大（$d_{31}=2.0\times10^{-11}$ C/N），而垂直于拉伸方向的压电常数d_{32}最小（$d_{32}\approx0.2d_{31}$）。因此，在测量小于1MHz的动态量时，大多利用PVF_2压电薄膜受拉伸或弯曲产生的横向压电效应。

PVF_2压电薄膜最早应用于电声器件中,在超声和水声探测方面的应用发展很快。它的声阻抗与水的声阻抗非常接近,两者具有良好的声学匹配关系。因此,PVF_2压电薄膜在水中可以说是一种声透明的材料,可以用超声回波法直接检测信号。PVF_2压电薄膜在测量加速度和动态压力方面也有应用。

几种常见的压电材料的主要性能参数见表5.8。

表5.8 常见的压电材料的主要性能参数

性能	石英	钛酸钡	锆钛酸铅 PZT-4	锆钛酸铅 PZT-5	锆钛酸铅 PZT-8
压电常数/(pC/N)	$d_{11}=2.31$ $d_{14}=0.73$	$d_{15}=260$ $d_{31}=-78$ $d_{33}=190$	$d_{15}\approx410$ $d_{31}=100$ $d_{33}=200$	$d_{15}\approx670$ $d_{31}=-185$ $d_{33}=415$	$d_{15}=410$ $d_{31}=-90$ $d_{33}=200$
相对介电常数 ε_r	4.5	1200	1050	2100	1000
居里点温度/℃	573	115	310	260	300
密度/(g/cm³)	2.65	5.5	7.45	7.5	7.45
弹性模量/($\times 10^9$ N/m²)	80	110	83.3	117	123
机械品质因素	$10^5 \sim 10^6$	—	$\geqslant 500$	80	$\geqslant 800$
最大安全应力/($\times 10^6$ N/m²)	95~100	81	76	76	83
体积电阻率/($\Omega\cdot$m)	$>10^{12}$	10^{10}(25℃)	$>10^{10}$	10^{11}(25℃)	—
最高允许温度/℃	550	80	250	250	—
最高允许湿度/%	100	100	100	100	—

5.3.3.3 压电式压力传感器的特点与应用

压电式压力传感器体积小是动态压力检测中常用的传感器,其结构简单,工作可靠;测量范围宽,可测100MPa以下的压力;测量精度较高;频率响应高,可达30kHz。

压电传感器不能用于静态测量,因为经过外力作用后的电荷只有在回路具有无限大的输入阻抗时才得以保存。但实际情况并非如此,这决定了压电传感器只能够测量动态的应力,不适宜测量缓慢变化的压力和静态压力。

压电式压力传感器在风洞试验中也有非常广泛的应用,其最大的特点是频响特性好,可以测量快速变化的压力。在这一点上,压电式压力传感器优于压阻式压力传感器。例如,激波风洞有效测量时间短,在风洞运行过程中测量模型表面压力变化一般采用压电式压力传感器。

此外,与压阻式压力传感器一般采用测压孔和测压管路的测压方式不同,压电式压力传感器通常直接置于模型测压孔中进行压力测量,以保持其高响应特性。

5.3.4 压力传感器的选型

5.3.4.1 风洞试验常用压力传感器性能对比

压力传感器的种类繁多,其性能也有较大的差异。在风洞试验中,应根据具体的使用场合、条件和要求,选择合适的传感器,做到经济、合理。表5.9为风洞试验常用的几类压力传感器。

表5.9 风洞试验常用压力传感器的特性对比

特性	应变式	压阻式	压电式
结构	探针,螺纹,扁平	探针,螺纹,扁平	探针,螺纹
测压范围	负压至中压	低中压	微低中压(400MPa)
精度等级	—	0.1%FS(典型值)	0.5%FS(典型值)
频响特性	中	快	快
输出信号	20mV	100mV	1~5V
工作温度	低温至中温	低温至中温(SOI工艺,约500℃)	<350℃
温度影响	中	大	小
尺寸	较大	探针>0.055inch(直径)扁平>0.025inch(厚度)	探针>0.19inch(直径)
其他	长时间使用后可靠性降低,不适用于温度较高、温度波动较大、压力剧烈波动的场合	准确度受到非线性和温度的影响大	不依赖中间元件,稳定性好;不适用静态和变化缓慢的压力测量

5.3.4.2 压力传感器的选型

风洞测试用压力传感器的选择需要综合考虑,包括使用环境、测量对象、性能要求等。

1) 使用环境

在使用环境不具有腐蚀性的情况下,可选用非防腐蚀性金属膜片和壳体材料制作的传感器,一般为316L、3J53等材料。这类材质适用范围较广、膜片特性好,适用于在风洞中测量气体等非腐蚀性介质。使用于腐蚀环境中的传感器要具有防腐蚀特性,其壳体和膜片都要求用防腐蚀材料制作。这种特殊制作的传感器可以使用于酸、碱等强腐蚀环境。采用的主要防腐蚀材料有哈氏合金、蒙耐尔合金、钽和聚四氟乙烯等。

压力传感器的温度范围分为补偿温度范围和工作温度范围。补偿温度范围是由于施加了温度补偿，精度进入额定范围内的温度范围。工作温度范围是保证压力传感器能正常工作的温度范围。

2）测量对象

根据风洞试验中所测压力的性质，应确定测量类型，即表压（相对于当地大气压）、差压、绝对压力或负压测量。

（1）表压测量。

用于表压测量的传感器一端接触大气，另一端接触测量介质，参考压力为大气。对开口罐、开口管道、开口系统等压力的测量属于这种测量方式。它的应用范围最广、领域最宽、使用量最大。这类传感器制造比较容易、价格较低。传感器选用时只要考虑好测量介质端即可，另一端接触大气要求不严格。

（2）差压测量。

差压测量两端都感受被测压力。选用这种传感器时要充分考虑被测介质的情况，特别是在两测量端压力差较小而其静压（工作介质本身的压力）较大的情况下，如在一定静压环境下，应考虑精度是否满足要求、有无安全的过压保护装置。对于耐过压较小的传感器，切记要严格按说明书使用，以免损坏。

（3）绝压测量。

这种测量是指测量介质相对真空的压差。在这类压力测量中，粗真空测量发展迅速，特别是在 133~100Pa 压力段，需求量越来越大。同时广泛应用于对海拔高度、封闭口压力管道压力罐的测量。

3）传感器特性

（1）精度。

在选择传感器时需要考虑测量精度是否满足要求。必须指出，产品的精度与实际使用中的测量误差往往是两回事，市场上多数传感器的精度均为恒温下的指标，如果传感器实际使用时环境温度不同于标定温度，则测量误差还应把温度影响考虑在内。如一压力传感器在 20℃ 的精度为 ±0.1%FS、温度对传感器零点和满量程的影响分别为

零点漂移：±1.8%FS/100℃

量程漂移：±2.7%FS/100℃

如果传感器在 -10~80℃ 范围内工作（最大温度变化为 60℃），则

零点漂移：±1.8×(60/100)%FS = 1.08%FS

量程漂移：±2.7×(60/100)%FS = 1.62%FS

如考虑最坏情况（采用绝对值综合），即此传感器在 -10~+80℃ 范围内使

用时，其最大测量误差将达到：±(0.1+1.08+1.62)%FS=±2.8%FS

长期使用时还要把传感器的稳定性误差考虑在内。

（2）量程。

传感器量程的选用一般以被测量参数经常处在整个量程的80%~90%为最好，但最大工作状态点不能超过满量程。这样能够有效地保证传感器处在安全区并能使传感器的输出达到最大、精度达到较佳、分辨率较高，且具有较强的抗干扰能力。一般传感器的标定都是采用最小二乘法或端点法，多数情况下传感器的最大误差点出现在满量程的40%~60%处。

5.4 温度测试材料

5.4.1 风洞的温度测量

温度是表示物体冷热强度的物理量，表征系统内部分子无规则运动的剧烈程度，温度高的物体，分子平均动能大；温度低的物体，分子平均动能小。国际单位制采用热力学温标，热力学温标所确定的温度数值称为热力学温度，单位为开尔文，符号为K。

温度是风洞试验的重要状态参数之一，在风洞试验中具有重要意义。温度直接影响风洞试验的雷诺数，特别是在低温风洞或变压力风洞等高雷诺数风洞中，要想精确计算风速和雷诺数，必须精确测量风洞温度；为确定空气的密度、黏性系数和流动速度等，通常都需要测量温度；为了监控风洞的运行状态，如实验段气流温度、喉道及模型温度，均需要准确测量温度；此外，通过对温度的测量还可以对其他风洞测试设备进行温度效应修正，如气动天平、压力传感器等。总之，温度测量在空气动力学实验中具有重要的意义。

温度的测量方法很多，根据温度传感器的使用方式，通常分为接触法与非接触法两类。

（1）接触法。由热平衡原理可知，两个物体接触后，经过足够长的时间达到热平衡，则它们的温度必然相等。如果其中之一为温度计，就可以用它对另一个物体实现温度测量，这种测温方式称为接触法。其特点是两个物体要有良好的热接触，使二者达到热平衡，因此测温准确度较高。但感温元件与被测物体接触，往往会破坏被测物体的热平衡状态，并受被测介质的腐蚀作用，因此，接触法对感温元件的结构、性能要求苛刻。

（2）非接触法。利用物体的热辐射能随温度变化的原理测定物体温度，这种测温方式称为非接触法。它的特点是不与被测物体接触，也不改变被测物体的温度分布，热惯性小。从原理上看，用这种方法测温上限可以很高。通常用来测定 1000℃ 以上的移动、旋转或反应迅速的高温物体的温度。

各种温度测量方法的测温范围、基本原理和特点有较大差异，如表 5.10 所示。在空气动力学实验中大都采用接触式测温方法，即采用各种温度传感器进行测量，但在某些特殊场合也使用红外热像仪进行测温。

表 5.10　常用测温方法、类型及其特点

测温方法	类别	典型仪表	测量范围/℃	基本原理	特　　点
接触式	热膨胀式	玻璃液体温度计	−200~650	利用液体、气体的热膨胀及物质的蒸气压变化	简单方便，易损坏（水银污染）
		压力式温度计	−100~500		耐震，坚固，价格低廉
		双金属温度计	−80~600	利用两种金属的热膨胀差	结构紧凑，牢固可靠
	热电式	热电偶	−200~1800	利用热电效应	种类多，适应性强，结构简单，经济方便，应用广泛。需注意寄生热电势及动圈式仪表电阻对测量结果的影响
	热电阻式	铂热电阻	−260~850	固体材料的电阻随温度而变化	精度及灵敏度均较好，需注意环境温度的影响
		铜热电阻	−50~150		
		热敏电阻	−50~350		体积小，响应快，灵敏度高，线性差，需注意环境温度影响
	其他电学	集成温度传感器	−50~150	半导体器件的温度效应	
		石英晶体温度计	−50~120	晶体的固有频率随温度而变化	
非接触式	光纤式	光纤温度传感器	−50~400	利用光纤的温度特性或作为传光介质	非接触测温，不干扰被测温度场，辐射率影响小；应用简便
		光纤辐射温度计	200~4000		
	辐射式	光电高温计	800~3200	利用普朗克定律	非接触测温，不干扰被测温度场，响应快，测温范围大；适于测温度分布，易受外界干扰，标定困难
		辐射传感器	400~2000		
		比色温度计	500~3200		
其他	示温涂料	碘化银、二碘化汞、氯化铁、液晶等	−35~2000		测温范围大，经济方便，特别适于大面积连续运转零件上的测温，精度低，人为误差大

5.4.2 热电偶

热电偶是将温度转换为热电势大小的温度传感器。自 19 世纪发现热电效应以来，热电偶被越来越广泛地用于测量 -200~1300℃ 范围内的温度。在特殊情况下，可测 2800℃ 的高温或 4K 的低温。因其具有结构简单、使用方便、精度高、热惯性小、可测局部温度和便于远距离传送等优点，在风洞试验的温度测量中得到了广泛应用。

5.4.2.1 热电偶的结构与工作原理

普通型热电偶主要用于测量气体、蒸气、液体等介质的温度。由于使用的条件基本相似，所以这类热电偶已被做成标准型，其基本组成部分大致一样，通常都是由热电极、绝缘管、保护套管和接线盒等主要部分组成，如图 5.33 所示。

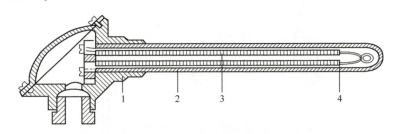

1—接线盒；2—保险套管；3—绝缘套管；4—热电极。

▶ 图 5.33　普通型热电偶的结构示意图

（1）热电极。热电偶常以热电极的材料种类来命名，其直径大小由价格、机械强度、电导率以及热电偶的用途和测量范围确定。贵金属热电极的直径大多在 0.13~0.65mm，普通金属热电极的直径为 0.5~3.2mm。热电极的长度由使用和安装条件，特别是工作端在被测介质中插入的深度来决定，一般为 350~2000mm，常用的长度为 350mm。

（2）绝缘套管。用来防止两根热电极短路，其材料的选用要根据使用的温度范围和对绝缘性能的要求而定，通常是氧化铝和耐火陶瓷。绝缘管一般制成圆形，中间有孔，长度为 20mm，使用时根据热电极的长度，可多个串联起来使用。

（3）保护套管。其作用是使热电极与被测介质隔离，避免受到化学侵蚀或机械损伤，热电极一般是先套上绝缘套管后再装入保护套管中。

通常要求保护套管，既要经久耐用，能耐温度急剧变化，耐腐蚀，且不会分解出对热电极有害的气体，具有良好的气密性；同时要具有良好的传热性能，热容量小，可以保证热电极对被测温度变化的响应速度很快。常用材料有金属和非金属两类，具体应据热电偶类型、测温范围和使用条件等因素选用。

（4）接线盒。接线盒供热电偶和补偿导线连接用。接线盒固定在热电偶保护套管上，常用铝合金制成，有普通式和防溅式（密封式）两类。接线端上注明热电极的正、负极性。

除了普通型热电偶，铠装型热电偶和薄膜型热电偶在风洞试验中也有广泛应用。

铠装热电偶是由热电极、绝缘材料和金属套管经拉伸加工而成的组合体，其断面结构如图 5.34 所示，分单芯和双芯两种。目前生产的铠装热电偶外径一般为 0.25~12mm，有多种规格。它的长短根据需要来定，最长的可达 10m 以上，在使用中可以随测量需要进行弯曲。铠装热电偶的主要特点有测量端热容量小、动态响应快、机械强度高、抗干扰性能好，能耐高压、冲击和强烈振动，在工业上应用广泛。

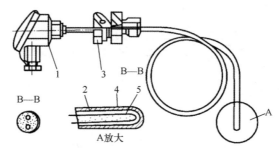

1—接线盒；2—金属套管；3—固定装置；4—绝缘材料；5—热电极。

▶ 图 5.34　铠装热电偶的结构

薄膜热电偶如图 5.35 所示，薄膜热电偶的热接点可以做得很薄（0.01~0.1μm），热容量小，反应速度快，适用于微小面积上的表面温度以及快速变化的动态温度测量。

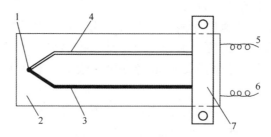

1—测量端接点；2—基底；3—铁膜；4—镍膜；5—铁丝；6—镍丝；7—接头夹具。

▶ 图 5.35　铁-镍薄膜型热电偶结构示意图

以上三类热电偶虽然在结构和制备工艺上均有所不同,但它们的工作原理一样,均是基于热电极材料的热电效应。

1) 热电效应

将两种不同材料的导体 A 和 B 串接成一个闭合回路,如图 5.36 所示。当两接触处的温度不同时,两导体间会产生一个与温度和导体材料性质有关的热电动势,并在回路中产生一定大小的电流。这种物理现象称为热电效应。在测量技术中,把由两种不同材料构成并将温度转换成热电动势的传感器称为热电偶。A、B 导体称为热电极。两个接点,一个为热端(T),又称为工作端;另一个为冷端(T_0),又称为自由端或参考端,所产生的热电势为 $E_{AB}(T,T_0)$。

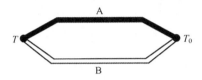

▶ 图 5.36 热电效应原理图

实验证明,回路的总热电势为

$$E_{AB}(T,T_0) = \int_{T_0}^{T} a_{AB} dT = E_{AB}(T) - E_{AB}(T_0) \tag{5.43}$$

式中:a_{AB} 为热电势率或塞贝克系数,其值随热电极材料和两接点的温度而定。

有研究指出,热电效应产生的电势 $E_{AB}(T,T_0)$ 是由帕尔帖(Peltier)效应和汤姆逊(Thomson)效应引起的。

(1) 帕尔帖效应。

将温度相同的两种不同的金属互相接触,如图 5.37 所示。由于不同金属内自由电子的密度不同,在金属 A 和金属 B 的接触处会发生自由电子的扩散现象,自由电子将从密度大的金属 A 扩散到密度小的金属 B,使 A 失去电子带正电,B 得到电子带负电,直至在接点处建立了强度充分的电场,能够阻止电子扩散,使电场达到平衡。两种不同金属的接点处产生的电动势称为帕尔帖电势,又称为接触电势。此电势 $E_{AB}(T)$ 由两种金属的特性和接点处的温度所决定。根据电子理论可得

$$E_{AB}(T) = \frac{kT}{e} \ln \frac{n_A}{n_B} \tag{5.44}$$

$$E_{AB}(T_0) = \frac{kT_0}{e} \ln \frac{n_A}{n_B} \tag{5.45}$$

式中：k 为波耳兹曼常数，其值为 $1.38×10^{-23}$ J/K；T、T_0 为接触处的绝对温度（K）；e 为电子电荷量，其值为 $1.60×10^{-19}$ C；n_A、n_B 分别为电极 A、B 的自由电子密度。

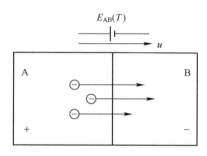

▼ 图 5.37 温差电势

由于 $E_{AB}(T)$ 与 $E_{AB}(T_0)$ 的方向相反，故回路的接触电势为

$$E_{AB}(T) - E_{AB}(T_0) = \frac{kT}{e}\ln\frac{n_A}{n_B} - \frac{kT_0}{e}\ln\frac{n_A}{n_B} = \frac{k}{e}(T-T_0)\ln\frac{n_A}{n_B} \tag{5.46}$$

（2）汤姆逊效应。

假设在一匀质棒状导体的一端加热，如图 5.38 所示，则沿此棒状导体产生温度梯度。导体内自由电子将从温度高的一端向温度低的一端扩散，并在温度较低的一端积累起来，使棒内建立起一电场。当此电场对电子的作用力与扩散力相平衡时，扩散作用即停止。电场产生的电势称为汤姆逊电势或温差电势。

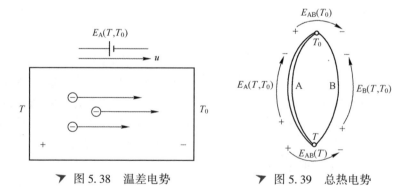

▼ 图 5.38 温差电势　　▼ 图 5.39 总热电势

当匀质导体两端的温度分别是 T_0、T 时，温差电势为

$$E_A(T, T_0) = \int_{T_0}^{T} \sigma_A dT \tag{5.47}$$

$$E_B(T,T_0) = \int_{T_0}^{T} \sigma_B dT \tag{5.48}$$

式中：σ 为汤姆逊系数，它表示温差为1℃时所产生的电势值。σ 的大小与材料性质和导体两端的平均温度有关。通常规定：当电流方向与导体温度降低的方向一致时，σ 取正值；当电流方向与导体温度升高方向一致时，σ 取负值。对于导体 A、B 组成的热电偶回路，当接点温度 $T>T_0$ 时，回路的温差电势等于导体温差电势的代数和，即

$$E_A(T,T_0) - E_B(T,T_0) = \int_{T_0}^{T} \sigma_A dT - \int_{T_0}^{T} \sigma_B dT = \int_{T_0}^{T} (\sigma_A - \sigma_B) dT \tag{5.49}$$

式（5.49）表明，热电偶回路的温差电势只与热电极材料 A、B 和两接点的温度 T、T_0 有关，而与热电极的几何尺寸和沿热电极的温度分布无关。如果两接点温度相同，则温差电势为零。

综上所述，热电极 A、B 组成的热电偶（图 5.39）回路，当接点温度 $T>T_0$ 时，其总热电势为

$$\begin{aligned}
E_{AB}(T,T_0) &= E_{AB}(T) - E_{AB}(T_0) + \int_{T_0}^{T}(\sigma_A - \sigma_B)dT \\
&= [E_{AB}(T) + \int_{0}^{T}(\sigma_A - \sigma_B)dT] - [E_{AB}(T_0) + \int_{0}^{T_0}(\sigma_A - \sigma_B)dT] \\
&= E_{AB}(T) - E_{AB}(T_0)
\end{aligned} \tag{5.50}$$

式中：$E_{AB}(T)$ 为热端的分热电势；$E_{AB}(T_0)$ 为冷端的分热电势。

从上面的讨论可知：当两接点的温度相同时，无汤姆逊电势，即 $E_A(T,T_0) = E_B(T,T_0) = 0$，而帕尔帖电势大小相等、方向相反，所以 $E_{AB}(T,T_0) = 0$。当两种相同金属组成热电偶时，两接点温度虽不同，但两个汤姆逊电势大小相等、方向相反，且两接点处的帕尔帖电势皆为零，所以回路总电势仍为零。因此：

① 当热电偶两个电极的材料相同、两个接点温度不同，不会产生电势；

② 当两个电极的材料不同、两接点温度相同，不会产生电势；

③ 当热电偶两个电极的材料不同，且 A、B 固定后，$E_{AB}(T,T_0)$ 便为两接点温度 T 和 T_0 的函数，即

$$E_{AB}(T,T_0) = E(T) - E(T_0) \tag{5.51}$$

当 T_0 保持不变，即 $E(T_0)$ 被认为是常数，则热电势 $E_{AB}(T,T_0)$ 便为热电偶热端温度 T 的函数：

$$E_{AB}(T,T_0) = E(T) - C \tag{5.52}$$

由此可知，$E_{AB}(T,T_0)$ 和 T 有单值对应关系，此即热电偶测温的基本公式。

热电极的极性特点为测量端失去电子的热电极为正极，得到电子的热电极为负极。在热电势符号 $E_{AB}(T,T_0)$ 中，规定写在前面的 A、T 分别为正极和高温，写在后面的 B、T_0 分别为负极和低温。如果它们的前后位置互换，则热电势性相反，如 $E_{AB}(T,T_0)=-E_{BA}(T,T_0)$，$E_{AB}(T,T_0)=-E_{AB}(T_0,T)$ 等。判断热电势极性最可靠的方法是将热端稍加热，在冷端用直流电表辨别。

2）热电偶的基本定律

（1）匀质导体定律。

如果热电偶回路中的两个热电极材料相同，无论两节点的温度为何，热电动势均为零。根据这个定律，可以检验两个热电极材料成分是否相同，也可以检查热电极材料的均匀性。

（2）中间温度定律。

热电偶 A、B 的热电势仅取决于热电偶的材料和两节点的温度，与温度沿热电极的分布无关。

假设热电偶 A、B 两节点的温度分别为 T 和 T_0，此时回路产生的热电势等于热电偶 A、B 两节点的温度，分别为 T、T_n 和 T、T_0 分别产生的热电势的代数和，如图 5.40 所示，用公式可表示为

$$E_{AB}(T,T_0)=E_{AB}(T,T_n)+E_{AB}(T_n,T_0) \tag{5.53}$$

式中：T 为中间温度。

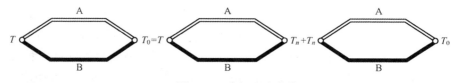

▼ 图 5.40　中间温度定律

中间温度定律是制定热电偶分度表的理论基础。由中间温度定律，只要列出自由端（冷端）温度为 0℃时各工作端（热端）温度与热电势的关系表即可。如果实际自由端温度不是 0℃，则此时所产生的热电势可以由式（5.57）计算得到。

（3）中间导体定律。

中间导体定律指出，在热电偶 A、B 回路中，只要接入的第三导体两端温度相同，则对整个回路的总热电势不会产生任何影响。此定律对实际应用有极重要的作用，因为在热电偶测温过程中，必然会在回路中引入测量导线和

仪表，此时不必担心会对回路总热电势产生影响。此外，此定律允许采用任意的焊接方法来焊接热电偶。

在热电偶测温时，接入测量导线和仪表的方法通常有两种。

① 在热电偶 A、B 回路中，断开自由端结点接入第三种导体 C，并且要保证新引入的两个节点 A、C 和 B、C 的温度仍为 T_0 ［图 5.41（a）］。根据热电偶的热电势等于各节点热电势的代数和，有

$$E_{ABC}(T,T_0) = E_{AB}(T) + E_{BC}(T_0) + E_{CA}(T_0) \tag{5.54}$$

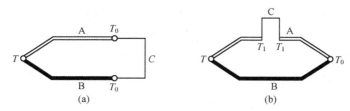

▶ 图 5.41　热电偶接入中间导体的回路

如果回路各节点温度相等均为 T，则回路中总热电势应等于零，即

$$E_{AB}(T_0) + E_{BC}(T_0) + E_{CA}(T_0) = 0 \tag{5.55}$$

或

$$E_{BC}(T_0) + E_{CA}(T_0) = -E_{AB}(T_0) \tag{5.56}$$

将式（5.56）代入式（5.54），得

$$E_{ABC}(T,T_0) = E_{AB}(T) - E_{AB}(T_0) = E_{AB}(T,T_0) \tag{5.57}$$

由式（5.57）可以看出，接入中间导体 C 后，只要导体 C 两端温度相同，就不会影响回路的总热电势。

② 在热电偶 A、B 回路中，将其中的一个导体 A 断开，接入导体 C ［图 5.41（b）］，使导体 C 与 A 形成的两个新节点保持相同的温度 T_1。同样可以证明

$$E_{ABC}(T,T_0,T_1) = E_{AB}(T,T_0) \tag{5.58}$$

对上面两种接法分析证明，在热电偶回路中接入中间导体，只要中间导体两端温度相同，就不会影响回路的总热电势。若在回路中接入多种导体，只要每种导体两端温度相同也不会影响回路的总热电势。

（4）标准电极定律。

若热电偶 A、B 的两个节点的温度为 T 和 T_0，则回路总热电势等于热电偶 A、C 和热电偶 C、B 的热电势之和，即

$$E_{AB}(T,T_0) = E_{AC}(T,T_0) + E_{CB}(T,T_0)$$

$$= E_{AC}(T, T_0) - E_{BC}(T, T_0) \tag{5.59}$$

式（5.59）也可用图 5.42 表示。

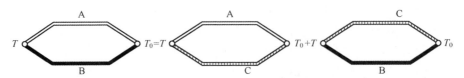

> 图 5.42　标准电极定律

在图 5.42 中，导体 C 称为标准电极，由于金属铂具有物理和化学性能稳定、易提纯熔点高等优点，故标准电极常由纯铂丝制成。如果已经求出各种热电极对铂电极的热电势值，就可以通过标准电极定律，来求出任意两种材料制成的热电偶的热电势值，从而大大简化了热电偶的选配工作。

5.4.2.2　常用热电偶及其用材

虽然任意两种不同性质的导体或半导体都可作为热电极组成热电偶。但作为实用的测温元件，不是所有的材料都适用于作热电偶，它们须满足相应的要求。

（1）良好的热电特性。热电动势及热电动势率（灵敏度）要足够大，且其热电动势与温度的关系最好呈线性。即使在高温或低温下使用，热电动势仍很稳定；沿热电极长度方向其热电动势的均匀程度高，同类热电偶互换性好，易于复现，便于制成统一的分度表。

（2）良好的物理性能。如高电导率、低比热容与电阻温度系数；无相变、不发生再结晶等。

（3）稳定的化学性能。抗氧化、还原性气氛或其他强腐蚀性介质，使用寿命长。

（4）良好的耐热性。用于高温的测试材料，具有良好的耐热性及高温机械强度。

（5）耐低温性能好。用于低温的测试材料，具有足够大的热电动势与热电动势率，不易脆断，在磁场中工作时磁致热电动势小。

（6）具有良好的力学性能与加工性能。

自 1821 年塞贝克发现热电效应以来，已有 300 多种热电极材料构成不同的热电偶被发明，其中广泛使用的有 40~50 种热电偶。

热电偶分为标准化与非标准化两大类，非标准化热电偶，一般较少使用只在标准化热电偶满足不了要求的情况下被选用。国际电工委员会（IEC）推荐了 8 种类型的热电偶作为标准化热电偶，它们分别为 T 型、E 型、J 型、K

型、N 型、B 型、R 型和 S 型。我国的国家标准也将这 8 种类型的热电偶定为标准化热电偶。这些标准化热电偶规定了热电势与温度关系及允许误差，有统一的标准分度表。这类热电偶属于国家定型的产品，可直接与仪表配套使用。

1) 标准化热电偶

(1) 铂铑-铂热电偶（S 型）。

此种热电偶是由直径为 0.5mm 的纯铂丝和相同直径的铂铑丝（90%铂、10%铑）制成。在此热电偶中，以铂铑丝为正极、纯铂丝为负极。铂铑-铂热电偶可长期在 1300℃ 以下的温度范围内使用，短期也可测量 1600℃ 的高温。由于容易得到高纯度的铂和铂铑，所以 S 型热电偶的复制精度和测量的准确性较高，适宜做成标准热电偶。此外，此种热电偶在氧化性和中性介质中具有较高的物理和化学稳定性。它的主要缺点是热电势率低；不能在还原性及含有金属或非金属的气氛中使用（会受到蒸气的侵害而变质，进而失去测量的准确性）；材料为贵重金属，成本较高。

(2) 铂铑$_{30}$-铂铑$_6$ 热电偶（B 型）。

此种热电偶以铂铑丝（70%铂、30%铑）为正极、铂铑丝（94%铂、6%铑）为负极。B 型热电偶可长期测量 1600℃ 的高温，可短期测量 1800℃。它的特点是性能稳定、精度高、适用于氧化性或中性介质。但它的热电势率比铂铑$_{10}$-铂热电偶小，当冷端温度低于 50℃ 时，产生的热电势很小，可以不考虑冷端误差（不需要对热电势进行修正）。此外，它的价格较贵。

(3) 镍铬-镍硅（镍铬-镍铝）热电偶（K 型）。

此种热电偶由镍铬和镍硅材料制成，以镍铬为正极、镍硅（或镍铝）为负极。K 型热电偶的化学稳定性较高，可在氧化性或中性介质中长期测量 900℃ 以下的温度，可短期测 1200℃ 的高温。此种热电偶一般不耐还原性气体，且仅用于 500℃ 以下温度的测量。K 型热电偶的优点是复制性好、热电势率高、热电特性近似于线性和价格便宜等。它的测量精度低于铂铑-铂热电偶，可作为测量的二级标准，是工业生产中最常用的一种热电偶。但其材质较脆，焊接性能和抗辐射性能较差。

(4) 镍铬康铜热电偶（E 型）。

由镍铬与镍、铜合金材料组成。此热电偶以镍铬合金为正极（9%~10%铬、0.4%硅、其余为镍）、康铜为负极（45%镍、55%铜）。镍铬-康铜热电偶的热电势是所有热电偶中最大的，比铂铑-铂热电偶的热电势大 10 倍左右。镍铬-康铜热电偶的优点是热电特性的线性很好、热电灵敏度高、价格便宜、能于还原或中性介质中使用。缺点是不能用于高温测量,长期使用温度应低于 600℃,可短期测量 800℃ 的温度。此外,康铜易受氧化而变质,使用时应加保护套管。

标准热电偶的温度—电势特性曲线如图 5.43 所示。虽然从图中可以查看不同热电势对应的温度值,但由此得出的温度值很不精确。为此,将各种热电偶的热电势与温度的对应关系制成热电偶分度表。

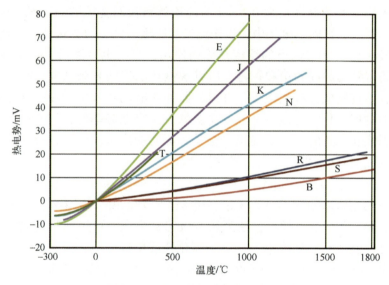

▼ 图 5.43 常用热电偶的热电特性曲线

表 5.11 列出了 8 种标准热电偶的技术数据,从表中可以看到基本信息包括热电偶的材料、分度号、$E(100,0)$、测温范围、允许标差等。依据此表可以对标准热电偶进行有针对性地选择。

表 5.11 标准热电偶的种类和特性

名称	分度号	$E(100,0)$ /mV	测温范围/℃		对分度表允许偏差		
			长期	短期	等级	使用温度	允差
铂铑 10-铂	S	0.646	0~1300	1600	Ⅲ	≤600	±1.5℃
						>600	±0.25%t
镍铬-镍硅	K	4.096	-200~1200	1300	Ⅱ	-40~1300	±2.5℃ 或 ±0.75%t
					Ⅲ	-200~40	±2.5℃ 或 ±1.5%t
铜-康铜	T	4.279	-200~350	400	Ⅱ	-40~350	±1℃ 或 ±0.75%t
					Ⅲ	-200~40	±1℃ 或 ±1.5%t

续表

名称	分度号	$E(100,0)$/mV	测温范围/℃		对分度表允许偏差		
			长期	短期	等级	使用温度	允差
铂铑13-铂	R	0.647	0~1300	1600	II	<600	±1.5℃
						>1100	±0.25%t
铂铑30-铂铑6	B	0.033	0~1600	1800	III	600~800	±4℃
						>800	±0.5%t
镍铬硅-镍硅	N	2.774	-200~1200	1300	I	-40~1100	±1.5℃或±0.4%t
						II	-40~1300	±2.5℃或±0.75%t
镍铬-康铜	E	6.319	-200~760	850	II	-40~900	±2.5℃或±0.75%t
						III	-200~40	±2.5℃或±1.5%t
铁-康铜	J	5.269	-40~600	750	II	-40~750	±2.5℃或±0.75%t

2) 非标准热电偶

虽然非标准热电偶在使用范围和使用数量上均不及标准热电偶，但在某些特殊场合，如高温、低温、超低温、高真空等，这些热电偶具有某些特别良好的特性。

（1）钨铼系热电偶。该种热电偶价格低廉，热电势很大，一般用于超高温的场合，可用来测量高达2760℃的温度，通常测量低于2316℃的温度，短时间可测量3000℃的超高温。此系列的热电偶适用于干燥的氢气、中性介质、还原性介质或惰性气体中。钨铼系热电偶主要有钨-钨铼$_{26}$、钨铼$_{5}$-钨铼$_{25}$、钨铼$_{5}$-钨铼$_{20}$和钨铼$_{5}$-钨铼$_{26}$，常用温度为300~2000℃，分度误差为±1%。

（2）铱铑系热电偶。该系列热电偶属于贵金属热电偶。铱铑-铱热电偶适用于中性介质和真空中，可长期用于2000℃左右的温度测量，不宜在还原性介质中工作，在氧化性介质中使用将会缩短使用寿命。该系列热电偶的热电势较小，但具有良好的线性。

（3）镍钴-镍铝热电偶。该种热电偶测温范围为300~1000℃，在300℃以下的热电势很小，因此不需要冷端温度补偿。

5.4.2.3　热电偶的误差及补偿措施

1) 热电偶冷端误差及其补偿

由式（5.55）可知，热电偶A、B闭合回路的总热电势$E_{AB}(T,T_0)$是两个结点温度的函数。但在实际应用中，要求测量的往往是一个热源的温度，或是两个热源的温度差。因此必须先使其中一端（一般为冷端）的温度固定，则此时输出的热电势才是测量端（热端）温度的单值函数。在工程上被广泛使用的热电偶分度表和根据分度表刻画的测温显示仪表的刻度，都是以冷端温度为0℃而制成的。因此，当使用热电偶测量温度时，当冷端温度为0℃时，测得回路的热电势值，再通过查相应的热电偶分度表，即可得到待测热源的准确温度值。

但在实际测量中，由于冷端温度要受热源温度或周围环境温度的影响，使得其并不为0℃，并且不是恒值，因此将引入测量误差。为了消除或补偿这个误差，一般常保持冷端温度恒定或采用以下几种方法来处理。

（1）补偿导线法。

为保持冷端温度恒定（最好为0℃），避免受热源影响，可以把热电偶做得很长，尽量使冷端远离热源，并连同测量仪表一起放在恒温或温度波动比较小的地方，但这种做法不仅使安装使用很不方便，而且会耗费很多贵重金属。因此，一般是采用一根导线（称为补偿导线）将热电偶冷端引出来。

如图5.44所示，只要在冷端温度可能的变化范围内（0~100℃），由C、D组成的热电偶与由A、B组成的工作热电偶具有相同的热电特性，即$E_{CD}(T,0)=E_{AB}(T,0)$，则由中间温度定律可知，C、D的接入不会引起附加误差。

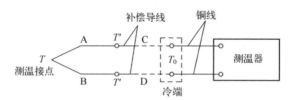

▶ 图5.44 补偿导线法示意图

应用补偿导线时应注意：①不同的热电偶必须选用相应的补偿导线；②补偿导线和热电极连接处两接点的温度必须相同，而且不可超过规定的温度范围（一般为0~100℃）；③采用补偿导线只是移动了冷端的位置，当该处温度不为0℃时，仍需进行冷端温度补偿。

（2）0℃恒温法。

将热电偶的冷端置于冰点槽内（冰水混合物），使冷端温度处于0℃，如图5.45所示。为了避免冰水导电引起两个连接点短路，必须把连接点分别置于两个玻璃试管里，浸入同一冰点槽，使其相互绝缘。尽管此方法是一种准确度很高的冷端处理方法，但使用时比较麻烦，且一般仅适用于实验室使用，对于工业生产现场极为不便。

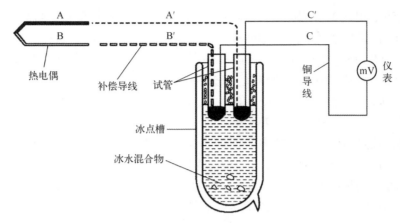

▲ 图5.45 0℃恒温法示意图

（3）冷端温度校正（修正）法。

在实际工况环境中，当热电偶冷端温度不是0℃，而是T_n时，根据热电偶中间温度定律，可得热电动势的计算校正公式为

$$E_{AB}(T,0) = E_{AB}(T,T_n) + E_{AB}(T_n,0) \qquad (5.60)$$

式中：$E_{AB}(T,0)$为冷端为0℃，而热端为T时的热电动势；$E_{AB}(T,T_n)$为冷端为T_n，而热端为T时的热电动势，即实测值；$E_{AB}(T_n,0)$为冷端为0℃，而热端为T_n时的热电动势，即为冷端温度不为0℃时热电动势校正值。

因此只要知道了热电偶参比端的温度T_n，就可以从分度表中查出对应于T_n时的热电动势$E_{AB}(T_n,0)$，然后将这个热电动势值与显示仪表所测得读数值$E_{AB}(T,T_n)$相加，得出的结果就是热电偶的参比端温度为0℃时，对应于测量端的温度为T时的热电动势$E_{AB}(T,0)$，最后就可以从分度表中查得对应于$E_{AB}(T,0)$的温度，这个温度的数值就是热电偶测量端的实际温度。

5.4.2.4 热电偶的选择

在风洞试验中，热电偶是最常使用的温度传感器之一，正确选用热电偶在很大程度上决定了风洞温度测量的准确性。在选用热电偶时，应综合考虑测温范围、测温精度、测温环境、响应速度和成本。

（1）测温范围。确定测温范围是热电偶选型首先应该考虑的因素。当测量温度（T）低于1200℃时，如风洞加热器末端或者试验段滞止后气流温度的测量，可以考虑选用廉金属热电偶，如K型热电偶，它的使用温度范围宽，高温下性能较稳定，也可以选用N型热电偶；当测量温度较低（<300℃）时，如不加热的风洞或气流温度较低的风洞试验段温度的测量，可以考虑选

用 T 型热电偶或 E 型热电偶，前者是廉金属热电偶中准确度最高的热电偶，后者是廉金属热电偶中热电动势率最大、灵敏度最高的热电偶；当测量温度较高（1200~1400℃）时，如风洞加热器末端或者试验段滞止后气流温度的测量，可以考虑选用 S 型热电偶，它的稳定性好，使用寿命长，也可以选用 R 型热电偶；当测量温度超过 1400℃，多选用 B 型热电偶；如果测量温度超过 1800℃，只能选用非标准热电偶，如钨铼热电偶。

（2）测量精度。选用热电偶时应考虑测量精度的要求。热电偶的精度分为三级（1级、2级和3级），其中 1 级精度等级最高，3 级精度等级最低。以最常见的 K 型热电偶为例，1 级的允差值为 1.5 或 $0.004|t|$，2 级的允差值为 2.5 或 $0.0075|t|$，3 级的允差值为 2.5 或 $0.015|t|$。工业上一般用 2 级或 3 级精度的热电偶，1 级精度热电偶价格相对昂贵，在风洞试验中应根据精度的要求选择热电偶。

（3）测试环境。在氧化性气氛中，当 $T<1300℃$ 时，多选用 N 或 K 型，它是廉金属热电偶中抗氧化性最强的热电偶；当 $T>1300℃$ 时，选用铂铑系热电偶。在真空和还原性气氛中，当 $T<950℃$ 时，可选用 J 型热电偶，它既可以在氧化性气氛下工作，又可以在还原性气氛中使用；当 $T>1600℃$ 时，一般选用钨铼热电偶。

热电偶丝的直径与长度对热电偶的性能也有一定的影响。热电极直径和长度的选择是由热电极材料的价格、比电阻、测温范围及机械强度决定的。实践证明，热电偶的使用温度与直径有关，选择粗直径的热电极丝，虽然可以提高热电偶的使用温度和寿命，但要延长响应时间。因此，对于快速反应，必须选用细直径的电极丝，测量端越小、越灵敏，但电阻也越大。如果热电极直径选择过细，会使测量线路的电阻值增大，如采用动圈式仪表时更应注意，因为阻值匹配不当，将直接影响测量结果的准确度。热电极丝长度的选择是由安装条件，主要是由插入深度决定的。热电偶丝的直径与长度，虽不影响热电动势的大小，但是，它直接与热电偶使用寿命、动态响应特性及线路电阻有关。因此，正确选择热电偶丝也很重要。

5.4.3　金属热电阻

5.4.3.1　金属热电阻的结构与工作原理

金属热电阻的结构比较简单，一般将电阻丝绕在云母、石英、陶瓷、塑料等绝缘骨架上，经过固定，外边再加上保护套管。但骨架性能的好坏影响热电阻的测量精度、体积大小和使用寿命。对骨架的要求是①电绝缘性能好；

②在高、低温下有足够的机械强度，在高温下有足够的刚度；③体膨胀系数要小，在温度变化后不给热电阻丝造成压力；④不对电阻丝产生化学作用。图 5.46 所示为热电阻的结构示意图。

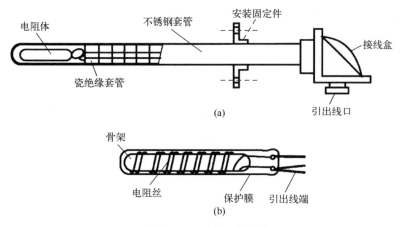

▶ 图 5.46　热电阻的结构
（a）热电阻结构；（b）电阻体结构。

金属热电阻传感器是利用金属导体的电阻值随温度变化而变化的原理进行测温的。大多数金属导体的电阻随温度的升高而增加。在金属中参加导电的是自由电子，当温度升高时，虽然自由电子的数目基本不变（当温度变化范围不是很大时），但每个自由电子的动能将增加。因此，在一定的电场作用下这些杂乱无章的电子作定向运动的阻力将加大，导致金属电阻随温度升高而增大，可用公式表示为

$$R_t = R_0[1+\alpha(t-t_0)] \qquad (5.61)$$

式中：R_t、R_0 分别为温度为 t℃ 和 t_0℃ 时的阻值；α 为热电阻的电阻温度系数（℃$^{-1}$）。

由式（5.61）可知，如果保持 α 为一常数，则金属电阻 R_t 将随温度 t 线性增加。其灵敏度为

$$K = \frac{1}{R_0}\frac{dR_t}{dt} = \alpha \qquad (5.62)$$

很显然，α 越大，灵敏度越高。一般纯金属的电阻温度系数 $\alpha = 0.3 \sim 0.6\%/$℃。

但是，对于绝大多数金属导体来说，其电阻温度系数 α 并非常数，而是随温度而变化的，仅在某一温度范围内可近似看作是常数。

5.4.3.2 金属热电阻用材料

虽然大多数金属的电阻值随温度的变化而变化,但不是所有的金属都能用作测温用热电阻材料。作为测温用热电阻金属材料应具有下列特性。

(1) 具有较大的电阻率及较高的电阻温度系数,以便有较高的灵敏度和测量精度;

(2) 在使用范围内,物理、化学性能稳定;

(3) 电阻与温度的函数呈单值函数(最好是呈线性关系);

(4) 材料的复制性要好,以便批量生产;

(5) 有良好的工艺性,以便于批量生产、降低成本。

目前常用的工业热电阻材料主要是 Pt、Cu、Ni、In、Mn 等,用得最多的是 Pt 和 Cu。图 5.47 为几种金属的电阻相对变化率与温度的关系,从图中可以看出,Pt 的线性度最好,Cu 次之,Fe、Ni 最差。

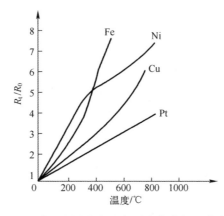

▶ 图 5.47 几种纯金属的电阻相对变化率与温度变化间关系

1) 铂热电阻

Pt 的物理、化学性能非常稳定,是目前制造热电阻的最好材料。Pt 电阻可以作为标准电阻温度计,它的长时间稳定的复现性可达 10^{-4} K,是目前测温复现性最好的一种温度计。

Pt 热电阻中的铂丝纯度用电阻比 $W(100)$ 表示,即

$$W(100) = \frac{R_{100}}{R_0} \tag{5.63}$$

式中:R_{100} 为 Pt 热电阻在 100℃时的电阻值;R_0 为 Pt 热电阻在 0℃时的电阻值。

电阻比 $W(100)$ 越大，其纯度越高。国际实用温标规定，作为基准器的 Pt 电阻，$W(100)$ 不得小于 1.3925。目前技术水平已达到 $W(100) = 1.3930$，与之相应的 Pt 纯度为 99.9995%，工业用 Pt 电阻的纯度 $W(100)$ 一般为 1.387~1.390。

铂丝的电阻值与温度之间的关系在 0~850℃ 的范围内为

$$R_t = R_0[1 + At + Bt^2] \tag{5.64}$$

在 -200~0℃ 的范围内为

$$R_t = R_0[1 + At + Bt^2 + C(t-100)t^3] \tag{5.65}$$

式中：R_t 为温度为 t 时的阻值；R_0 为温度为 0℃ 时的阻值；A，B，C 均为常数。

对 $W(100) = 1.391$，A、B、C 分别为 $3.96847 \times 10^{-3}/℃$、$-5.847 \times 10^{-7}/℃^2$、$-4.22 \times 10^{-12}/℃^4$。

由以上两式可见，要确定电阻 R_t 与温度 T 的关系，首先要确定 R_0 的数值，R_0 称为热电阻的标称值。目前 Pt 热电阻标称值有 $R_0 = 10\Omega$ 及 $R_0 = 100\Omega$ 两种。一般测温场合下可略去 B、C 的影响，则 $R_t = R_0(1 + At)$，即 Pt 电阻的电阻-温度特性接近线性。

目前中国规定工业用铂热电阻有 $R_0 = 10\Omega$ 及 $R_0 = 100\Omega$ 两种，它们的分度号分别为 PT10 和 PT100，其中以 PT100 为常用。Pt 热电阻不同分度号亦有相应分度表，即 R_t-t 的关系表，这样在实际测量中，只要测得热电阻的阻值 R_t，便可从分度表（见附件 2）上查出对应的温度值。

一般情况下，工业 Pt 热电阻由直径为 0.03~0.07mm 的纯铂丝绕在平板形支架上，用银线作为引出线。

Pt 电阻的优点很多，包括精度高、稳定性好、性能可靠，尤其是抗氧化性能好，且在很大的温度范围内（1200℃ 以下）都能保证上述特性；Pt 较易提纯，复现性好；加工性能好，可制成很细的铂丝（0.02mm 或更细）或极薄的铂箔；与其他材料相比，Pt 有较高的电阻率。

Pt 电阻的缺点主要表现在电阻温度系数比较小，且价格昂贵，因此一般在测量精度要求高的场合使用。

2）Cu 热电阻

Pt 电阻的价格昂贵，故在测量精度要求不高且温度较低的场合，采用 Cu 热电阻测温，其测量范围为 -50~150℃。Cu 电阻的电阻体是一个铜丝绕组，绕组是由 0.1mm 直径的漆包绝缘铜丝分层双向绕在圆形骨架上。为了防止松散，整个元件要经过酚醛树脂浸渍后，在温度为 120℃ 的烘箱内放置 24h，然后自然冷却至常温才能使用。在 $-50\sim150℃$ 的温度范围内，Cu 电阻阻值与温度关系几乎是线性的，可用下式近似表示

$$R_t = R_0(1+\alpha t) \tag{5.66}$$

式中：R_0 为温度为 0℃ 时的电阻值；R_t 为温度为 t℃ 时的电阻值；α 为铜热电阻的电阻温度系数，取 $\alpha = 4.28\times10^{-3}/℃$。

Cu 热电阻的两种分度号为 Cu50($R_0=50\Omega$) 和 Cu100($R_0=100\Omega$)。

Cu 热电阻的特点是电阻温度系数较大、线性好、价格便宜。但是 Cu 的电阻率较低，故 Cu 热电阻的体积相对较大、热惯性较大、稳定性较差，在 100℃ 以上时容易氧化，因此只能用于低温及没有侵蚀性的介质中。

除了以上介绍的 Pt 热电阻和 Cu 热电阻之外，Ni 热电阻和 Fe 热电阻也是实用的热电阻。由于 Ni 和 Fe 的温度系数较大、电阻率较高故也常被用做热电阻。Ni 热电阻的使用温度范围为 $-50\sim100℃$，而 Fe 热电阻的使用温度范围为 $-50\sim150℃$。但 Fe 易被氧化，化学性能不好，Ni 的非线性严重，故这两种热电阻应用较少。

5.4.3.3 热电阻的特点及应用

热电阻广泛用来测量 $-200\sim850℃$ 范围内的温度。在少数情况下，低温可测至 1K，高温达 1000℃。在常用电阻温度计中，标准 Pt 电阻温度计的准确度最高，并作为国际温标中 961.78℃ 以下内插用标准温度计。同热电温度计（热电偶）相比，电阻温度计具有如下特性。

（1）准确度高。在所有的常用温度计中，它的准确度最高，可达 1mK。

（2）输出信号大、灵敏度高。如在 0℃ 下用 Pt100 热电阻测温，当温度变化 1℃ 时，其电阻值约变化 0.4Ω，如果通过电流为 2mA，则其电压输出量为 $800\mu V$。但在相同条件下，即使灵敏度比较高的 K 型热电偶，其热电动势变化也只有 $40\mu V$ 左右。由此可见，电阻温度计的灵敏度较热电温度计高一个数量级。

（3）测温范围广、稳定性好。在振动小而适宜的环境下，可在很长时间内保持 0.1℃ 以下的稳定性。

（4）无需参考点。温度值可由测得的电阻值直接求出。输出线性好，只用简单的辅助回路就能得到线性输出，显示仪表可均匀刻度。

（5）采用细铂丝的热电阻元件抗机械冲击与振动性能差。元件的结构复杂、尺寸较大，因此，热响应时间长，不适宜测量体积狭小和温度瞬变区域。

与热电偶相比，热电阻在准确度、输出信号、有无参考点等方面有较大优势。正因为热电阻的这些优点，使其在风洞试验中的应用非常广泛。

一般来说，在风洞试验中为提高温度的测量准确度，在允许情况下，应优先选用接触式测温元件；若考虑到维修更换，批量使用，应选用互换性好的器件；当温度低于 400~500℃时，则应尽量选用 Pt 热电偶，其稳定性、准确度和互换性均优于其他金属热电偶。

5.4.4 热敏电阻

5.4.4.1 热敏电阻的结构与工作原理

热敏电阻是半导体热敏电阻的简称，它是利用半导体材料的电阻率随温度变化而变化的性质制成的温度敏感元件，如图 5.48 所示。通常采用不同的封装形式，热敏电阻可制成珠状、圆片形、片形、杆状等各种形状，如图 5.49 所示。作为感温元件通常选用珠状和圆片形。

1—热敏探头；2—引线；3—壳体。

▼ 图 5.48　热敏电阻的结构及电路符号

（a）热敏电阻的结构；（b）热敏电阻的电路符号。

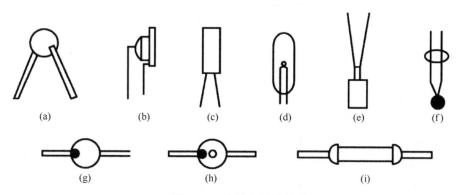

▼ 图 5.49　热敏电阻的外形

（a）圆片型；（b）薄膜型；（c）柱型；（d）管型；（e）平板型；（f）珠型；
（g）扁型；（h）热圈型；（i）杆型。

对于金属热电阻，其电阻值会随温度升高而增大（0.004~0.006Ω/℃），而半导体的阻值却随温度的升高而急剧下降（0.03~0.06Ω/℃），半导体热敏电阻随温度变化的灵敏度高。由于半导体内部参与导电的是载流子，其数目比金属内部的自由电子数目少得多，致使半导体的电阻率较大。当温度升高时，半导体内部的价电子受热激发跃迁，产生新的参与导电的载流子，因而电阻率下降。由于半导体载流子的数目随温度呈指数增加，故半导体的电阻率随温度升高而呈指数下降。

根据热敏电阻率随温度变化的特性，热敏电阻基本可分为正温度系数（PTC）、负温度系数（NTC）和临界温度系数（CRT）三种类型，其特性如图5.50所示。

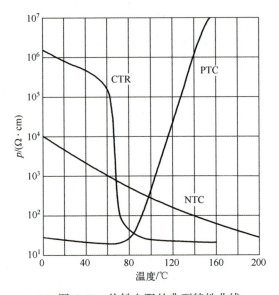

▼ 图5.50 热敏电阻的典型特性曲线

1) 负温度系数热敏电阻（NTC）

NTC具有随温度升高而电阻率显著减小的特性，是一种缓变型热敏电阻，可测温度范围较宽。该电阻具有较为均匀的感温特性。它由负电阻温度系数很大的固体多晶半导体氧化物（如Cu、Fe、Al、Mn、Ni等的氧化物）按一定比例混合后烧结制成。通过改变其中氧化物的成分和比例，可以得到不同测温范围、阻值和温度系数的NTC热敏电阻。

NTC热敏电阻的热电特性（热敏电阻的阻值与温度之间的关系）可近似用以下经验公式描述。

$$R_T = A \cdot e^{B/T} \tag{5.67}$$

式中：R_T为温度为T时的电阻值；A为与热敏电阻几何尺寸和它的半导体物理性能有关的常数；B为与热敏电阻的半导体物理性能有关的常数。

若已知 T_1 和 T_2 时的电阻为 R_1 和 R_2，则可通过公式求取 A、B 的值，即

$$A = R_1 \exp\left(\frac{B}{T_1}\right) \tag{5.68}$$

$$B = \frac{T_1 T_2}{T_2 - T_1} \ln \frac{R_1}{R_2} \tag{5.69}$$

通常取 20℃ 时的热敏电阻的阻值为 R_1，称为额定电阻，记作 R_{20}；取相应于 100℃ 时的电阻 R_{100} 作为 R_2，此时将 $T_1 = 293K$、$T_2 = 373K$ 代入式（5.67）可得

$$B = 1365 \ln\left(\frac{R_{20}}{R_{100}}\right) \tag{5.70}$$

一般生产厂都在此温度下测量电阻值求得 B 值。将 B 值及 R_{20} 代入式就确定了热敏电阻的温度特性，如图 5.51 所示。称 B 为热敏电阻常数。

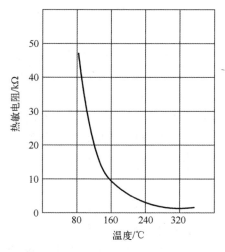

▶ 图 5.51 热敏电阻的温度特性

若定义 $\dfrac{1}{R_T} \cdot \dfrac{dR_T}{dT}$ 为热敏电阻的温度系数 α，则

$$\alpha = \frac{1}{R_T} \cdot \frac{dR_T}{dT} = -\frac{B}{T^2} \tag{5.71}$$

B 和 α 值是表征热敏电阻材料性能的两个重要参数。由式（5.71）可见，α 值随温度降低而迅速增大，若 $B = 4000K$，当 $T = 293.15K$（20℃）时，可求得温度系数 $\alpha = -0.0475/℃$，约为 Pt 热电阻的 12 倍，可见其具有很高的灵敏度。

NTC除了具有温度系数大、灵敏度高的优点外,还有稳定性好(在0.01℃的小温差范围内,稳定性可达到0.0002℃的精度)、体积小、功耗小、响应速度快(可达几十微秒)、无须冷端温度补偿、适宜远距离测量与控制、价格便宜等。其缺点主要是由于同一型号产品的特性和参数差别较大,致使互换性差,此外它的热电特性还有较大的非线性,给使用带来很大不便。

2) 正温度系数热敏电阻(PTC)

PTC具有在工作温度范围内电阻值随温度升高而显著增大的特性,通常由强电介质$BaTiO_3$系列为基本原料,并掺入适量镧(La)、铌(Nb)等稀土元素,再经陶瓷工艺高温烧结制成。$BaTiO_3$的居里点是120℃,加入适当的掺杂元素后,可以调节居里点至-20~300℃。

PTC的电阻—温度关系可用经验公式表示为

$$R_T = R_{T_0} \exp[B_P(T-T_0)] \tag{5.72}$$

式中:R_T、R_{T_0}为温度为T和T_0时的热敏电阻值;B_P为PTC热敏电阻的材料系数。

PTC热敏电阻的特点包括具有恒温、调温和精确自动控温的特殊功能;无明火、安全可靠;热交换率高;响应速度快,寿命长等。

3) 临界温度系数热敏电阻(CTR)

CTR热敏电阻的阻值会在某一特定温度(约68℃)下发生突变,它是由V、Ba、P等的氧化物烧结的固溶体。CTR热敏电阻的实用温度范围为60~70℃,电阻的聚变温度约为±0.1℃,适合在某一较窄的温度范围做温度控制开关或监测使用。

5.4.4.2 半导体热敏电阻特点及应用

热敏电阻应用广泛,具有以下特点。

(1) 灵敏度高,是Pt热电阻、Cu热电阻灵敏度的几百倍。它与简单的二次仪表结合,就能检测出$1×10^{-3}$℃的温度变化;与电子仪表组成测温计,可完成更精确的温度测量。

(2) 工作温度范围宽,常温热敏电阻的工作温度为-55~315℃;高温热敏电阻的工作温度高于315℃;低温热敏电阻的工作温度低于-55℃,可达-273℃。

(3) 根据不同的要求,可以将热敏电阻制成各种不同形状。

(4) 可制成1~10MΩ标称阻值的热敏电阻,以供应用电路选择。

(5) 稳定性好,过载能力强,寿命长。

(6) 响应速度快,价格便宜。

5.5 压敏漆与温敏漆

5.5.1 压敏漆

20世纪80年代发展起来的压力敏感涂料（pressure sensitive paint，PSP）测量技术是一种非接触式光学测量方法。它是利用光致发光材料的某些光物理特性来进行试验模型表面的压力测量，可在接近传统压力测量精度的前提下，获得测量表面全域的压力分布，且准备过程相对简便，只需将PSP覆盖于模型测量面即可开展试验测量，使时间和经济效益显著提高。不仅如此，该测量技术还可对测量所得的数据进行二次开发，因而被视为21世纪最具发展潜力和应用前景的风洞试验技术之一。

图5.52为压敏漆工作原理图。

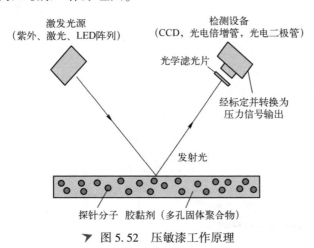

▼ 图5.52 压敏漆工作原理

5.5.1.1 压敏漆测压原理

PSP测量物体表面压力基于光致发光和氧猝灭原理。PSP中的高分子聚合物称为探针分子。探针分子受到一定波长的光源激发后，从基态被激发到激发态，受激发的探针分子可以通过辐射和无辐射的过程回到基态。其中辐射过程为光致发光，即激发态探针分子通过发出荧光释放能量的形式回到基态；无辐射过程中，激发态探针分子在发出荧光前与基态氧分子碰撞，发生能量转移，基态氧分子获得能量形成激发态氧分子，激发态探针分子回到基态，这就是发光的氧淬灭。PSP 聚合物内氧浓度与当地氧分压成正比，即空气压力越高，PSP 中氧分子越多，探针分子被淬灭也越多，因此发光强度与压力成反比。发光强度和氧浓度间的关系可用 Stem-Volmer 关系来描述。对试验空气动力学而言，发光强度和空气压力 P 之间的关系可用简化的 Stem-Volmer 关系式来表示：

$$\frac{I_{ref}}{I}=A+B\frac{p}{p_{ref}} \tag{5.73}$$

式中：I_{ref} 和 p_{ref} 分别为参照条件下的发光强度和压力；I 为压力为 p 时的发光强度；A、B 为 Stem-Volmer 系数，可通过校准系统测得，且 $A+B=1$。

理论上 I_{ref}/I 可以消除非均匀照射涂层的不均匀和探针分子中浓度不均匀分布等因素的影响。在典型风洞试验中，I_{ref} 常取风洞未启动时的发光强度值，因此 I_{ref} 常称为无风时的发光强度，对应压力为大气压，I 则被称为有风时的发光强度。

通常，光致发光的波长比激发光的波长要长，这种光致发光波长的变化被称为红移，因此可以通过在光检测设备前加带通滤光片滤除激发光，获得探针分子发出的荧光强度 I_{ref} 和 I。通过校准装置对 PSP 进行校准后，即可用 Stem-Volmer 关系从发光强度计算压力。

压敏漆测量系统通常由涂层、激发光源、光检测器和数据采集处理单元组成。基于光学 CCD 的 PSP 测压系统构成如图 5.53 所示。

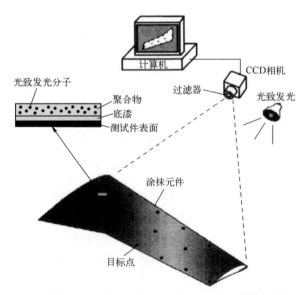

▼ 图 5.53 基于光学 CCD 的 PSP 测压系统构成

压敏漆涂层由聚合物功能层和基底反射层两部分组成。聚合物功能层是含探针分子的工作层，由尺寸均匀的颗粒组成的多孔性固体薄膜，具有一定的厚度、浓度、均匀性和透气性。基底反射层，通常用含 SiO_2 的白色底漆，用于增强探针分子发光强度，提高涂层的黏结性。

激发光源有紫外灯、LED 阵列和激光器。合理照射光源的选择取决于发光涂料的吸收光谱和特定设备的光路。在探针分子吸收波长范围内，照射光源必须能够提供足够多的光子，并使光不达到饱和，不致产生严重的光降解。常用的激发光可通过在 LED 阵列加带通滤镜得到，LED 阵列具有重量轻、几乎不产生热量、便于合理布置产生相当的均匀照射区域、可产生连续或脉冲光等优点。

光检测器有光二极管、光电倍增管和 CCD 相机。光电倍增管具有响应速度快的特点，一般用于动态 PSP 测压系统。对于稳态测压系统，常用的检测装置为高信噪比、高光强分辨率（12~16 位）和高空间分辨率的科学级 CCD 相机。CCD 前需添加带通滤镜，过滤掉激发光。对于某些双组分 PSP，一台彩色 CCD 可同时采集得到两个组分的光强。

数据采集处理单元为含数据采集设备及数据处理软件的计算机。

5.5.1.2 压敏漆的组成

1）压敏漆的结构

常规的气动力压敏漆是由荧光物质即探针分子、基质载体、挥发性溶剂和黏合剂组成。压敏漆的关键成分在于荧光探针分子，正确选择压敏漆发光探针分子决定着测试压力结果的准确度与灵敏度。在选择荧光探针分子时应考虑以下条件：当特定频率的光照射时，荧光探针分子产出高额的发光量子，具有很短的荧光寿命以及接触氧气时有猝灭的敏感性能。

除对荧光探针发光分子的选择外，对压敏漆组成的另一个重要部分黏合剂的选择也很重要，应该全面考虑它的氧透过性，对温度、湿度的感应性，还有黏着力、机械稳定性及光降解等性能。部分压敏漆的组成配方及特性见表 5.12。

表 5.12 部分压敏漆的组成配方及特性

发光微粒配料	黏合剂	发光物质/%	黏合剂比/%	发光效率	购买公司
PtOEP	PMMA	61	39	0.57	Porphyrin
PtOEP	硅胶	12	88	0.06	Porphyrin
PtOEP	GP-197	28	72	1.0	Porphyr

续表

发光微粒配料	黏合剂	发光物质/%	黏合剂比/%	发光效率	购买公司
PtOEP	GP-197	30	70	0.022	Porphyrin
Pylam Yellow	硅胶	59	41	—	Pylam
Perylenc Dye	硅胶	47	53	0.342	Aldrich
$H_2(TMe_2N)$ FPP	硅胶	44	56	—	—
Perylene dibutyrate	硅胶	33	67	—	Pylam
H_2TSPP	硅胶	57	43	—	Porphyrin
PtTFPP	硅胶	1	99	—	Porphyrin
Pyerne	硅胶	65.5	34.5	0.41	Aldrich

目前，常见的压敏漆荧光探针分子主要有铂卟啉复合物（Platinum Porphyrins）、钌配合物（Ruthenium Polypyridyl）以及芘基衍生物（Pyrene Derivatives）等荧光物质。用这三种荧光物质作探针分子制备压敏漆的方法各有利弊。

铂卟啉复合物作探针分子时用紫外灯照射压敏漆激发其探针分子，发出的荧光为红色，进一步测试发现其对氧气的敏感性很强，而且荧光寿命也很长，但是有一个致命的缺点是发光强度弱。用卟啉铂作探针分子的压敏漆，在真空低温中有很强的温度敏感性和依赖性，在较高的温度和大气压力下对聚合物中的氧扩散具有额外的温度效应。

钌配合物作探针分子时用紫外灯或者蓝光照射压敏漆，激发钌配合物的探针分子，发出的荧光也为红色，而且光稳定性也很高，但是有一个缺点就是难以与聚合物混合。钌基压敏漆已被广泛研究，并通过在不同温度下把钌基探针分子添加到硅凝胶颗粒中用于风洞试验中的模拟测试。

芘基衍生物作探针分子时受到紫外光的激发发射出蓝色的荧光。芘基衍生物探针分子压敏漆有荧光寿命长、量子产率较高等优点，有对温度的敏感性不高、氧猝灭效率也较低、实际应用性不强等缺点，但是可以解决压敏漆所面临的光降解和升华问题。

2）压敏漆涂层的构成

用可见光激发的二亚胺钌配合物[$Ru(bpy)_3$]作为探针分子，分散于经过极性增溶的溶液—凝胶 SiO_2 基质中，形成对空气压力变化敏感的压敏漆。压敏漆涂层由保护层、探测层和反射层三部分组成，如图 5.54 所示。

在压敏漆涂层中，最下面的底层是反射层，通常用含 SiO_2 的白色底漆以

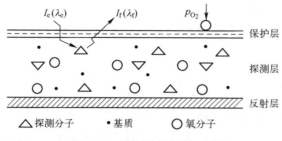

图 5.54 压敏漆的结构示意图

增强出射荧光的反射能力，大约能增加 60%。中间探测层是含光敏探针分子的工作层，它是由尺寸均匀的颗粒（10~20nm）组成的多孔性固体薄膜，应具有一定厚度、浓度、均匀性和透气性。表层是保护层。通常是有机硅树脂，具有良好的透气性、透光性和机械保护性能。

在探测层中，探针分子是关键，要求化学稳定性、氧化还原性、良好的激发态反应活性、较长的激发态寿命及良好的光致发光特性。探测层的基质材料也是很重要的，要求透气性好、与探针分子相容性好、有一定的粘接性、对激发光和辐射出的荧光无吸收等。一般采用凝胶技术制备的基质材料，有较大的氧猝灭灵敏度，其他各项性能也较好。

为避免对模型的空气动力学特性有任何影响，要求尽量降低压敏漆涂料的粗糙度和涂层的厚度。一般来说，涂料的最大粗糙度应小于 $0.25\mu m$，涂层厚度一般为 $20~40\mu m$ 甚至更小。需要指出的是，要使压敏漆涂料的粗糙度降低，对模型表面的粗糙度也有一定的要求，实验表明模型表面粗糙度降到 $0.46\mu m$ 才能得到比较理想的喷涂质量。

5.5.1.3 压敏漆的特点与应用

气动力压敏漆的测压方法与传统的测试压力方法作对比，有以下优越性。

（1）采用压敏漆测量元件表面压力的方法测试得到的是一幅完整、准确的测试元件表面压力图，而采用传统的测试压力方法得到的是一些离散点的表面压力图；

（2）压敏漆测试压力技术采用非插入式技术，无需在测试模型表面打孔，得到的压力分布图是整个模型表面的压力；

（3）压敏漆测试压力的方法可实现远距离测量；

（4）压敏漆测试压力的方法有很高的空间分辨率和数据采集率；

（5）压敏漆测试压力可节省模型测量装置的准备时间和制造成本。

压敏漆测量技术以其非接触测量方式、真实反映物理表面连续压力分布、高空间分辨率以及高效、经济等突出优势，在低速、亚跨超声速和高超声速风洞都得到大规模应用，涵盖航空航天、高速车辆、高层建筑、大型桥梁等领域。

5.5.2 温敏漆

温敏漆技术以发光猝灭机理为依据、以发光分子为光学传感器，测量被测物体表面的温度变化。温敏漆技术是目前唯一具有非接触式测量和全方位测量双重优点的测温技术，该技术可对复杂的气体力学模型表面的温度进行测量，特别是对飞行工具周围的复杂流动的实验气体力学可以进行深入研究，是不可替代的有力工具。

5.5.2.1 温敏漆测温原理

温敏漆测量物体表面温度的本质是利用温敏漆随着周围环境温度的变化而出现荧光强度变化的对温度产生猝灭的特性来进行温度测量。在被测物体外表面涂上温敏漆，涂层中发光探针分子经过最佳光源的激发，探针分子的电子吸收光能，这会使电子发生跃迁至活跃的高能激发态。高能激发态不稳定，因此这时候的电子是极不稳定的。随着周围环境温度逐渐升高，探针分子的晶格振动加剧，从而晶格弛豫增强，使处于高能态的电子无辐射跃迁返回到基态的概率增大，返回到低能态或者基态时发射出的荧光强度减弱，这个过程叫做热猝灭。给出的直观变化是，环境升温后，温敏漆的荧光强度迅速减弱，特征光的颜色变浅，光谱红移。

无辐射跃迁包括以下几种方式。①振动弛豫，即激发态分子由同一电子能级中的较高振动能级转至较低振动能级的过程，其效率较高。②内转换，即在相同多重态的两个电子能级间，电子由高能级回到低能级的分子内过程。③系间窜跃，即激发态分子的电子自旋发生倒转而使分子的多重态发生变化的过程。④外转换，即激发态分子与溶剂与其他溶质相互作用、能量转换而使荧光（或磷光）减弱甚至消失的过程。荧光强度的减弱或消失，称为荧光熄灭（或猝灭）。

其荧光机理如图 5.55 所示。最低水平线代表分子的基态能量，通常是单重态，用 S_0 表示。上面的线代表激发态电子的振动能级连续的激发单重态和三重态分别用 S_1、S_2 和 T_1 表示。正常情况下，第一激发三重态 T_1 的能量低于相应的单重态 S_1 的能量。光子被吸收来激发发光分子从基电子态进入激发态电子状态（$S_0 \rightarrow S_1$，$S_0 \rightarrow S_2$）。激发过程可表示为 $S_0+h\nu \rightarrow S_1$。h 为普朗克常数，ν 为激发光的频率。每个电子状态都有不同的振动形态，每个振动形态都有不同的转动状态。激发态电子通过结合发光或不发光过程返回到基态。通过辐射的过程称为发光，从最低激发单重态到基态的辐射过程称为荧光。可以表示为 $S_1 \rightarrow S_0 + \hbar\nu_f$。寿命为 $10^{-8} \sim 10^{-11}$s，速率常数 k_f 为 $10^6 \sim 10^9 s^{-1}$。由于是相同多重态之间的跃迁，速度大、概率较大。从重态到基态的辐射过程称为磷光（$T_1 \rightarrow S_0 + \hbar\nu_p$）。由于磷光的产生同时有自旋多重态的改变，因此辐射速度比荧光小，磷光寿命为 $10^{-4} \sim 10$s。在两种不同的多重度之间是自旋禁阻的跃迁。最低激发三重态 T_1 通过系间窜跃（$S_1 \rightarrow T_1$）的无辐射转换形成。因为磷光是禁阻跃迁，所以磷光寿命长于荧光。发光是荧光和磷光的统称。内转换是相同多重度之间自旋允许的无辐射过程（$S_2 \rightarrow S_1$，$S_1 \rightarrow S_0$）。这个过程表示为 $S_1 \rightarrow S_0 + \Delta$，$\Delta$ 代表放出热量。当两个电子能量水平相近时内转换的效率尤其高。在两个不同的多重度之间系间窜越是自旋禁阻的无辐射过程，可以表示为 $S_1 \rightarrow T_1 + \Delta$ 和 $T_1 \rightarrow S_0 + \Delta$。磷光很大程度上依赖来自激发单重态 S_1 系间窜跃的三线态 T_1 的数量。另外，激发态电子不活化可能引发激发态分子和环境像溶解物之间的内相互作用和能量转换，被称为外转换。

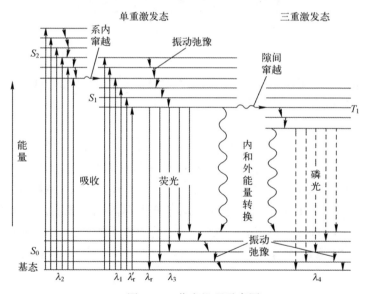

▶ 图 5.55 荧光机理示意图

激发单重态和三重态能够通过激发态分子和系统内组分的内相互作用去活化。这些双分子过程是猝灭过程，包括碰撞猝灭、浓度猝灭、氧猝灭和能量转移猝灭。

图 5.56 为温敏漆测温原理。将温敏漆涂覆在整个被测温物体的表面并

使用特定波长的光源照射，如果表面温度分布不均匀，则在特定的波长光的激发下，温敏漆发出荧光的强度也会不同，之后，通过安装有长波滤波器的 CCD 检测系统检测荧光强度即可得出不同部位的温度，照相机上的每一个像素相当于一个高分辨率的热电偶。这样就可以从计算机中观察到整个物体表面温度分布的状态。从温敏漆表面发射出来的荧光反映了该处温度的状况。

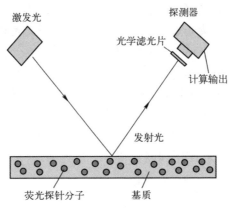

▶ 图 5.56　温敏漆测温原理

在一定的温度范围内，发光强度 I 和温度 T 的关系可经光量子效率公式和阿伦尼乌斯公式推导后表示为

$$\ln \frac{I(T)}{I(T_{\text{ref}})} = \frac{E_{\text{nr}}}{R}\left(\frac{1}{T} - \frac{1}{T_{\text{ref}}}\right) \tag{5.74}$$

式中：E_{nr} 为非激发过程的活化能；R 为摩尔气体常数；T_{ref} 为热力学参考温度。由式（5.74）可知，随着温度的升高，激发态分子的碰撞频率将增加，由于碰撞过程中的相互作用，导致激发态分子不活化，经不发光过程返回到基态，因此，随着温度的升高，分子的光量子效率降低，发射的荧光强度减弱。实验研究表明，超出一定温度范围时，式（5.74）并不适用，其关系可由式（5.75）表示。

$$\frac{I(T)}{I(T_{\text{ref}})} = F(T/T_{\text{ref}}) \tag{5.75}$$

式（5.75）应用于温敏漆在实际测温中的数据校正，其中 $F(T/T_{\text{ref}})$ 为多项指数项。

温敏漆由探针分子和基质组成，基质不存在孔隙，隔绝了氧气，有效避免了其他因素对温度猝灭的干扰。使用温敏漆的基础是探针分子对于温度具有相当的灵敏度,这样通过对温敏漆荧光强度的监测可以测量喷涂了温敏漆的待测表面的实时温度。

温敏漆的相对荧光强度变化率及测温灵敏度可由式(5.76)和式(5.77)进行计算。

$$\text{change rate} = (I_1 - I_2)/I_1 \times 100\% \tag{5.76}$$

式中:I_1为温敏漆在某个温度区间t_1时的相对荧光强度值;I_2为温敏漆在同个温度区间t_2时的相对荧光强度值。利用这个公式可以计算这个温度区间的相对荧光强度变化率。

$$\text{sensitivity} = (\ln E_2 - \ln E_1)/\Delta T \tag{5.77}$$

式中:E_1是某个温度区间内高温时荧光强度值;E_2为同温度区间低温时荧光强度;ΔT是区间温度差,根据此公式可计算温敏漆的灵敏度。

5.5.2.2 温敏漆的组成

温敏漆由探针分子和基质构成,探针分子是发光体,而基质起到的是黏结剂的作用。

探针分子作为温敏漆的核心,一般要求其对温度具有较好的灵敏度和较强的发光强度、不与黏结剂反应、测温误差小且成本低。发光探针分子多是重金属与配体合成,为了提高温敏漆的测温灵敏度,现在的研究方向多是考虑在探针中加入一种稀土金属。具体来说就是温敏漆探针分子的中心稀土离子会在激发光的照射下发出特征荧光,并且这种荧光的强度会随着温度升高而逐渐减弱,即温度猝灭性能。在现有的合成温敏漆的技术中,主要采用联吡啶钌作为温敏漆的探针分子。

基质作为发光探针分子的载体,对温敏漆的性能也有很大的影响。高分子聚合体常被用来作为温敏漆的基质,选择时应考虑多方面的因素。首先是这种基质不能与探针分子产生反应,以免降低发光探针分子的活性;其次是不能产生不利于荧光发射的各种因素,比如应具有氧不透过性,以防止发生氧猝灭;再次是这种基质在测温范围内性能稳定,且具有适宜的硬度和良好的韧性,以防止漆面出现开裂、脱落等问题;最后是由于温敏漆多应用于高速流动的物体,因而要求聚合物基质要有足够强的黏着力。此外,制备的压敏漆表面粗糙度要尽可能小,最大的粗糙度小于$0.25\mu m$,同时厚度也要尽可能小,一般为$20\sim40\mu m$。

常用的温敏漆基质主要有甲基丙烯酸甲酯(PMMA)、虫胶(Shellac)、杜邦公司的Chromaclear(CC)、GP197等。不同类型温敏漆如表5.13所示。

图5.57为不同种温敏漆温度与荧光强度的关系。

表 5.13 不同类型温敏漆

发光探针	基质	激发波长/nm	发光波长/nm	常用温度范围/℃	室温下的寿命/μs	参考文献	来源
Coumanin	PMMA	UV		20~100		Campbell(1993)	Purdue
CuOEP	GP-197	480~515		-180~20		Campbell et al.(1994)	Purdue
EuTTA	Dope	350	612	-20~80	500	Liu(1996)	Kodak
Perylene	Dope	330~450	430~580	0~100	0.005	Campbell(1994)	Aldrich
Perylenedicarboximide	PMMA	480~515		50~100		Campbell(1993)	Aldrich
Pyronin B	PMMA	460~580		50~100		Campbell(1993)	Aldrich
Pyronin Y	Dope	460~580		0~100		Campbell(1993)	Aldrich
Rhodamine B	Dope	460~590	550~590	0~80	0.004	Sullivan(1991)	Aldrich
Ru(bpy)	Shellac	320,452	588	0~90	5	Liu(1996)	GFS Chem.
Ru(bpy)/Zeolite	Poly Vinyl Alcohol	320,452	588	-20~80		Campbell et al.(1994)	GFS Chem.
Ru(trpy)	GP-197	310,475	620	-170~50		Campbell(1993)	Purdue
Ru(trpy)/Zeolite	Poly Vinyl Alcohol	310,475	620	-180~80		Campbell et al.(1994)	Purdue
$La_2O_2S:Eu$		337	537	100~200	100	Noel et al.(1985)	
$Y_2O_3:Eu$		266	611	510~1000	1400	Alaruri et al.(1995)	Allison Eng.
NASA-Ames(Univ. of Washington)TSP		UV		0~50		McLachlan et al.(1993b)	Univ. of Washington
McDonnell Douglas TSP		340~500	>500	-5~90		Cattafesta and Moore(1995)	McDonnell Douglas(1995)

在稀土离子中,荧光性能较好的是 Eu^{3+} 离子的配合物,与 Eu^{3+} 匹配效果较好的有机配体是 β-二酮化合物,合成铕 β-二酮配合物。本章是以 Phen 为第二配体,$Eu(DBM)_3Phen$ 作为温敏漆的探针分子,研究 $Eu(DBM)_3Phen$/PMMA 温敏漆的荧光温度猝灭性能及测温灵敏度。

分别在40℃、50℃、60℃、70℃和80℃下对 $Eu(DBM)_3Phen$/PMMA 温敏漆进行荧光分析。图5.58 为在 40~80℃ 范围内 $Eu(DBM)_3Phen$/PMMA 温敏漆的荧光光谱图,表5.14 为其对应的荧光数据。

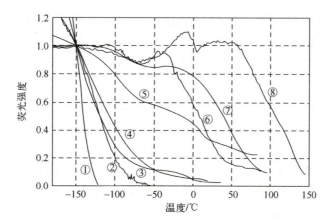

①Ru(trpy)在乙醇/甲醇里；②Ru(trpy)(phtrpy)在GP-197里；③Ru(VHl27)在GP-197里；④Ru(trpy)在杜邦环保漆里；⑤Ru(trpy)/Zeolite在GP-197里；⑥-EtTA在虫胶里；⑦Ru(bpy)在杜邦环保漆里；⑧二萘嵌苯在蔗糖里

▶ 图5.57 不同类型温敏漆温度与荧光强度线性图

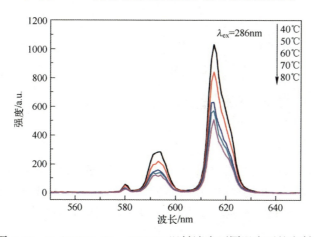

▶ 图5.58 Eu(DBM)$_3$Phen/PMMA温敏漆在不同温度下的发射光谱

表5.14 Eu(DBM)$_3$Phen/PMMA温敏漆在不同温度下的发射光谱数据

温度/℃	发射波长/nm	发光强度/a.u.	$e\left(\dfrac{1}{T}\right)$
40	615	1031	1.0032
50	615	840	1.0031
60	615	628	1.0030
70	615	569	1.0029
80	615	509	1.0028

由图 5.58 和表 5-14 可知，Eu(DBM)$_3$Phen/PMMA 温敏漆在不同温度下发射光谱基本相同，最强的发射峰均位于 615nm，而其荧光发射强度却随着温度的升高而减弱，说明该 Eu(DBM)$_3$Phen/PMMA 温敏漆具有良好的温度猝灭特性。

温敏漆的光物理原理可近似由式（5.78）表示：

$$\ln \frac{I(T)}{I(T_{\text{ref}})} = \frac{E_{\text{nr}}}{R}\left(\frac{1}{T} - \frac{1}{T_{\text{ref}}}\right) \tag{5.78}$$

由式（5.81）可知，当温度（T）升高，荧光强度（I）减弱。因此，通过对荧光强度的记录和分析，可知被测物体表面的温度分布情况。

为了更直观清晰的呈现荧光强度和温度的关系，对式（5.78）进行变形：

$$\frac{I(T)}{I(T_{\text{ref}})} = e^{\frac{E_{\text{nr}}}{R}\left(\frac{1}{T} - \frac{1}{T_{\text{ref}}}\right)} \tag{5.79}$$

$$\frac{I(T)}{I(T_{\text{ref}})} = \frac{e^{\frac{E_{\text{nr}}}{R} \cdot \frac{1}{T}}}{e^{\frac{E_{\text{nr}}}{R} \cdot \frac{1}{T_{\text{ref}}}}} \tag{5.80}$$

$$I(T) = \frac{I(T_{\text{ref}})}{e^{\frac{E_{\text{nr}}}{R} \cdot \frac{1}{T_{\text{ref}}}}} \cdot (e^{\frac{1}{T}})^{\frac{E_{\text{nr}}}{R}} \tag{5.81}$$

$A = \frac{I(T_{\text{ref}})}{e^{\frac{E_{\text{nr}}}{R} \cdot \frac{1}{T_{\text{ref}}}}}$，$B = \frac{E_{\text{nr}}}{R}$。$A$、$B$ 为常数。$I(T)$ 与 $e^{\frac{1}{T}}$ 呈幂函数关系，即

$$I(T) = A(e^{\frac{1}{T}})^B \tag{5.82}$$

由表 5.14 数据可描绘出温敏漆荧光发射强度（I）与温度（T）的关系图，并可拟合出 A、B 的具体数值，得到式（5.83）。利用式（5.83），若测得了物体表面的荧光发射强度就可以获得该温度区间内物体表面的温度及分布情况。

$$I(T) = 3.0849(e^{\frac{1}{T}})^{1806.6} \tag{5.83}$$

5.5.2.3 温敏漆特点与应用

近年来发展的一项温度场测试新技术，即温敏漆技术，是解决上述问题的首选方案。与传统的温度场测试相比，其优点包括：

（1）不仅可用于静止目标表面的温度场特性测试，还适用运动物体表面温度的测量；

（2）适用于结构复杂部件的温度测量，可以进行发动机叶片组和转动的轴承等高速运动（转动）部件的表面温度场测量；

（3）测量方便、直观，可以对待测表面的温度场特性进行实时动态测量（响应时间可达纳秒量级）；

（4）测量精度高，可对温度的变化过程连续测量；

（5）测温范围较宽（$T = -196 \sim 200℃$，$Ma = 0.01 \sim 10$），可用于低温固体表面温度测量，测温精度达 $0.2 \sim 0.8℃$；

（6）温敏漆不损坏测试模型，测量时由离散的点测量变为连续的面测量（传统测量模型表面温度分布的方法是在模型表面开孔后，使用植入式热电偶和热电阻，这种方法需要有效的模型、大量的安装布置时间，并且只有有限的空间分辨率）、空间分辨率高。

传统的测温技术只能测定单点的温度，对于大面积表面温度测量，尤其是复杂的气体力学模型表面的温度测量，温敏漆是目前唯一的一种"非接触式、全方位"的测温技术。尤其在对于飞行器周围复杂流动的物理现象的实验气体力学的深入研究方面，温敏漆是非常有力的工具。在超高声速的风洞试验中，温敏漆测温系统不仅可以清楚地观察到热流动转移的形式，而且能够提供热转移定量计算的数据。此外，温敏漆不仅可以测量大面积场的温度，而且仅用温敏漆就能测出被测物体任何一个小区间的温度分布状态；温敏漆也不会破坏被测物体表面，不会影响气流的状态，使用简单、方便，测量结果直观。

本章小结

本章介绍了常见的风洞传感测试技术及相关材料。风洞传感测试技术可以分为接触测量技术和非接触测量技术两类。在接触测量技术中，首先介绍了风洞气动力测量与材料，包括弹性梁及材料、电阻应变片及材料；然后介绍了风洞压力测试技术与材料，包括压阻式压力传感器和压电式压力传感器的工作原理、常用材料、特点和应用以及压力传感器的选型；最后介绍了风洞温度测试与材料，包括热电偶、热电阻和热敏电阻的工作原理、常用材料、特点和应用。在非接触测量技术中，重点讨论了压敏漆和温敏漆的测量原理、组成和应用，简要介绍了 PIV 的测量原理、系统组成和常见的示踪材料。

思考题

（1）金属应变片与半导体应变片在工作原理上有何不同？

（2）什么是压电效应和逆压电效应？以石英晶体为例说明压电晶体是怎样产生压电效应的。

（3）什么叫热电效应？试说明热电偶的测温原理。

（4）为什么要对热电偶的冷端温度进行补偿？有哪几种方法？

（5）用镍铬-镍硅（K型）热电偶测量炉温时，冷端温度 $T_0 = 20℃$，由电子电位差计测得热电势为 37.724mV，由K型热电偶的分度表可查得 $E_{AB}(T_0, 0) = 0.802\text{mV}$，试求炉温 T。

（6）某低温风洞试验段气流温度为 110~323K，请问应如何选择温度传感器？

（7）某高超声速弹头的头部驻点温度超过1000K，请问在不考虑响应速度的情况下应如何选择温度传感器？

参考文献

[1] 李周复. 风洞特种试验技术［M］. 北京：航空工业出版社，2010.

[2] 王帆，施洪昌，盖文. 风洞测控技术［M］. 北京：国防工业出版社，2019.

[3] 王铁诚. 空气动力学实验技术［M］. 北京：航空工业出版社，1995.

[4] 杜水友. 压力测量技术及仪表［M］. 北京：机械工业出版社，2005.

[5] 刘迎春，叶湘滨. 传感器原理、设计与应用［M］. 北京：国防工业出版社，2015.

[6] 王化祥，张淑英. 传感器原理及应用［M］. 天津：天津大学出版社，2014.

[7] 孙晶，范薇，宋亚娇. 温/压敏漆制备及表征［M］. 北京：国防工业出版社，2013.

[8] 潘雪涛，温秀兰. 传感器原理与检测技术［M］. 北京：国防工业出版社，2011.

[9] 赵勇，王琦. 传感器敏感材料及器件［M］. 北京：机械工业出版社，2012.

[10] 蒋亚东，太惠玲，谢光忠，等. 敏感材料与传感器［M］. 北京：科学出版社，2016.

附 录

附录 A 常见高强度合金钢材料

统一数字代号	牌号	产品厚度/mm		非规定比例延伸强度 $R_{p0.2}$/MPa	非规定比例延伸强度 $R_{p1.0}$/MPa	抗拉强度 R_m/MPa	断后拉伸率 A/%	硬度值		
						≥		HBV	HRB ≥	HV
S11306	06Cr13	C	8	205		415	20	183	89	200
		H	14							
		P	25							
S11348	06Cr13Al	C	8	170		415	20	179	88	200
		H	14							
		P	25							
S11972	019Cr19Mo2NbTi	C	8	275		415	20	217	96	230

续表

统一数字代号	牌号	产品厚度/mm	非规定比例延伸强度 $R_{p0.2}$/MPa	非规定比例延伸强度 $R_{p1.0}$/MPa	抗拉强度 R_m/MPa	断后拉伸率 A/%	硬度值 HBV	硬度值 HRB	硬度值 HV
			≥				≥		
S30408	06Cr19Ni10	C 8	205	250	520	40	201	92	210
		H 14							
		P 80							
S30403	022Cr19Ni10	C 8	180	230	490	40	201	92	210
		H 14							
		P 80							
S30409	07Cr19Ni10	C 8	205	250	520	40	201	92	210
		H 14							
		P 80							
S31008	06Cr25Ni20	C 8	205	240	520	40	217	95	220
		H 14							
		P 80							
S31608	06Cr17Ni12Mo2	C 8	205	260	520	40	217	95	220
		H 14							
		P 80							

续表

统一数字代号	牌　号	产品厚度/mm		非规定比例延伸强度 $R_{p0.2}$/MPa	非规定比例延伸强度 $R_{p1.0}$/MPa	抗拉强度 R_m/MPa	断后拉伸率 A/%	硬度值		
				≥				HBV	HRB	HV
									≥	
S31603	022Cr17Ni12Mo2	C	8	180	260	490	40	217	95	220
		H	14							
		P	80							
S31668	06Cr17Ni12Mo2Ti	C	8	205	260	520	40	217	95	220
		H	14							
		P	80							
S31708	06Cr19Ni13Mo3	C	8	205	260	520	35	217	92	220
		H	14							
		P	80							
S31703	022Cr19Ni13Mo3	C	8	205	260	520	40	217	95	220
		H	14							
		P	80							
S32168	06Cr18Ni11Ti	C	8	205	250	520	40	217	95	220
		H	14							
		P	80							

续表

统一数字代号	牌　号	产品厚度/mm		非规定比例延伸强度 $R_{p0.2}$/MPa	非规定比例延伸强度 $R_{p1.0}$/MPa	抗拉强度 R_m/MPa	断后拉伸率 A/%	硬度值		
				≥				HBV	HRB	HV
									≥	
S39042	015Cr21Ni26Mo5Cu2	C	8	220	250	490	35		90	
		H	14							
		P	80							
S21953	022Cr19Ni5Mo3Si2N	C	8	440		630	25	290	31[①]	
		H	14							
		P	80							
S22253	022Cr22Ni5Mo3N	C	8	450		620	25	293	31[①]	
		H	14							
		P	80							
S22053	022Cr23Ni5Mo3N	C	8	450		620	25	293	31[①]	
		H	14							
		P	80							

附录 B 压力容器常用钢材料性能

钢 号	板厚/mm	状态	σ_a/MPa	σ_a/σ_b	断裂韧性值范围 δ_c/mm	断裂韧性值范围 J_{Ic}/(N/mm)	断裂韧性平均值 δ_c/mm	断裂韧性平均值 J_{Ic}/(N/mm)	$\delta_{c/te}$
20g	16	热轧	320	0.66	0.114~0.147		0.136		88.9
20#钢管	13.5	热轧	280	0.58	0.207~0.226		0.216		162
16MnR	60	热轧	300	0.63	0.176~0.187	86.79~109.93	0.182	99.05	128
16Mn（稀土）	16		377	0.66	0.106~0.123		0.114		63.4
15MnVR	20	热轧	410	0.68	0.076~0.089	42.36~51.98	0.081	46.88	41.5
15MnVN	20	调质	565	0.81	0.080~0.088		0.084		31
18MnMoNbR（批1）	50	退火+回火	570	0.79	0.101~0.131	60.30~94.14	0.118	79.92	43.6
18MnMoNbR（批2）	50	退火+回火	465	0.75	0.120~0.130		0.125		56.8
14MnMoNbB	16		877	0.95	0.058~0.074	40.50~56.39	0.064	46.88	15.3
14CrMnMoVB		调质	757	0.92	0.10~0.11	91.69~92.18	0.10	91.99	29.1
20CrNi3MoV		调质	790	0.88	0.091~0.12	84.34~127.49	0.10	104.44	26.9
1Cr13		调质	650		0.091~0.103		0.098		31.7
马氏体时效不锈钢			860	0.92	0.078~0.085	61.78~70.61	0.081	64.72	19.6
厚壁原子能压力容器用钢			680		0.22~0.275	203.98~254.97	0.260	233.40	95.5
09MnTiCu稀土钢（低温钢）	20		380	0.75	20℃, 0.14~0.157 80℃, 0.29~0.142 -50℃, 0.119~0.134				
1Cr18Ni9Ti	60		250		0.240~0.265				222

附表C 变形铝合金的主要牌号、成分、力学性能及用途
（摘自 GB/T 3190—2020）

类别	牌号（旧牌号）	主要化学成分/%（质量分数）						热处理状态	力学性能（≥）		用途
		Cu	Mg	Mn	Zn	其他	Al		R_m/MPa	A/%	
防锈铝合金	5A05（LF5）	≤0.10	4.8~5.5	0.3~0.6	≤0.20	Si 0.50	余量	退火	265	15	中载零件、铆钉、焊接油箱、油管
	3A21（LF21）	≤0.20	≤0.05	1.0~1.6	≤0.10	Si 0.60	余量	退火	≤165	20	管道、容器、油箱、铆钉及轻载零件及制品
硬铝合金	2A02（LY2）	2.6~3.2	2.0~2.4	0.45~0.7	≤0.10	Si 0.30	余量	固溶处理+人工时效	430	10	200~300℃工作叶轮、锻件
	2A11（LY11）	3.8~4.8	0.4~0.8	0.4~0.8	≤0.30	Si 0.70 Ni 0.10	余量	固溶处理+自然时效	390	8	中等强度构件和零件，如骨架、螺旋桨叶片、铆钉
	2A12（LY12）	3.8~4.9	1.2~1.8	0.3~0.9	≤0.30	Si 0.50 Ni 0.10	余量	固溶处理+自然时效	440	8	高强度的构件及150℃以下工作的零件，如飞机骨架、梁、铆钉、蒙皮
超硬铝合金	7A04（LC4）	1.4~2.0	1.8~2.8	0.2~0.6	5.0~7.0	Si 0.50 Cr 0.1~0.25	余量	固溶处理+人工时效	550	6	主要受力构件及高负荷零件，如飞机大梁、加强框、起落架
	7A09（LC9）	1.2~2.0	2.0~3.0	≤0.15	5.1~6.1	Si 0.50 Cr 0.16~0.30	余量	固溶处理+人工时效	550	6	主要受力构件及高负荷零件，如飞机大梁、加强框、起落架

续表

类别	牌号 (旧牌号)	主要化学成分/%（质量分数）						热处理状态	力学性能（≥）		用途
		Cu	Mg	Mn	Zn	其他	Al		R_m/MPa	A/%	
锻铝合金	2A50（LD5）	1.8~2.6	0.4~0.8	0.4~0.8	≤0.30	Ni 0.10 Si 0.7~1.2	余量	固溶处理+人工时效	380	10	形状复杂和中等强度的锻件及模锻件
	2A70（LD7）	1.9~2.5	1.4~1.8	≤0.20	≤0.30	Ti 0.02~0.1 Ni 0.9~1.5 Fe 0.9~1.5	余量		355	8	高温下工作的复杂锻件和结构件、内燃机活塞、叶轮
	2A14（LD10）	3.9~4.8	0.4~0.8	0.4~1.0	≤0.30	Si 0.6~1.2 Ti 0.15	余量		460	8	高负荷锻件和模锻件

注：力学性能（棒材）摘自 GB/T 3191—2010。

附表 D 常用调质钢的牌号、化学成分、热处理、力学性能和用途（摘自 GB/T 3007—2017）

类别	牌号	化学成分[①]/%（质量分数）					热处理温度/℃		力学性能[②]（≥）					退火硬度/HB≤	用途举例
		C	Mn	Si	Cr	其他	淬火	回火[③]	R_m/MPa	$R_{p0.2}$/MPa	A/%	Z/%	A_{KU2}/J		
低淬透性	45	0.42~0.50	0.50~0.80	0.17~0.37	≤0.25		830~840 水	580~640 空	600	355	16	40	39	197	小截面、重负荷的调质件，如主轴、曲轴、齿轮、连杆、链轮等
	40Mn	0.37~0.44	0.70~1.00	0.17~0.37	≤0.25		840 水	600	590	355	17	45	47	207	同上
	40Cr	0.37~0.44	0.50~0.80	0.17~0.37	0.80~1.10		850 油	520	980	785	9	45	47	207	重要调质件，连杆螺栓、连杆、进气阀等
	45MnB	0.42~0.49	1.10~1.40	0.17~0.37		B0.0005~0.0035	840 油	500	1030	835	9	40	39	217	代替 40Cr 作 $\Phi<50mm$ 的重要调质件，如机床齿轮、钻床主轴、凸轮、蜗杆等
	40MnVB	0.37~0.44	1.10~1.40	0.17~0.37		V0.05~0.10 B0.0005~0.0035	850 油	520	980	785	10	45	47	207	代替 40Cr 或 40CrNi 制造汽车、拖拉机和机床的重要调质件，如轮、齿轮等

续表

类别	牌号	化学成分①/%（质量分数）					热处理温度/°C		力学性能②（≥）					退火硬度/HB≤	用途举例
		C	Mn	Si	Cr	其他	淬火	回火③	R_m/MPa	$R_{p0.2}$/MPa	A/%	Z/%	A_{KU2}/J		
中淬透性	40CrNi	0.37~0.44	0.50~0.80	0.17~0.37	0.45~0.75	Ni1.00~1.40	820 油	500	980	785	10	45	55	241	做较大截面的重要件，如曲轴、主轴、齿轮、连杆等
	40CrMn	0.37~0.45	0.90~1.20	0.17~0.37	0.90~1.20		840 油	550	980	835	9	45	47	229	代替40CrNi作受冲击负荷不大的零件，如齿轮、离合器等
	35CrMo	0.32~0.40	0.40~0.70	0.17~0.37	0.80~1.10	Mo0.15~0.25	850 油	550	980	835	12	45	63	229	代替40CrNi作大截面齿轮和高负荷传动轴、发电机转子等
	30CrMnSi	0.27~0.34	0.80~1.10	0.90~1.20	0.80~1.10		880 油	520	1080	855	10	45	39	229	用于飞机调质件，如起落架、螺栓等
	38CrMoAl	0.35~0.42	0.30~0.60	0.20~0.45	1.35~1.65	Mo0.15~0.25 Al0.70~1.10	940 水、油	640	980	835	14	50	71	229	高级氮化钢，作重要丝杠、镗杆、主轴、转子轴等

续表

| 类别 | 牌号 | 化学成分① /%（质量分数） | | | | | 热处理温度/℃ | | 力学性能② (≥) | | | | 退火硬度/HB ≤ | 用途举例 |
		C	Mn	Si	Cr	其他	淬火	回火③	R_m /MPa	$R_{p0.2}$ /MPa	A /%	Z /%	A_{KU2}/J		
高淬透性	37CrNi3	0.34~0.41	0.30~0.60	0.17~0.37	1.20~1.60	Ni3.00~3.50	820油	500	1130	980	10	50	47	269	高强韧性的大型重要零件，如汽轮机叶轮、转子轴等
	25Cr2Ni4WA	0.21~0.28	0.30~0.60	0.17~0.37	1.35~1.65	Ni4.00~4.50	850油	550	1080	930	11	45	71	269	大截面高负荷的重要调质件，如汽轮机主轴、叶轮等
	40CrNiMoA	0.37~0.44	0.50~0.80	0.17~0.37	0.60~0.90	Mo0.15~0.25 Ni1.25~1.65	850油	600	980	835	12	55	78	269	高强韧性大型重要零件，如飞机起落架、航空发动机轴等
	40CrMnMo	0.37~0.45	0.90~1.20	0.17~0.37	0.90~1.20	Mo0.20~0.30	850油	600	980	785	10	45	63	217	部分代替40CrNiMoA，如作卡车后桥半轴、齿轮轴等

注：①各牌号钢的$\omega(S) \leq 0.035\%$，$\omega(P) \leq 0.035\%$；②合金钢的回火冷却剂为水或油；③力学性能测试试样毛坯尺寸为25mm。

附表 E 部分工业纯钛和钛合金的牌号、化学成分、力学性能及用途
（摘自 GB/T 3620.1—2016、GB/T 2965—2023）

组别	牌号	化学成分/%（质量分数）	热处理	室温力学性能（≥）				高温力学性能（≥）			用途
				R_m/MPa	R_{eL}/MPa	A/%	Z/%	试验温度/℃	R_m/MPa	σ_{100h}/MPa	
工业纯钛	TA1	Ti（杂质极微）	退火	240	140	24	30				在350℃以下工作、强度要求不高的零件，如飞机骨架、蒙皮、船用阀门、管道、化工用泵、叶轮
	TA2	Ti（杂质微）	退火	400	275	20	30				
	TA3	Ti（杂质微）	退火	500	380	18	30				
α钛合金	TA4	Ti（杂质微）	退火	580	485	15	25				在500℃以下工作的零件，如导弹燃料罐、超音速飞机的涡轮机匣、压气机叶片
	TA5	Ti-4Al-0.005B Al3.3~4.7 B0.005	退火	685	585	15	40				
	TA6	Ti-5Al Al4.0~5.5	退火	685	585	10	27	350	420	390	
β钛合金	TB2	Ti-5Mo-5V-8Cr-3Al Mo4.7~5.7 V4.7~5.7 Cr7.5~8.5 Al2.5~3.5	淬火	≤980	820	18	40				
			淬火+时效	1370	1100	7	10				
α+β钛合金	TC1	Ti-2Al-1.5Mn Al1.0~2.5 Mn0.7~2.0	退火	585	460	15	30	350	345	325	在400℃以下工作的零件，有一定高温强度的用作发动机零件；低温用作部件、容器、泵、舰船耐压壳体
	TC2	Ti-4Al-1.5Mn Al3.5~5.0 Mn0.8~2.0	退火	685	560	12	30	350	420	390	
	TC3	Ti-5Al-4V Al4.5~6.0 V3.5~4.5	退火	800	700	10	25				
	TC4	Ti-6Al-4V Al5.5~6.75 V3.5~4.5	退火	895	825	10	25	400	620	570	

附表 F 常用不锈钢的牌号、化学成分、热处理、力学性能和用途（摘自 GB/T 1220—2007）

类型	新牌号① (旧牌号)	主要化学成分/wt%				热处理/℃ 冷却剂③	力学性能 (≥)				硬度/ HBW	用途举例
		C	Ni②	Cr	其他		$R_{p0.2}$/MPa	R_m/MPa	A/%	Z/%		
奥氏体型	12Cr17Ni7 (1Cr17Ni7)	≤0.15	6.00~ 8.00	16.00~ 18.00	N≤0.10	固溶处理 1010~1150 水冷	205	520	40	60	≤187	最易冷变形强化的钢。用于铁道车辆、传送带、紧固件等
	12Cr18Ni9* (1Cr18Ni9)	≤0.15	8.00~ 10.00	17.00~ 19.00	N≤0.10	固溶处理 1010~1150 水冷	205	520	40	60	≤187	经冷加工有高的强度，做建筑用装饰型部件
	06Cr19Ni10* (0Cr18Ni9)	≤0.08	8.00~ 11.00	18.00~ 20.00		固溶处理 1010~1150 水冷	205	520	40	60	≤187	用量最大、使用最广。制作深冲成型部件、输酸管道
	06Cr18Ni11Ti (0Cr18Ni10Ti) (1Cr18Ni9Ti)	≤0.08 (≤0.08) (≤0.12)	9.00~ 12.00	17.00~ 19.00	Ti5C~ 0.70	固溶处理 920~1150 水冷	205	520	40	50 60	≤187	耐晶间腐蚀性能优越。制造耐酸容器、抗磁仪表、医疗器械
	10Cr18Ni12 (1Cr18Ni12)	≤0.12	10.50~ 13.00	17.00~ 19.00		固溶处理 1010~1150 水冷	175	480	40	60	≤187	适于旋压加工，特殊拉拔，如作冷镀钢用等
	06Cr19Ni10N (0Cr19Ni9N)	≤0.08	8.00~ 11.00	18.00~ 20.00	N0.10~ 0.16	固溶处理 1010~1150 水冷	275	550	35	50	≤217	用于有一定耐腐蚀、较高强度和减重要求的设备或部件

续表

类型	新牌号[①]（旧牌号）	主要化学成分/wt%				热处理/℃ 冷却剂[③]	力学性能（≥）				硬度/HBW	用途举例
		C	Ni[②]	Cr	其他		$R_{p0.2}$/MPa	R_m/MPa	A/%	Z/%		
奥氏体-铁素体型	022Cr22Ni5Mo3N	≤0.03	4.50~6.50	21.00~23.00	Mo2.5~3.5 N0.08~0.20	固溶处理 950~1200 水冷	450	620	25		≤290	焊接性良好。制作油井管道、化工储罐、热交换器等
	022Cr25Ni6Mo2N	≤0.03	5.50~6.50	24.00~26.00	Mo1.2~2.5 N0.10~0.20	固溶处理 950~1200 水冷	450	620	20		≤260	耐点蚀最好的钢。用于石化领域，制作热交换器等
铁素体型	06Cr13Al* （0Cr13Al）	≤0.08	(≤0.60)	11.50~14.50	Al0.1~0.3	退火 780~830	175	410	20	60	≤183	用于石油精制装置、压力容器衬里、蒸汽透平叶片等
	10Cr17Mo （1Cr17Mo）	≤0.12	(≤0.60)	16.00~18.00	Mo0.75~1.25	退火 780~830	205	450	22	60	≤183	主要用作汽车轮毂、紧固件及汽车外装饰材料
马氏体型	12Cr13* （1Cr13）	0.08~0.15	(≤0.60)	11.50~13.50	Si≤1.00 Mn≤1.00	950~1000淬 700~750 回	345	540	25	55	≥159	用于韧性要求较高且受冲击载荷的刀具、叶片、紧固件等
	20Cr13* （2Cr13）	0.16~0.25	(≤0.60)	12.00~14.00	Si≤1.00 Mn≤1.00	920~980淬 600~750 回	440	640	20	50	≥192	用于承受高负荷的零件，如汽轮机叶片、热油泵、叶轮
	30Cr13* （3Cr13）	0.26~0.35	(≤0.60)	12.00~14.00	Si≤1.00 Mn≤1.00	920~980淬 600~750 回	540	735	12	40	≥217	300℃以下工作的刀具，弹簧，400℃以下工作的轴等

续表

类型	新牌号① (旧牌号)	主要化学成分/wt%				热处理/℃ 冷却剂③	力学性能 (≥)				硬度 HBW	用途举例
		C	Ni②	Cr	其他		$R_{p0.2}$/MPa	R_m/MPa	A/%	Z/%		
马氏体型	40Cr13 (4Cr13)	0.36~0.45	(≤0.60)	12.00~14.00	Si≤0.60 Mn≤0.80	1050~1100 淬 200~300 回					≥50 HRC	用于外科医疗用具，阀门、轴承、弹簧等
马氏体型	95Cr18 (9Cr18)	0.90~1.00	(≤0.60)	17.00~19.00	Si≤0.80 Mn≤0.80	1000~1050 淬 200~300 回					≥55 HRC	用于耐蚀耐高强度耐磨件，如轴、泵、阀门、弹簧、紧固件等
沉淀硬化型	05Cr17Ni4Cu4Nb (0Cr17Ni4Cu4Nb)	≤0.07	3.00~5.00	15.00~17.50	Cu3.00~5.00 Nb0.15~0.45	固溶处理 1020~1060 480时效 550时效	1180 1000	1310 1070	10 12	40 45	≤363 375 331	主要用于要求耐弱酸、碱、盐腐蚀的高强度部件，如汽轮机末级动叶片，工作在腐蚀环境下，以及在腐蚀温度低于300℃的结构件
沉淀硬化型	07Cr17Ni7Al (0Cr17Ni7Al)	≤0.09	6.50~7.75	16.00~18.00	Al0.75~1.50 Si≤1.00 Mn≤1.00	固溶处理 1000~1100 510时效 565时效	≤380 1030 960	≤1030 1230 1140	20 4 5	— 10 25	≤229 ≥388 ≥363	具有良好的加工工艺性能，用于350℃以下长期工作的结构件，弹簧，管道、容器，垫圈等

① 标 d* 的钢也可做耐热钢使用。
② 括号内数值为允许添加的 Ni 的质量分数。
③ 奥氏体钢和双相钢固溶处理后快冷；铁素体钢退火后空气冷或缓冷；马氏体钢淬火介质为油，回火后快冷或空冷；沉淀硬化钢固溶处理后快冷。